Valentin Nowotny
Christiane Tantau

Erfolgreich Trainings und Seminare planen

Bedarf ermitteln, grundlegende Trainingskonzepte, systematische Auswertung

> TRAIN THE TRAINER <

Cornelsen

Verlagsredaktion:
Ralf Boden
Layout und technische Umsetzung:
Verena Hinze, Essen
Umschlaggestaltung:
Claudia Adam, Darmstadt
Titelfoto:
© fotolia.com; Yuri Arcurs

Informationen über Cornelsen Fachbücher und Zusatzangebote:
www.cornelsen.de/berufskompetenz

1. Auflage, 1. Druck 2013

Druck: H. Heenemann, Berlin

ISBN 978-3-589-24103-3

Inhalt gedruckt auf säurefreiem Papier aus nachhaltiger Forstwirtschaft.

Vorwort

Wir freuen uns, unseren zweiten Band im Rahmen der Reihe Trainerkompetenzen im Cornelsen Verlag vorlegen zu können. In „Trainings und Seminare erfolgreich planen" erhalten Sie lebendiges Wissen direkt aus der Trainerpraxis. Der Untertitel des Buches „Bedarf ermitteln, grundlegende Trainingskonzepte, systematische Auswertung" ist dabei unser roter Faden gewesen. Sie finden in diesem Band tatsächlich ganz viele Hinweise, wie ein Lerntransfer in die Praxis aufgebaut werden kann und wie Sie dies möglichst nachhaltig gestalten können.

Bei der Erstellung der ersten Auflage haben wir Hilfe von verschiedenen Seiten bekommen, für die wir uns sehr herzlich bedanken möchten. Besonders hervorheben möchten wir Sarah Junck, die uns fleißig und ausdauernd beim Feinschliff der Texte und der Ausarbeitung der Konzepte unterstützt hat und der wir sicherlich auch den ein oder anderen geistreichen Einfall zu verdanken haben. Und es ist zweifelsohne so, dass ohne ihre tatkräftige Hilfe dieses Buch so nicht hätte entstehen können. Da uns insgesamt an Feedback von vielen Seiten gelegen ist, möchten wir Sie als Leser auch auffordern, uns Ihre Kritik und Ihr Lob an diesen Büchern mitzuteilen (Kontakt über www.futureformat.de). Ihre Rückmeldungen sind für dieses und auch für alle weiteren Buchprojekte äußerst hilfreich.

Wir danken an dieser Stelle auch ganz herzlich den Unternehmen, die uns gestattet haben, mit ihnen zusammen einzelne Trainingsprojekte, aber auch ganze Firmenprogramme umzusetzen. Sie haben es mit ihren Impulsen und ihrem Vertrauen in unsere Lernfähigkeit leicht gemacht, immer wieder Neues auszuprobieren, und wir wünschen allen Teilnehmern, die uns in unseren Trainings und Programmen kennengelernt haben, ein gutes Gelingen und viel Erfolg - beruflich wie auch privat! Wenn Sie als Trainer bei der Lektüre des vorliegenden Buches das Gefühl nicht loswerden konnten, dass Sie über die Lektüre dieses Buches hinaus mehr tun möchten, um noch besser zu werden, dann laden wir Sie ganz herzlich zu einem Besuch der Seite www.train-the-trainer-programm.de ein und freuen uns über Ihr Feedback. Vielleicht sehen wir uns einmal persönlich in einem unserer Ausbildungsprogramme!

Der Verlag hat erneut unser Manuskript lektoriert und korrigiert, und wir danken auch für die Umsetzung der Grafiken. Die Unterstützung des Verlags war erneut sehr hilfreich für uns. Alle verbliebenen inhaltlichen und formalen Unzulänglichkeiten gehen natürlich auch dieses Mal zu unseren Lasten.

Und, auch dies sei hier noch einmal erwähnt: Selbst wenn wir der festen Überzeugung sind, dass Männer und Frauen sich gleichwertig ergänzen, greifen wir zuweilen auf den generischen Begriff „Trainer" zurück. Gemeint sind hier selbstverständlich Trainerinnen und Trainer gleichermaßen, die dann bei uns im Text manchmal – und dann hoffentlich auch politisch korrekt – auch als „Trainierende" bezeichnet werden!

Wir wünschen Ihnen viel Freude und Anregung bei der Lektüre und freuen uns, wenn Sie dieses Buch an interessierte Kolleginnen und Kollegen weiterempfehlen!

Hamburg, im April 2013

Valentin Nowotny
Christiane Tantau

Inhalt

1 Einleitung – Wie Sie dieses Buch am besten nutzen!

Der Verlierer sagt: *„Es könnte möglich sein, aber es ist zu schwierig."*
Der Gewinner sagt: *„Es könnte schwierig sein, aber es ist möglich."*

Dieses Buch richtet sich an Menschen, die ein Interesse daran haben, Trainings und Seminare auf einer professionellen Grundlage anzubieten und das Ziel verfolgen, Teilnehmer und Unternehmen als Gewinner aus Weiterbildungsprozessen zu entlassen. Und das sind aus unserer Sicht Trainer mit einem grundlegenden Anspruch an die Qualität ihrer Produkte.

Es kann sein, dass gerade diese Gruppe der qualitätsorientierten Anbieter von Seminaren und Trainingsdienstleistungen durch Signale von Unternehmen enttäuscht worden ist, die diesen Qualitätsanspruch nicht unterstützen wollten. Und Ihnen klingen Sätze im Ohr oder Sie stellen sich die Gedanken von Unternehmensvertretern hierzu vor: *„Warum sollen wir etwas verändern, es läuft doch gut bei uns! Muss der Trainer denn so nerven, der muss doch wissen, was sein Job ist!"* Und dann denken Sie als Trainer vielleicht: *„Gut, dann veranstalte ich eben Trainings ‚von der Stange'. Die bringen dem Unternehmen zwar nicht den optimalen Nutzen, sind jedoch auch nicht so kostenintensiv."* Wenn Sie vor dem Hintergrund negativer Erfahrungen so denken, brauchen Sie an dieser Stelle auch nicht weiterlesen.

Für die Trainer unter Ihnen jedoch, die daran glauben, dass „mehr drin ist" für alle Beteiligten im Bereich der betrieblichen Bildung, die wollen, dass Ressourcen genutzt werden, und die wollen, dass Teilnehmer nicht nur glücklich, sondern auch erfolgreicher sind, wenn sie in den Genuss eines umfassend geplanten und brillant umgesetzten Seminars oder Trainings kommen, dürfen gerne weiterlesen.

Gerade die gut ausgebildete, junge Trainergeneration stellt hohe Ansprüche an sich und ihr Tätigkeitsfeld. Sie will sich professionell auf den Bedarf des Kunden einstellen und im Zusammenspiel mit einem Trainingsanbieter oder einem größeren Unternehmen erfolgreich und nachhaltig bei Trainingsteilnehmern Kompetenzen entwickeln.

Das Buch richtet sich jedoch ebenfalls an bereits erfahrene Trainer, die ihr Vorgehen bei ihrer Arbeit noch einmal neu abstimmen und die Wirksamkeit ihrer Trainings verbessern wollen – oder feststellen möchten, dass bei ihnen alles optimal läuft.

Den Gesamtprozess reflektieren

Was ist nun neu an diesem Buch? Haben wir das Feld der Trainings und Seminare neu erfunden? Sicher nicht. Was wir Ihnen jedoch anbieten, ist ein Rahmen aus verschiedenen Modellen und ganz viel Praxiserfahrung. Damit möchten wir veranschaulichen, was für den Erfolg des Gesamtprozesses „Weiterbildung" entscheidend ist und was am Ende dazu führt, dass Teilnehmer erfolgreich lernen, sich weiterentwickeln und sich ihre Performance unterm Strich messbar steigert.

Sie als Trainer, ob jung, ob alt, ob methodisch versiert oder eher von der fachlichen Seite her kommend, ob schnell und aktionsorientiert oder eher mit Tiefgang und Nachdenklichkeit ausgestattet, sind herzlich eingeladen, sich mit uns auf die Suche zu machen nach den notwendigen Elementen für eine solide und substanzielle Seminarplanung und -konzeption. Und gleichzeitig werden wir mit Ihnen nach Ihren ganz persönlichen Stellschrauben suchen, die es Ihnen erlauben, noch mehr aus Ihren Konzepten, noch mehr aus Ihren bisherigen Erfahrungen zu machen. Dabei bieten wir Ihnen an, den einen oder anderen „Ärger" oder die eine oder andere „Frustration" aus einem Kunden-Projekt dafür zu nutzen, in dem von uns angebotenen Erklärungs- und Optimierungsrahmen Ihre persönlichen Schlüsselelemente zu finden.

Ihr Ziel sollte sein, in Zukunft noch passgenauer, noch klarer und noch wirksamer eine hochwertige, komplexe und anspruchsvolle Dienstleistung zu konzipieren und planerisch auszugestalten, wie es das Trainingsbusiness benötigt – und vor allem immer mehr benötigen wird.

Nicht an den Teilnehmern vorbei

Auch für Weiterbildungsverantwortliche in Unternehmen, die künftig Seminare in ihrem Haus noch mehr an den Teilnehmer- und Unternehmensbedürfnissen orientiert anbieten möchten, bietet dieses Buch sicherlich interessante Ansätze. Wir wünschen uns, dass unsere Empfehlungen Sie dabei unterstützen, den zeitgemäßen Trainer für Ihr Unternehmen zu identifizieren. Sicherlich können Sie den einen oder anderen interessanten Gedanken für Ihre Praxis aufgreifen, damit „Ihre" Seminarteilnehmer noch zufriedener mit ihrem Weiterbildungsangebot werden.

Schön, wenn wir erreichen, dass der eine oder andere Leser die betriebliche Bildung künftig noch mehr dafür nutzt, zu einem passenden Zeitpunkt die richtigen Menschen in der richtigen Umgebung mit den richtigen Konzepten zusammenkommen zu lassen, um neue und erfolgreiche Wege für das Unternehmen zu gestalten. Der griechische Dichter Aristophanes hat es schon vor 2.000 Jahren auf den Punkt gebracht: *„Menschen bilden bedeutet nicht, ein Gefäß zu füllen, sondern ein Feuer zu entfachen."* Und damit dies nicht nur einmal zufällig, sondern immer wieder neu gelingt, bedarf es einer systematischen Planung und eines konsistenten Vorgehens.

Systematik macht Trainingserfolge vorhersehbar

Wir werden Ihnen in diesem Buch eine Systematik vorstellen, die Trainingserfolg planbar und damit auch vorhersehbar macht. Und das sagen wir nicht einfach so, sondern es ist das Ergebnis eines mehr als zehnjährigen Prozesses, in dem wir gelernt haben, auf was es wirklich ankommt und welche Weichenstellungen vorgenommen werden müssen, um Erfolg sicherzustellen, bevor Sie als Trainer Ihre Teilnehmer überhaupt zu Gesicht bekommen! Und wir werden die Frage beantworten, was Trainer ganz konkret tun können, damit die Rahmenbedingungen, das Setup und das Design des Trainings so ausgelegt sind, dass die gewünschten Effekte auch eintreten können.

Die Frage, was ist in der Praxis realisierbar – und was ist vielleicht auch manchmal zu viel des Guten – hat unsere Diskussion als Autorenteam bestimmt. In einem waren wir uns jedoch einig: Noch werden bei Weitem nicht alle Optimierungsmöglichkeiten genutzt, und es wird vermutlich noch viel Wasser die Elbe, den Rhein, den Main, den Neckar oder die Isar hinabfließen, bis Weiterbildungsverantwortliche alle Register ziehen, um Weiterbildung optimal mit den Unternehmenszielen zu synchronisieren!

Das Zusammenspiel unterschiedlicher Akteure organisieren

Wir werden die Möglichkeiten der Auswertung von Trainings und damit Aussagen zu ihrer Güte und Qualität noch im Detail in Kapitel 6 beleuchten. Wichtig ist uns jedoch, an dieser Stelle schon die Bedeutung des gelungenen Zusammenspiels der unterschiedlichen Akteure deutlich zu machen, das für eine gelungene Konzeption und Umsetzung von Trainings und Seminaren bedeutsam ist. Dabei möchten wir betonen: „Das Richtige tun" müssen sowohl die Trainer und Seminaranbieter auf der einen Seite als auch die Teilnehmer, ihre Führungskräfte und die Weiterbildungsverantwortlichen im Unternehmen auf der anderen Seite. Ein Orchester lebt nicht von Soloinstrumenten allein. Nur das harmonische Zusammenspiel der unterschiedlichen Instrumentengruppen lässt eine Symphonie zu einem Hörgenuss werden.

Mit der folgenden Abbildung möchten wir dies verdeutlichen. Sie stellt dar, welche zentralen Verantwortungsbereiche bei einer erfolgreichen Trainings- und Seminarplanung existieren und an welchen Punkten die Rahmenbedingungen von mehr als einem Akteur gestaltet werden können:

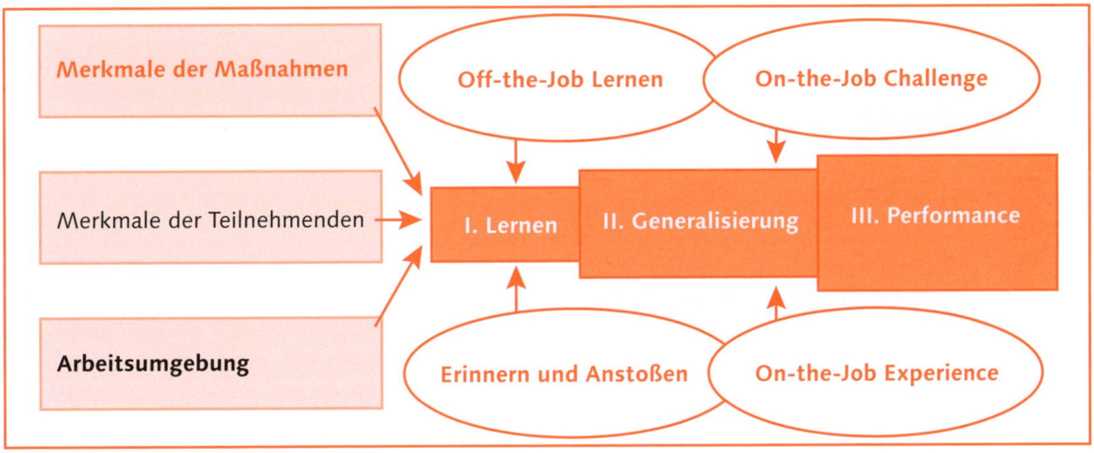

Während die Merkmale der Maßnahme sowie das Off-the-Job-Lernen in Form eines Seminars, Trainings oder Coachings vor allem in der Hand des Trainers oder des Trainingsunternehmens liegen und die Ausgestaltung der Arbeitsumgebung vor allem „Unternehmenssache" ist, gibt es zahlreiche weitere Felder, die nach unserem Lern-Performance-Modell von beiden Seiten gestaltet werden können. Unmittelbar für das Lernen wichtig ist es, die Teilnehmer nach einer Maßnahme darin zu unterstützen, dass ihnen die Trainingsinhalte bewusst bleiben und sie sich in ihrem Arbeitsalltag damit auseinandersetzen können.

Gleichermaßen stellen die On-the-Job-Challenge und die On-the-Job-Experience durchaus eine Herausforderung dar, welche sowohl vonseiten des „Training Professionals" als auch von Unternehmensseite her gestaltet werden können. Im Idealfall greift das Unternehmen hier zusätzliche Anregungen des Trainers bzw. der Trainingsfirma auf und unterstützt zusätzlich für eine optimale Performanceverbesserung die Generalisierung der erworbenen Fähigkeiten und Fertigkeiten. Was sich genau hinter diesen Schlagworten verbirgt, erfahren Sie in den folgenden Kapiteln. Eine genauere Beschreibung des Lern-Performance-Modells erhalten Sie im nächsten Kapitel.

Das Buch ist in die folgenden Kapitel aufgeteilt:

- **Ein Planungsmodell** – Perspektive eines Trainingsanbieters
- **Bedarfsermittlung** – Von der Bedarfserschließung zur Auftragsklärung
- **Konzeption** – Von der Trainingsidee zum Seminarkonzept
- **Formate** – Von der Trainingsgestaltung zum Follow-up-Support
- **Die Trainingsauswertung** – Von der Evaluation zur Programmadaption
- **Trainerkompetenzen** – Moderne Trainer ticken anders
- **Abschluss** – Auf was es wirklich ankommt!

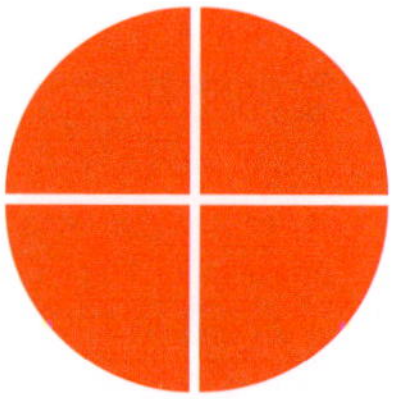

Darüber hinaus finden Sie am Ende eines jeden Hauptkapitels einen 360-Grad-Check, bei dem die wichtigsten Punkte wie die entsprechenden Fragen im Sinne eines Selbst-Checks zusammengefasst sind. So können Sie erfahren, wo Sie bei Ihrem konkreten Trainings- oder Seminarprojekt stehen und welche Aspekte Sie vielleicht noch berücksichtigen können.

Und nun ist es an Ihnen, für Sie das Beste aus unserem Buch zu machen. Ob es Sie bei Ihrer weiteren Professionalisierung unterstützen kann oder nicht, überprüfen Sie am besten, indem Sie Ihre drei wichtigsten Ziele schriftlich fixieren, die Sie bewogen haben, speziell dieses Buch aus dem Regal zu ziehen.

2 Ein Planungsmodell – Perspektive eines Trainingsanbieters

„If you always do, what you always did, you will always get, what you always got."
Abraham Lincoln

Wir haben in den letzten zehn Jahren sehr viele Erfahrungen damit gemacht, welche Aspekte bei der Planung von Trainings und Seminaren berücksichtigt werden sollten und in welchen Prozessabschnitten es Schwierigkeiten geben kann. Und wir entschuldigen uns an dieser Stelle bei denen, die in dieser Zeit durchaus auch als „Versuchskaninchen" herhalten mussten. In dieser Zeit ist bei uns ein differenzierter und pragmatischer Zugang zu diesem Thema entstanden. Diese Erkenntnisse haben wir in einzelne Prozess-Schritte – inklusive der notwendigen IT-Unterstützung – sowie Planungstools, Templates für Evaluationen und dergleichen übertragen.

Für Sie als Trainer ist sicherlich der Gesamtansatz, den wir in unser **Lern-Performace-Modell** übersetzt haben, interessant. Dabei haben wir uns an der Richtlinie von Albert Einstein orientiert: *„Alles sollte so einfach wie möglich sein – aber nicht einfacher!"* Das Modell stellt einen Rahmen dar, mit dessen Unterstützung Sie überprüfen können, ob Sie die wesentlichen Dinge, die für den Trainingserfolg im Zusammenspiel mit einem mittleren oder größeren Unternehmen von großer Wichtigkeit sind, berücksichtigt haben.

2.1 Das futureformat® Lern-Performance-Modell

Unser Lern-Performance-Modell ist nach intensiver Beschäftigung mit der Literatur, insbesondere Baldwin, Ford und Blume (2009), entstanden und stellt den Lernprozess einer Person und ihren Beitrag zur Gesamtperformance in den Mittelpunkt. Nur wenn dieser persönliche Lernprozess, z.B. im Rahmen eines Trainings oder Seminars auf künftige Situationen hin generalisiert werden kann, ist eine positive Wirkung im Sinne der Performanceverbesserung dieser Person sowie der Organisation im Rahmen einer solchen Maßnahme überhaupt denkbar.

Merkmale der Maßnahmen

Was sind jedoch die Voraussetzungen dafür, dass ein derartiger individueller Lernprozess in einer positiven Weise stattfinden kann? Zunächst einmal muss natürlich die Maßnahme selbst, in unserer Terminologie das **Off-the-Job-Lernen** selbst qualitativ hochwertig sein – besonders hinsichtlich der Lerninhalte. Des Weiteren unterstützen die angemessene Auswahl und Anwendung der einzusetzenden Methoden und Medien einen individuellen Lernprozess (vgl. Kapitel 4) sowie weitere

Ansätze, um erfolgreich Trainings und Seminare zu gestalten (Nowotny und Tantau, 2012).

Ein erfolgreiches Training steht und fällt natürlich mit der Nähe zur täglichen Arbeitssituation sowie mit der Kompetenz des Trainers (vgl. Kapitel 7).

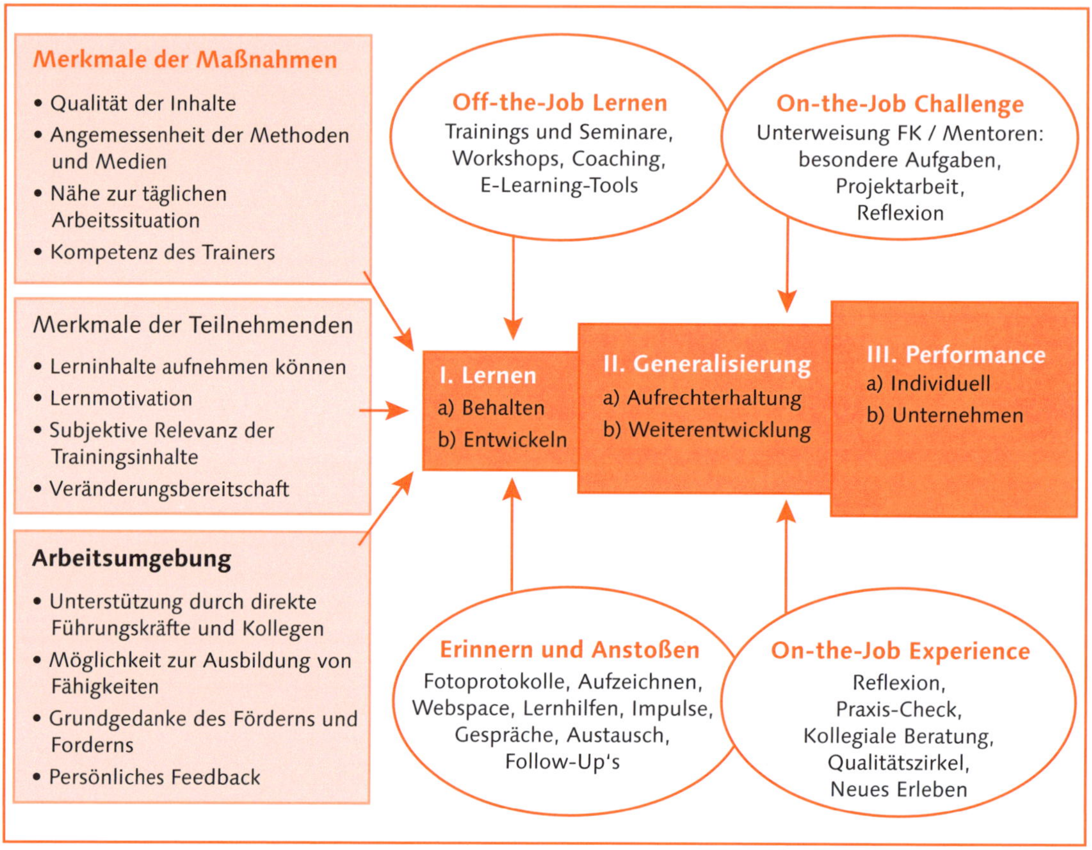

Das futureformat® Lern-Performance-Modell
(in Anlehnung an Baldwin, Ford und Blume, 2009)

Merkmale der Teilnehmenden

Auch aufseiten der Teilnehmenden gibt es einige Voraussetzungen, die gegeben sein sollten, soll Lernen sinnvoll stattfinden. Zunächst **müssen Teilnehmende in der mentalen Verfassung sein, um sich auf neue Lerninhalte konzentrieren zu können.** Nicht umsonst werden bei mehrtägigen Veranstaltungen gerne die sogenannten Morgenrunden dafür genutzt, den Teilnehmern die Möglichkeit zu geben, den Alltag und gegebenenfalls auch die Sorgen hinter sich zu lassen.

Die von uns immer wieder aufgegriffene Methode der themenzentrierten Interaktion (TZI) wurde von ihrer Schöpferin Ruth Cohn um eine vierte Ebene – den

Globe – erweitert, als sie sich mit einer Seminargruppe in einer schwierigen Situation befand: Einen Tag vor dem Beginn dieses Seminars wurde der US-Präsident John F. Kennedy bei einem Attentat getötet. Statt nun sofort mit vorbereitetem Inhalt das Seminar zu beginnen, gab Ruth Cohn den Teilnehmenden erst die Möglichkeit, über diesen „Vorfall" nachzudenken und bezog das traurige Ereignis dann auf ein Thema des Workshops, nämlich den Umgang mit Störungen (vgl. Spielmann et al, 2010)

Ereignisse aus dem Umfeld der Teilnehmer haben also – neben vielen anderen Faktoren – auch Implikationen auf die **Lernmotivation und die subjektive Relevanz der Lerninhalte.** Des Weiteren variiert natürlich auch die individuelle Veränderungsbereitschaft. Während für die einen Veränderung *„das Salz des Vergnügens"* darstellt, wie es Friedrich von Schiller einmal ausdrückte, mag für andere die folgende chinesische Weisheit eine hilfreiche Orientierung darstellen: *„Fürchte dich nicht vor dem langsamen Vorwärtsgehen, fürchte dich nur vor dem Stehenbleiben."*

Arbeitsumgebung

Immer gerne beschworen, leider nicht immer verfügbar, ist die **Unterstützung durch die direkten Vorgesetzten und Kollegen.** Während diese sich eigentlich freuen sollten, dass der Teilnehmende seine Fähigkeiten erweitern kann, sieht manch einer kurzfristig Mehrarbeit auf sich zukommen. Das Prinzip des Forderns und Förderns sollte hier die Grundlage für die Entscheidung für eine Teilnahme sein. Somit übernimmt der Trainer oder Coach auch eine Führungsrolle für den Teilnehmenden. Dabei sollten die Vorgesetzten nicht vergessen, dass sie bei dem Seminar, dem Training oder natürlich auch dem Coaching zwar nicht persönlich anwesend sind, dennoch jedoch für die Teilnehmenden eine wichtige Instanz darstellen. Ist es wichtig oder nicht, sich persönlich weiterzuentwickeln? Darf wirklich an den zentralen Punkten gearbeitet werden, oder handelt es sich eher um eine Alibi-Veranstaltung? Ist das Feedback wirklich geeignet, eigene blinde Flecken zu erkennen oder sollen einzelne vorgeführt werden? Wir denken, dass es eigentlich selbstverständlich sein sollte, dass persönliches Feedback wertvoll ist. Allerdings: Nicht jeder oder jede empfindet das auch immer so, und manchmal hat dies auch einen Grund, der sich in der jeweiligen Organisation finden lässt!

Off-the-Job-Lernen

Wie ein konzeptuell guter Trainer oder eine professionelle Trainingsfirma zu den passenden Inhalten kommt, erfahren Sie im futureformat Planungsmodell, das im Anschluss beschrieben wird, sowie im Detail in Kapitel 4, wenn es um den Bereich der Konzeption geht. Im Kapitel 5 werden die einzelnen Formate wie beispielsweise Trainings, Seminare, Workshops, Coachings, E-Learning-Tools sowie Kombinationen dieser Grundformate vorgestellt. Im Kern handelt das gesamte Buch hiervon: die erfolgreiche Planung und Durchführung von Trainings und Seminaren!

Was wäre jedoch der Sinn hiervon, wenn ganz zentrale Momente des Lernens nicht funktionieren würden? Versuchen Sie sich einmal vorzustellen, Sie sollten ein Seminar mit Menschen durchführen, die ihr Gedächtnis verloren haben. Unvorstellbar! Und gleichzeitig werden jetzt einige von Ihnen, gerade wenn Sie Trainer oder Seminarleiter sind, sagen: *„Ich hatte bislang zwar noch nicht mit einer solchen Zielgruppe zu tun, manchmal fühlt es sich aber verdammt so an!"*

Dass die **Teilnehmer die Inhalte behalten sowie daraus eigene Nutzungsformen und Anwendungskontexte entwickeln**, ist also essenziell für den Lernerfolg. Was können Sie tun, um dies zu unterstützen? Es geht um das Erinnern und Anstoßen, zum Beispiel mit Fotoprotokollen, Audio- oder Videoaufzeichnungen, einem eigenen Webspace für die Veranstaltung, mit geeigneten Lernhilfen, gezielten Impulsen per Brief, Mail, Telefon, SMS oder was auch immer dem Teilnehmenden hilft, sich Inhalte zu einem späteren Zeitpunkt wieder zugänglich zu machen. Natürlich sind Gespräche untereinander, ein guter Austausch und speziell aufgesetzte Follow-Up-Veranstaltungen ebenso geeignet, die Erinnerung nicht verblassen zu lassen. Mehr zu der besonderen Bedeutung von Follow-Up's finden Sie in Kapitel 4 „Konzeption" sowie in Kapitel 5 „Formate".

Erinnern und Anstoßen

Das Behalten von Inhalten hängt einerseits natürlich sehr stark von dem Training selbst und den verwendeten Medien ab. Aber nicht nur. **Ganz wesentlich für die Behaltensleistung ist die wiederholte Exposition von Reizen,** wie die Lernpsychologen so schön zu formulieren wissen. Untersuchungen zeigen zum Beispiel, dass eine Werbebotschaft mindestens sieben Mal gehört und aufgenommen werden muss, bis ein Kaufimpuls ausgelöst wird. Auch Vokabeln lassen sich in größerer Zahl nicht an einem Tag lernen, vielmehr geht es hier darum, die guten, also erinnerten, von den schlechten, also den (noch) nicht erinnerten Vokabeln zu trennen, um die Zahl der zutreffend gelernten Vokabeln von Tag zu Tag ein wenig zu erhöhen, bis am Ende alle „sitzen". Im Bereich betriebliche Weiterbildung gehen manche Verantwortliche seltsamerweise jedoch davon aus, dass Dinge im Handumdrehen vermittelt und umgesetzt werden können. Das ist jedoch ein Trugschluss, denn auch hier gelten selbstverständlich die Gesetze der Lernpsychologie.

Um ein schnelles Vergessen zu verhindern, haben sich die Amerikaner eine interessante Bezeichnung einfallen lassen, die sogenannten **„Job-Aids".** Es handelt sich um Tools und Hilfsmittel wie Lernkarten, Gedächtnistrainer, Wand- oder Schautafeln, die den Nutzern erlauben, schnell auf die Informationen zurückzugreifen, um eine Aufgabe zu erfüllen. Wenn Sie zum Beispiel die effiziente Durchführung von Meetings inhouse in einem Unternehmen trainieren, ist es im Sinne der Job-Aids hilfreich, die Standardagenda und wesentliche Vorgehensweisen bei der Moderation eines Meetings jedem der Teilnehmer auf einer individuellen Lernkarte buchstäblich „an die Hand" zu geben. Darüber hinaus ist es hilfreich, in Abstimmung mit dem Unternehmen dazu beizutragen, in den Konferenzräumen entsprechende Poster für die Teilnehmer bereitzuhalten, auf denen ebenfalls die zentralen Vorgehensweisen dargestellt sind. Wenn dann noch auf dem Desktop des Präsentationscomputers die zentralen Konzepte verfügbar sind, fällt es den Mitarbeitern sehr viel leichter, den neuen Konzepten zu folgen, als wenn sie erst mühsam in ihrem Gedächtnis suchen müssten: *„Mensch, was hatten wir da eigentlich das letzte Mal im Seminar gelernt?“*

Vorteile bei der Nutzung von Job-Aids in Ergänzung zu Trainings und Seminaren:

- Verbesserung des Abrufs aus dem Gedächtnis und des Transfers von Trainingsinhalten auf den Job
- Verbesserung der Konsistenz unterschiedlicher Lernmittel
- Information ist zu dem Zeitpunkt vorhanden, an dem sie auch gebraucht wird.
- Auch Neuerungen können so den Lernenden oder Nutzern vermittelt werden.
- Ein „Zuviel“ an Informationen direkt im Training kann vermieden werden.
- Effizienz und auch Qualität neu eingeübter Verhaltensweisen werden verbessert.
- Das Risiko von Fehlanwendungen von Konzepten und Vorgehensweisen sowie in manchen Feldern auch die Unfallgefahr lassen sich mit solchen Hilfsmitteln reduzieren.
- Neue Mitarbeiter können sich leichter in ihr Aufgabenfeld einarbeiten.

Auch wenn „Job-Aids“ eine zugegebenermaßen recht „amerikanische“ Erfindung sind, bieten sie doch sehr sinnvolle Lernhilfen. Auch im Change-Kontext und in Führungskräfte-Programmen erfreuen sie sich wachsender Beliebtheit. In einem unserer Unternehmensbereiche kreieren wir diese Job-Aids gezielt für unsere Kundenprojekte. Viele unserer „Wall Paper“ hängen inzwischen seit mehreren Jahren an den Wänden unserer Kunden und weisen ihnen so den Weg in eine vorteilhafte Zukunft.

Eigene Ideen für Job-Aids entwickeln

Was können Sie als Trainer dazu beitragen, dass solche Lernhilfen entstehen? Welche Ideen haben Sie hierfür? Haben Sie mit Ihrem Kunden einen ausreichend großen zeitlichen Vorlauf, um die Materialien zu konzipieren, gegebenenfalls mit einem Designer oder einer Agentur professionell zu gestalten und dies dann auch noch rechtzeitig zu produzieren oder zu drucken? Haben Sie Ihren Kunden im Vorfeld dafür sensibilisiert, hierfür Ressourcen und natürlich auch ein Budget vorzusehen? Sind Sie in der Lage, zentrale Konzepte sprachlich und visuell so auf den Punkt zu bringen, dass sie später im konsistenten Zusammenspiel mit den von Ihnen in Trainings oder Seminaren vermittelten Themen und Inhalten auch tatsächlich den Transfer unterstützen? Hilfreich ist es auch, Beispiele für solche Job-Aids bei Kundenmeetings mit dabei zu haben, damit sich Kunden hier „ein Bild“ machen können und die Dinge nicht im abstrakten Raum verschwimmen, nach dem Motto *„Schöne Idee, aber so richtig vorstellen kann ich mir das für uns noch nicht!“*.

Dieser kleine Exkurs zu den Job-Aids gibt Ihnen eine Idee, was alles machbar ist, wenn Sie es als Trainer auch im Auge behalten. Gleiches gilt für die Themen „Follow-up-Termine", „On-the-Job-Challenges" sowie „On-the-Job-Experience", welche wir hier nur kurz erläutern und dann in den folgenden Kapiteln des Buches weiter ausarbeiten.

Follow-up-Termine organisieren

Darüber hinaus gibt es weitere, sehr vielfältige Möglichkeiten dafür zu sorgen, dass das frisch erworbene Wissen auch behalten und Neues daraus entwickelt werden kann. Impulse geben nicht nur Gespräche und der informelle Austausch mit den Teilnehmenden, es sind vor allem auch die „Follow-up"-Termine, welche auf einer strukturellen Ebene dafür sorgen, dass Gelerntes nicht in Vergessenheit gerät. Besonders gelungen sind Programm-Designs, in denen viele dieser Elemente gekonnt miteinander kombiniert werden!

On-the-Job-Challenge

Bei der gezielten Gestaltung der Herausforderungen im beruflichen Alltag, in unserem Modell der „On-the-Job-Challenge", geht es darum, durch die Zuweisung von besonderen Aufgaben, eine wohlüberlegte Zuordnung zu herausfordernden Projekten und eine geziele Reflexionsunterstützung **ein Umfeld zu schaffen, in dem die neu erworbenen Kenntnisse, Fähigkeiten und Fertigkeiten ausprobiert und verfeinert werden können.** Wichtig für diesen Prozess sind natürlich auch die Vorgesetzten, die erlauben, aber auch sensibilisieren und begleiten. Auch Mentoren können diese Funktion übernehmen und den Teilnehmern die notwendigen zusätzlichen Unterweisungen geben, welche benötigt werden, um die neuen Herausforderungen anzugehen und auszuwerten.

Es ist aus unserer Sicht nicht nur eine Frage der Trainerpersönlichkeit, ob Sie sich auch hier in der persönlichen Verantwortung sehen, Ihre Teilnehmer zu ermutigen, die entsprechenden Schritte zu gehen. Für den einen oder anderen ist das nicht mit der Trainerrolle vereinbar. Gut, es ist Ihre Entscheidung, aber wir möchten hier ausdrücklich eine kleine Warung aussprechen: Der Trainer als reiner Wissensvermittler, der sich nicht um die systemische Einbettung seiner Aktivitäten in den Job-Kontext der Teilnehmer kümmern möchte, ist ein Auslaufmodell. Die reine Wissensvermittlung beherrschen E-Learning-Programme inzwischen auch ganz gut, und die kommen komplett ohne einen leibhaftigen Trainer aus!

On-the-Job-Experience

Zudem ist es für den Seminarerfolg entscheidend, die neuen Erfahrungen im Job, wir nennen dies „On-the-Job-Experience", immer wieder zu reflektieren und mit entsprechenden Instrumenten wie Praxis-Check, kollegialer Beratung, Qualitätszirkeln und einem neuen inneren Erleben in bestimmten Situationen zu einer Aufrechterhaltung und Weiterentwicklung des Gelernten beizutragen.

Die damit verbundene Generalisierung ermöglicht eine nachhaltige Performance-Verbesserung. Die individuelle Fortbewegung im persönlichen Entwicklungs-Korridor jedes Teilnehmers von dem gegenwärtigen „Ist-Profil" über die persönliche Entwicklung hin zu einem erstrebenswerten „Soll-Profil" wird so strukturell verbessert. Kollegiale Impulse und gegebenenfalls auch wertvolles zusätzliches Feedback lassen sich über entsprechende Instrumente implementieren und „wirken" so auch in der Abwesenheit des Trainers. Die individuellen Fortschritte und damit auch die Erfolgserlebnisse sind dann beispielsweise in einer Follow-up-Veranstaltung sehr viel greifbarer, da sich vieles verfestigen konnte und bestimmte Ansätze und Methoden von den Teilnehmern in der Praxis unter Umständen weiterentwickelt worden sind.

Was bedeutet das für Sie als Trainer? Sorgen Sie dafür, dass Teilnehmer zentrale Methoden zur Auswertung der On-the-Job-Experience wie zum Beispiel die „Kollegiale Beratung" oder den Ansatz „Qualitätszirkel" schon im Seminar vermittelt bekommen. Wenn Sie die Teilnehmer dann auch noch darin unterstützen, regelmäßige Termine zu finden, bei denen sie diese Methoden anwenden können oder gemeinsam das Gelernte rekapitulieren und reflektieren, haben Sie schon sehr viel mehr für den Lernerfolg und die Performanceverbeserung geleistet, als Ihnen vermutlich auf den ersten Blick bewusst sein wird. Mehr zu den angesprochenen Formaten finden Sie in Kapitel 5.

2.2 Das futureformat DGME® Planungsmodell

Das Planungsmodell von futureformat DGME® ist ein Modell, welches wir als Trainingsunternehmen in der Praxis entwickelt und verfeinert haben, um unsere Seminare an den Kundenbedarf anzupassen, eine durchgängige Struktur-, Prozess- und Ergebnisqualität zu gewährleisten, um für Kunden und Teilnehmende geeignete Formate zu entwickeln und umzusetzen und um die Maßnahmen auf den unterschiedlichen Prozessebenen durchgängig zu evaluieren.

Das futureformat® Planungsmodell unterscheidet hierbei die Ebene des Trainingsanbieters und die Ebene der Projekt-Umsetzung mit den vier Prozess-Schritten: 1. Bedarf, 2. Konzeption, 3. Formate sowie 4. Auswertung. Hierzu weiter unten mehr.

Darüber hinaus betrachten wir bei Firmentrainings und Inhouse-Maßnahmen die Ebene des Unternehmens, für das in der Regel die Ziele, die Kompetenzen der Führungskräfte und Mitarbeiter/innen, die eingesetzten Instrumente, die Konzeption und Umsetzung der Maßnahmen sowie der Ergebnisse im Vordergrund stehen.

In einer vierten Ebene erlaubt unser Planungsmodell Aussagen darüber, über welche Kompetenzen ein zeitgemäß aufgestellter Trainer, eine Trainerin heute verfügen muss, um in einem solchen System erfolgreich sein zu können.

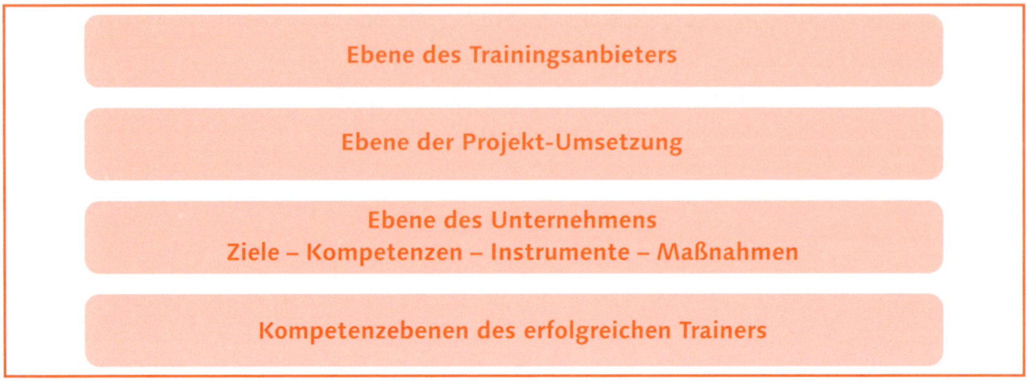

Die Ebenen des Planungsmodells

Betrachten wir nun die zweite Ebene, die der Projekt-Umsetzung. Und damit die bereits kurz angesprochenen vier Prozess-Schritte: 1. Bedarf, 2. Konzeption, 3. Formate sowie 4. Auswertung.

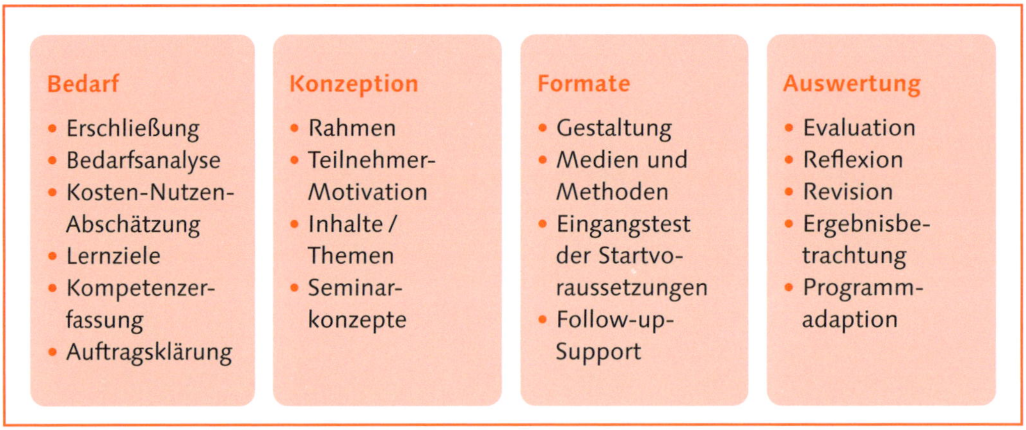

Die vier Prozess-Schritte des Planungsmodells

Diese vier Schritte sind der Kern unseres Planungsmodells und bilden gleichzeitig mit den Kapiteln 3, 4, 5 und 6 auch einen ganz wesentlichen Bestandteil dieses Buches. Alle vier Schritte werden bei jedem strukturiert geplanten Umsetzungs-Projekt, also dem Seminar x, bei Unternehmen y, mit dem Teilnehmerkreis z sinnvollerweise durchschritten.

Wer hierbei welche Aufgaben bzw. Teilaufgaben übernimmt, also das Trainingsunternehmen, der Kunde oder der eingesetzte Trainer, ist zuweilen unterschiedlich und muss von Umsetzungs-Projekt zu Umsetzungs-Projekt, also für jedes Seminar oder Training neu definiert bzw. festgelegt werden.

Unabhängig davon, ob zum Beispiel das Unternehmen oder der Trainingsanbieter am Ende des Seminars die Teilnehmerzufriedenheit abfragt, ist jedoch klar, dass dies in allen Fällen stattzufinden hat und dass hieraus auch Schlüsse für die Planung zukünftiger Maßnahmen bei Kunden, künftiger Seminare des Trainingsanbieters und künftiger Seminare des Trainers abzuleiten und zu verankern sind.

2.2.1 Prozess-Schritt „Bedarf"

Für die Erfassung des Bedarfs eines Trainings bzw. Seminars sind folgende sechs Elemente erforderlich:

1. **Bedarfserschließung:** In welchen Feldern gibt es Bedarfe auf Kundenseite? Welche Problemsituation und/oder künftigen Herausforderungen hat der Kunde?
2. **Bedarfsanalyse:** Wie gestaltet sich der Bedarf? Was sind geeignete Konzepte und Formate, um den Bedarf zu decken? Welche Evaluationsstrategie ist sinnvoll, um zu erkennen, ob der Bedarf am Ende auch tatsächlich gedeckt worden ist?
3. **Kosten-Nutzen-Abschätzung:** Was kann mit dem Seminar bzw. Training erreicht werden? Welche Kosten stehen dem gegenüber? Wie ist das Verhältnis von Nutzenkalkül und Kostenvorausschau?
4. **Lernziele:** Welche konkreten Lernziele sind mit dem Seminar bzw. Training verbunden? Wie lassen sich diese zielgenau formulieren, dokumentieren und im weiteren Projektverlauf überprüfen?
5. **Kompetenzerfassung:** Welche Kompetenzen sind bereits vorhanden?
6. **Auftragsklärung:** Welche Kontextinformationen benötigen Trainingsunternehmen und Trainer? Sind die Informationen für ein Konzept-Briefing vollständig?

Drei häufige Fehler im Prozess-Schritt „Bedarf":

- Bedarf und Bedürfnisse der Teilnehmer sind nicht ausreichend geklärt.
- Ungenaue Absprache bei der Auftragsklärung.
- Keine systematische Herangehensweise bei der Identifikation der Lernziele.

Der perfekte Seminarplaner

Nun fragen Sie sich bestimmt, wie genau sieht dieser Planungsschritt in der Praxis aus? Dazu möchten wir Ihnen einmal vorstellen, wie der perfekte Seminarplaner in diesem Schritt vorgehen würde. Dieser stellt vor jeglicher Seminarkonzeption erst einmal fest, wo der Bedarf des Unternehmens, der Abteilung oder der jeweiligen Mitarbeiter liegt. Dazu schaut er nicht nur auf die momentane Situation, sondern erarbeitet die Potenziale und Schwächen der einzelnen Ebenen auch mit dem Blick in die Zukunft. Wichtig ist ihm dabei die Zusammenarbeit mit dem Unternehmen und allen Beteiligten, denn er ist sich bewusst, dass er wichtige Informationen nur erhält, wenn er mit und nicht nur *für* das Unternehmen recherchiert. Anschließend macht sich unser perfekter Seminarplaner daran, nicht nur Abmachungen mit dem Auftraggeber zu treffen, sondern diese auch schriftlich festzuhalten.

Auf Grundlage der Informationen zum Budget, der Ausmaße des Weiterbildungskonzepts und der Zielgruppe kann er nun seine Analyse fortführen. Er trägt alle wichtigen Informationen über das Unternehmen zusammen und behält so den Überblick darüber, welche einzelnen Module und Formate die Weiterbildung sinnvoll und nachhaltig unterstützen. Sein Blick ruht dabei weiterhin auf dem jeweiligen Bedarf des Unternehmens, sodass er nicht aus dem Auge verliert, was tatsächlich das Ziel des Trainings ist und wie das ideale Endergebnis aussieht.

An dieser Stelle führt der Perfektionist also seine gesammelten Kenntnisse über den Weiterbildungsbedarf und den gesetzten Rahmen zusammen. Strategisch wägt er in der Kosten-Nutzen-Analyse ab, welche Module und Sequenzen wichtig, gehaltvoll und nachhaltig sind, während er überflüssige und zusätzliche Inhalte reduziert oder kompensiert. Mit der Gegenüberstellung von Kosten, Inhalten und erwarteten Resultaten vervollständigt er seine Kosten-Nutzen-Abwägung.

Unser Seminarplaner wäre jedoch nicht perfekt, wenn er nicht auch schon zu diesem Planungszeitpunkt Lernziele im Hinterkopf entwickelt hätte. Diese werden nun auch formuliert und dienen über den gesamten Trainingsprozess hinweg als roter Faden für eine zielgerichtete Konzeption, Durchführung, Nachbereitung und vor allem Auswertung. Anhand der Lernziele filtert der perfekte Seminarentwickler auch die bereits vorhandenen Kompetenzen. Mit den richtigen Informationen über bereits vorhandene Ressourcen ist es um einiges einfacher, ein Konzept dahingehend zu entwickeln, dass vorhandenes Wissen genutzt und weiterentwickelt wird, sowie neues Wissen aufbauend verstärkt wird. Der Perfektionismus unseres Trainingsgenies äußert sich also in diesem Schritt darin, dass er keinen Aufwand scheut. Denn ihm ist bewusst, welchen Nutzen er später daraus ziehen wird.

2.2.2 Prozess-Schritt „Konzeption"

Für die Konzeption eines gut geplanten Trainings bzw. Seminars sind vier Elemente erforderlich:

1. **Rahmen:** Wie kann der Rahmen für das Training bzw. das Seminar in einer lernzielförderlichen und die Inhalte und die Motivation der Teilnehmer unterstützenden Form gestaltet werden?
2. **Teilnehmer-Motivation:** Welche Hypothesen und Vorannahmen lassen sich zum Beispiel mittels Adressaten-Analyse über die Motivation der Teilnehmenden bilden?
3. **Inhalte / Themen:** Was sind die richtigen Inhalte und Themen, welche im Training bzw. im Seminar vermittelt werden sollten?
4. **Seminarkonzepte:** Welche Einflussfaktoren gibt es auf den Seminarerfolg? Wie kann dies bei der Konzeption berücksichtigt werden? Welche Lerntheorien sind wichtig? Welche zentralen Werkzeuge sollten Bestandteil einer entsprechenden Tool-Box sein?

Drei häufige Fehler im Prozess-Schritt „Konzeption“:

- Der Rahmen des Trainings wird aus Kostengründen nicht teilnehmerorientiert gewählt.
- Aus Zeitgründen fand keine Adressaten-Analyse statt, sodass das Training am Bedarf und somit an der Motivation der Teilnehmer vorbeigeht.
- Das Seminar-Konzept beinhaltet noch strukturelle Disharmonien, sodass der Ablauf im Training nicht „stimmig“ ist.

Der perfekte Seminarplaner

Ein neuer Schritt mit neuen Anforderungen und Herausforderungen für unseren perfekten Seminarplaner. Zuerst einmal setzt er sich mit den Rahmenbedingungen auseinander, denn oft erfordern diese auch eine gewisse Vorlaufzeit, wenn beispielsweise der Trainingsort den Ansprüchen und Vorstellungen aller Beteiligten genügen soll. An dieser Stelle trägt der Seminarplaner zusammen, welche Bedingungen vorgegeben und bereits gesetzt sind, wie etwa das Budget für den Schulungsraum. Sein Ziel: So viele Details wie nur irgend möglich in Erfahrung zu bringen, um ein möglichst präzises Bild von der Trainingsumgebung zu erhalten. So ist es ihm nicht nur möglich, sein Konzept an diese anzupassen, indem er beispielsweise einzelne Sequenzen nach Raum- und Zeitvorgaben gestaltet, sondern eben auch Frei- und Gestaltungsräume zu erfassen. Auf deren Grundlage kann er Ressourcen bestmöglich ausschöpfen und sicherstellen, dass der Rahmen die Lernziele unterstützt.

Außerdem kann er durch die frühzeitige Auseinandersetzung mit diesem Planungspunkt stellenweise versuchen, gemeinsam mit dem Auftraggeber den Rahmen zu gestalten. Da sich der Perfektionist also frühzeitig um diese wichtigen Details kümmert, wird er nicht vor vollendete Tatsachen gestellt, unter denen es schwierig sein wird, sein geplantes Training erfolgreich durchzuführen.

Bei der Gestaltung des Trainingsrahmens mit den Aspekten „Raum“ und „Zeit“, ist sich der perfekte Seminarplaner bewusst, welche Wirkung diese Faktoren auf die Teilnehmer-Motivation haben. Informationen über die Motivation erfasst er in einer umfassenden Teilnehmeranalyse, das heißt, er stellt schon im Vorfeld fest, welche Beweggründe seine Teilnehmer ins Training führen. Daraus lassen sich auch Hypothesen entwickeln, wie sich diese im Training verhalten werden, beziehungsweise welche Erwartungen die Teilnehmer an das Training haben.

In einem nächsten Schritt macht sich der perfekte Seminarplaner an die inhaltliche Konzeption und Themenauswahl des Seminars. Er sammelt Ideen und lässt seiner Kreativität freien Lauf. Die Kunst ist es hierbei, dass er nicht von der Planung abkommt, sondern alle Anregungen notiert, sortiert und filtert. So gelangt er von einem Ideengerüst zu einer Trainingsstruktur. Er führt die Überlegungen weiter und entwickelt bereits an dieser Stelle einen Plan für den Follow-up-Support. Er plant dieses Element so frühzeitig, da ihm bewusst ist, welchen Lernvorteil ein ganzheitliches Training hat, bei dem die Teilnehmer und ihr Lernprozess noch über das Seminar hinaus begleitet werden.

Da der Perfektionist keine relevanten Aspekte übersehen möchte, führt er sich noch einmal vor Augen, was er über verschiedene Lerntheorien weiß und bringt diese Kenntnisse in die Trainingsplanung ein.

2.2.3 Prozess-Schritt „Formate"

Für die Formatwahl eines gut geplanten Trainings bzw. Seminars sind vier Elemente erforderlich:

1. **Trainingsgestaltung:** Welche Formate sind für das jeweilige Trainingsziel geeignet? On-, Off- und Near-the-Training? Wie können diese Elemente variiert und integriert werden?
2. **Medien- und Methodenwahl:** Welche Medien und Methoden kommen infrage? Wie lassen sich die passenden Medien und Methoden auswählen?
3. **Eingangstest der Startvoraussetzungen:** Wie können ganz konkret Startvoraussetzungen überprüft werden? Welche Formen der Kompetenzerfassung sind empfehlenswert?
4. **Follow-up-Support:** Wie lässt sich der Follow-up-Support für das Seminar organisieren? Welche Kernelemente sollen vorgesehen werden? Wie lassen sich diese mit dem Seminar selbst verzahnen?

Drei häufige Fehler im Prozess-Schritt „Formate":

- Es werden für das Training zu wenige Gestaltungsmöglichkeiten bedacht.
- Die Auswahl der Medien und der Methoden findet trainer- und nicht teilnehmerorientiert statt.
- Weder die Eingangsvoraussetzungen der Teilnehmer werden geklärt, noch kommt es zu einem Follow-up-Support nach dem Training.

Der perfekte Seminarplaner

Bei der Formatwahl schaut sich der perfekte Seminarplaner noch einmal an, welche Formate er kennt, und entscheidet anschließend, welche am besten zu seinem bisherigen Plan passen. Bei der Formatwahl wägt er ab, welches Format den Lernprozess für die jeweiligen Teilnehmer am besten unterstützt, in deren Entwicklungsplan passt und den Rahmenbedingungen entspricht. Natürlich plant er auch, welche Formate sich miteinander verknüpfen lassen. Er schaut sich beispielsweise an, ob die Teilnehmer in ihrer jetzigen Situation verbleiben sollen oder ob sie beispielsweise eine Stelle auf einer höheren Hierarchieebene anstreben.

Sobald feststeht, welche Inhalte in welchem Format vermittelt werden sollen und zu welchem Ziel das Training führt, ist es an der Zeit, eine Auswahl der Medien und Methoden zu treffen. Auch hier geht er wieder strukturiert vor und notiert seine Ideen, ordnet sie und trifft erst dann eine Entscheidung. Natürlich beschränkt er sich dabei nicht nur auf ein Medium und eine Methode, sondern setzt bewusst und geplant verschiedene Medien zu bestimmten Zeitpunkten ein, die die jeweiligen Methoden unterstützen.

Außerdem erfasst der perfekte Seminarplaner auch schon im Vorfeld, welcher Teilnehmer zu welchen Inhalten bereits Vorkenntnisse und -erfahrungen hat. Hierzu bedient er sich verschiedener Erhebungsmethoden, wie Fragebögen oder Interviews. Hat er die wichtigen Informationen herausgefiltert, heißt es nun, die Gestaltung des Trainings und der Inhalte anzupassen.

Auch in diesem Planungsschritt kommt der bereits bei der Konzeption entwickelte Follow-Up-Support noch einmal zum Tragen, in dem dieser genauer eingeschlossen wird. Er plant also auch hier schon, welche Medien und Methoden im Follow-Up-Modul verwendet werden.

2.2.4 Prozess-Schritt „Auswertung"

Für die Auswertung eines gut geplanten Trainings bzw. Seminars sind fünf Elemente erforderlich:

1. **Evaluation:** Wie lautet die Evaluationsstrategie? Welche Evaluationstiefe wird angestrebt? Welche Aufgaben übernehmen Trainingsunternehmen, Unternehmen und eingesetzter Trainer?
2. **Reflexion:** Welche Reflexionsebenen sind für den Trainer wünschenswert oder notwendig? Wie lassen sich diese Reflexionsprozesse im Training sowie in den begleitenden Supportprozessen einbeziehen?
3. **Revision:** Wie können Unternehmen für das Training bzw. Seminar sinnvolle Veränderungen bei ihrer Vorgehensweise ableiten? Wie lassen sich diese konkret umsetzen?
4. **Ergebnisbetrachtung:** Wie läßt sich für Trainings und Seminare der ROI (Return-on-Investment) bestimmen? Welche Vorgehensweisen sind empfehlenswert?
5. **Programmadaption:** Wie können die grundlegenden Seminarinhalte und Programmbestandteile systematisch optimiert und à jour gehalten werden?

Drei häufige Fehler im Prozess-Schritt „Auswertung“:

- Der Trainer führt keine Evaluation durch, da er sich vor dem Ergebnis fürchtet.
- Die Reflexion auf das durchgeführte Seminar findet aus Zeitmangel nicht statt, ebenso die Abstimmung der Revisionsergebnisse mit dem Auftraggeber.
- Aus den oben genannten Gründen findet keine Programmadaption statt, sondern das Training verläuft wie bei der letzten Durchführung.

Der pefekte Semiarplaner

Auch für die Auswertung wollen wir Ihnen noch einmal verdeutlichen, wie unser perfekter Seminarplaner vorgehen würde. Dazu überlegt er sich zuallererst, wie tief die Evaluation gehen soll. Er wägt also ab, ob ihm Ergebnisse über beispielsweise die Teilnehmerzufriedenheit genügen oder ob er die Informationen auch für die Planung neuer Trainings verwenden möchte. Da er ein Perfektionist ist und sich nur mit tatsächlich reliablen, validen und objektiven Ergebnissen zufriedengibt, wird er auf eine strukturierte und begleitende Evaluationsstrategie zurückgreifen. Er wird also eine Zusammenarbeit mit dem Unternehmen verfolgen und nicht nur das Seminar an sich, sondern auch seine komplette Seminarplanung einer Auswertung unterziehen. Das bedeutet auch, dass er geplant in einzelne Trainingssegmente Reflexionen einbaut und abschließend die Ergebnisse dahin gehend interpretiert, was in neuen Trainings besser umgesetzt werden kann.

Ebenso ist hier für den perfekten Seminarplaner wichtig, ein Bild davon zu erhalten, ob tatsächlich ein Lerntransfer stattgefunden hat. Seine Evaluation beginnt demnach bereits vor dem eigentlichen Seminar und endet nicht zeitgleich mit diesem. Vielmehr wird auch darüber hinaus festgehalten, ob das Gelernte tatsächlich umgesetzt wird.

In seiner Reflexionsphase setzt er sich intensiv mit den Evaluationsergebnissen auseinander und betrachtet sein Trainerprofil. Welche Kompetenz muss er noch weiterentwickeln um beim nächsten Training noch erfolgreicher zu sein? Natürlich fragt er auch bei seinem Auftraggeber nach, welche Ergebnisse dessen Revision hervorgebracht hat. Was kann von Unternehmensseite in deren Verantwortungsbereich in Zukunft noch weiter professionalisiert werden?

Anhand all dieser Informationen stellt das Trainingsgenie eine Rechnung (ROI) darüber auf, wie die investierten Gelder, Mittel und der Zeitaufwand sich auf die Mitarbeiter- und Unternehmensentwicklung auswirken. Abschließend werden die Ergebnisse auf die Trainingsdurchführung und -planung projiziert, sodass eine Optimierung für den weiteren Verlauf stattfinden kann.

Daraus folgt dann die eine oder andere Programmadaption für das Training, sodass der perfekte Seminarplaner wieder einmal alles perfekt geplant hat und mit ruhigem Gewissen in das nächste Training starten kann.

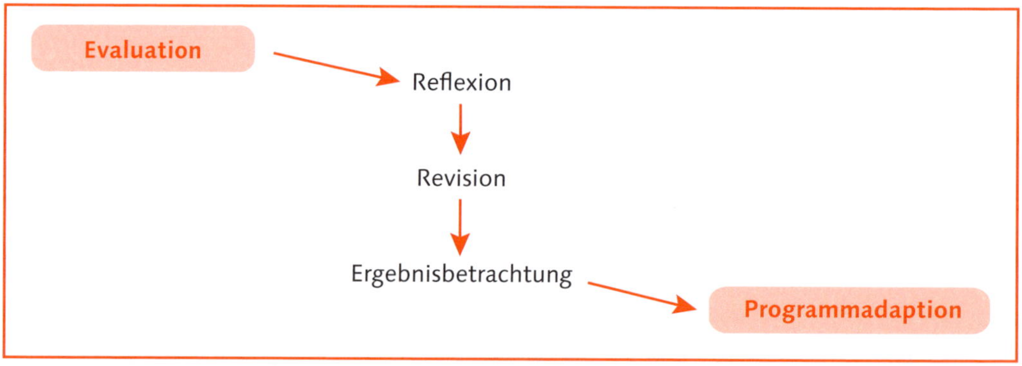

Der Auswertungsprozess

3 Bedarf – Von der Bedarfserschließung zur Auftragsklärung

„Ein Realist ist ein Mensch, der den richtigen Abstand zu seinen Idealen hat."
Truman Capote

Welcher Trainer kennt es nicht, dieses tolle Gefühl, wenn ein potenzieller Kunde sich meldet und sagt, er benötige für eine bestimmte Situation sagen wir ein Präsentationstraining für die Außendienstler, ein Zeit- und Selbstmanagement-Seminar für den Innendienst oder ein Kommunikationstraining für den IT-Support? Oder gar ein kleines Führungskräfte-Programm für den erweiterten Führungskreis?

Da wird gleich eine kräftige Portion der Stresshormone Adrenalin sowie Noradrenalin, welche in unterschiedlicher Weise den Blutdruck erhöhen, ausgeschüttet: „Ja, mein Angebot wird gebraucht!"

Nun bitte keine hektische Trainerbetriebsamkeit. Die Zeiten, in denen die „Chaka-du-schafft-es"-Trainer-Mentalitäten Unternehmen überzeugen konnten, sind so gut wie vorbei. Unternehmen setzen immer mehr auf Nachhaltigkeit und eine präzise Anlage der Inhalte bei Trainingsmaßnahmen. Hatten es Trainer früher oftmals mit Quereinsteigern im Personalbereich zu tun, die vor diesen Trainer-Größen demütig ihr Haupt senkten, sitzen mittlerweile auf den HR-Stühlen gut ausgebildete Fachleute, die die Qualität eines Trainers rasch erkennen können. Nun also ruhig Trainerblut und schauen, welche Informationen benötigt werden, um für den Kunden die passgenaue Veranstaltung zu konzipieren.

Für die Erfassung des Bedarfs eines Trainings bzw. Seminars sind aus unserer Sicht folgende sechs Elemente wichtig. Sowohl der Auftraggeber als auch der Trainer sollten sich hier grundlegende Fragen beantworten:

Grundlegende Planungsschritte für die Bedarfserfassung	
1. **Bedarfserschließung:**	In welchen Feldern gibt es Bedarfe auf Kundenseite? Welche Problemsituation und/oder künftigen Herausforderungen hat der Kunde?
2. **Bedarfsanalyse:**	Wie gestaltet sich der Bedarf? Was sind geeignete Konzepte und Formate, um den Bedarf zu decken?
3. **Kosten-Nutzen-Abschätzung:**	Was kann mit dem Seminar bzw. Training erreicht werden? Welche Kosten stehen dem gegenüber? Wie ist das Verhältnis von Nutzenkalkül und Kostenvorausschau?

4.	**Lernziele:**	Welche konkreten Lernziele sind mit dem Seminar bzw. Training verbunden? Wie lassen sich diese zielgenau formulieren, dokumentieren und im weiteren Projekt-Verlauf überprüfen?
5.	**Kompetenzerfassung:**	Welche Kompetenzen benötigt der Mitarbeiter zur optimalen Bewältigung der Anforderungen an seinem Arbeitsplatz? Welche Kompetenzen sind bereits vorhanden?
6.	**Auftragsklärung:**	Welche Kontextinformationen benötigen Trainingsunternehmen und Trainer? Sind die Informationen für ein Konzept-Briefing vollständig?

3.1 Bedarfserschließung

Welche Aspekte umfasst aus unserer Sicht die Bedarfserschließung? Mit Bedarfserschließung meinen wir hier die Anwendung geeigneter Instrumente zu systematischen Unternehmensbeobachtungen hinsichtlich der sich durch die Rahmenbedingungen entwickelnden Bedarfe – abgeleitet aus den Unternehmenszielen – und den individuellen Bildungsbedürfnissen der Mitarbeiter an Qualifizierungsmaßnahmen.

Beachten Sie dabei die beiden komplementären Begrifflichkeiten „Bedarf“ und „Bedürfnis“.

- **Bedarf:** objektive Größe (Begriff aus der Wirtschaft)
- **Bedürfnis:** subjektive Größe (Begriff aus der Psychologie)

Bedarf und Bedarfe stellen objektive Größen dar, wie dies z.B. die Betriebswirtschaft beschreibt. Ein Unternehmen hat einen Rohstoff-, einen Elektrizitäts- und dann eben auch einen Weiterbildungsbedarf. Bedürfnis und Bedürfnisse stellen hingegen subjektive Größen dar. Ein Mensch oder Mitarbeiter hat ein Bedürfnis nach Anerkennung, nach persönlicher Förderung durch die Führungskraft und eben auch ein Bedürfnis nach einer spezifischen Art der Weiterbildung.

Diese generellen Bedarfe und übergeordneten Entwicklungsziele des Unternehmens sowie die persönlichen Bedürfnisse und Entwicklungsziele des Mitarbeiters bzw. auch der Führungskräfte bilden die Grundlage eines effizienten Weiterbildungsprogramms.

	(Unternehmensbedarfe + Unternehmensentwicklungsziele)	=	effizientes Weiterbildungsprogramm
x	(Mitarbeiterbedürfnisse + Mitarbeiterentwicklungsziele)		

Bedarfserschließung – geht das überhaupt?

Oft ist es für Unternehmen gar nicht so einfach, das wirkliche Bedürfnis ihrer Mitarbeiter hinsichtlich weiterer Qualifizierung zu identifizieren. Ein Weiterbildungsbedürfnis äußert sich oftmals nicht durch die Teilnahme an einer entsprechenden Maßnahme, sondern erfordert die Übersetzung von „Unzufriedenheit" eines Mitarbeiters in einen konstruktiven Rahmen.

Wenn einem Mitarbeiter die aktuelle Aufgabe zu „langweilig" ist, kann der Vorgesetzte mit dem Mitarbeiter zusammen nach neuen Aufgaben Ausschau halten und in diesem Zusammenhang auch neuen Qualifizierungsbedarf feststellen. Ein Techniker könnte so zum Beispiel in die Rolle des Projektleiters hineinwachsen. Hierfür sind möglicherweise zusätzliches „Projekt- und Change-Management Know-how" sowie zusätzliche „Kommunikations- und Präsentations-Skills" erforderlich.

Auf der Bedarfsseite muss ein Unternehmen abschätzen, ob es diesen Mitarbeiter künftig häufiger auch mit Projektleitungsaufgaben betrauen möchte.

Zudem muss das Unternehmen diese geplante Veränderung auf der betriebswirtschaftlichen Ebene abgleichen. Entspricht die Investition in diesen Mitarbeiter den strategischen Unternehmenszielen? So kann die Frage beantwortet werden, ob eine solche Qualifizierung auch strategisch „ins Bild" passt und ob nicht etwa „an der falschen Ecke" investiert wird.

Auch psychologisch ist ein Abgleich notwendig. Ist die geplante Veränderung wirklich geeignet, die Frustration auf Mitarbeiterseite zu beseitigen? Möchte sich der Mitarbeiter in die geplante Richtung verändern und ist das Potenzial vorhanden, um sich die notwenigen Fähigkeiten anzueignen? So geht es um die Einschätzung, ob der Mitarbeiter in der neuen Rolle auch „dauerhaft glücklich" wird und nicht etwa ein Problem „verschoben" wird.

Vielleicht gibt es ja auch die Möglichkeit, unternehmensinterne Bedarfe zu erschließen und die Lernbereitschaft der Mitarbeiter anzuregen. Aber wie?

Oft klingt der Begriff „Training" oder auch „Seminar" sehr abstrakt oder wird gar falsch verstanden. Teilnehmer, die das erste Mal in einer solchen Veranstaltung sitzen, haben zum Teil interessante Vorstellungen darüber, was hier passiert.

Hier ein drastisches Beispiel: Am Abend vor einem Inhouse-Training zum Thema Kundenorientierung am Telefon kam ein Teilnehmer zu uns und informierte uns darüber, dass er ein schwaches Herz habe. Er bat uns, dies bitte zu berücksichtigen und nicht zu hart mit ihm zu verfahren. Er dachte, wir würden uns im Training auf die Schwächen der Teilnehmer konzentrieren, um ihnen diese mit drastischen Maßnahmen auszutreiben. Wir haben ihm dann unser Vorgehen dargestellt und zu Beginn des Trainings allen Teilnehmern noch einmal explizit erklärt, dass wir nicht vorhätten, hier den einen oder die andere an den „Pranger" zu stellen.

Wir wurden auch schon mit dem Vorurteil konfrontiert, an einem Training teilzunehmen sei ja nur ein Vorwand, um der Arbeit fernzubleiben und auf einer netten Geschäftsreise neue Menschen kennenzulernen. Dieses Bild mag für manche Einzelfälle gelten, entspricht jedoch sicher nicht der Mehrheit der Mitarbeiter in den Unternehmen, mit denen wir in der Vergangenheit gearbeitet haben.

Hier ist auch eine positive und vorbildhafte Haltung des Trainers gefragt: Transportieren Sie sichtbar und nachvollziehbar Ihre Freude an Ihrer Arbeit und sorgen Sie dafür, dass jeder Teilnehmer bereichert nach Hause bzw. zurück in den Job geht. Dann wird Ihnen niemand vorwerfen können, eine „Ferienveranstaltung" durchgeführt zu haben!

Weiterbildungstage als Teilnehmer-Motivator

Vor einigen Monaten haben wir als Trainingsunternehmen „Weiterbildungstage" in einem Unternehmen durchgeführt und so gemeinsam mit dem Auftraggeber Bedarfe erschlossen und Bereitschaft zum Lernen geschaffen. Ein weiterer positiver Effekt dieser Maßnahme war, dass bei den Beteiligten auf allen Ebenen Abwehr und Angst abgebaut und die positiven Effekte von Training greifbar gemacht wurden. Messeähnlich platzierten wir dabei Stände in den Räumen des Unternehmens. Diese in Besprechungsräumen durchgeführten Trainingssequenzen von zwei Stunden sorgten dafür, dass jeweils individuelle Erfahrungen mit dem Thema „Training" gemacht werden konnten.

So erhielten Führungskräfte und Mitarbeiter der anderen Unternehmensebenen ein Bild davon, was sie im Training erwarten würde. Das Konzept dieser Weiterbildungstage stieß aus mehreren Gründen auf große Begeisterung aller Beteiligten. Die Mitarbeiter des Unternehmens konnten unsere Trainer persönlich kennenlernen und gewissermaßen „in Aktion" erleben. Außerdem konnte jeder der Teilnehmenden für sich feststellen, welche Trainingsthemen für ihn persönlich am hilfreichsten sind. Darüber hinaus bietet eine solche „Haus-Messe" Führungskräften, für die ein Coaching infrage kommt, die Möglichkeit, potenzielle Coachs zwanglos kennenzulernen und dabei herauszufinden, mit wem sie künftig zusammenarbeiten möchten.

Die Weiterbildungstage hatten einen sehr positiven Effekt! Die Teilnehmer gingen mit einer gesteigerten Lernbereitschaft nach Hause. Noch in den anschließenden Trainings war die auf den Weiterbildungstagen gebildete positive Grundstimmung deutlich zu spüren.

3.2 Bedarfsanalyse

Aus den Unternehmenszielen lassen sich Unternehmenswerte, Führungsleitlinien und ein Verhaltenskodex ableiten. Diese können in vielfältiger Weise zu einem Weiterbildungsbedarf bei einzelnen Teilnehmern führen. Inwieweit passen die individuellen Verhaltensweisen zu neuen Werten, Leitlinien und Verhaltensnormen? Wie lässt sich das für den eigenen Bereich weiterentwickeln? Welche Dinge müssen verändert oder gar ganz neu gedacht werden? Jede Bewegung an der Spitze bringt unter Umständen viele einzelne Steine ins Rollen. Manchmal auch eine Lawine, dann befindet sich das Unternehmen jedoch aller Erfahrung nach in einem gewaltigen Change-Prozess, und hier gelten noch einmal ganz andere Regeln für den Erfolg oder Misserfolg von Workshops und Seminaren.

Die Ergebnisse einer systematischen Bedarfsanalyse sind für die Zusammenarbeit von Auftraggeber und Trainer bzw. Trainingsunternehmen sehr hilfreich, da „die Umsetzungsseite" hieraus wichtige Anhaltspunkte für die Entwicklung der Lernziele und Trainingsinhalte ableiten kann.

3.2.1 SWOT-Analysen und Zielvorgaben

Strategisch lassen sich Stärken, Schwächen, Potenziale aber auch Gefahren einer Organisation beschreiben und mit den Mitbewerbern vergleichen. Die Bedarfsanalyse auf Unternehmensebene kann sich also auch eine SWOT-Analyse (Strengths, Weaknesses, Opportunities, Threats) zunutze machen. Bereits vorliegende SWOT-Analysen lassen sich daher durchaus für zentrale Akzentsetzungen einer Bedarfsanalyse auf Weiterbildungsebene nutzen. Sind darüber hinaus quantitative Ziele des Unternehmens bekannt, kann anhand des derzeitigen Status Quo mehr oder weniger direkt auf Veränderungs- und damit auch Weiterbildungsbedarfe der Mitarbeiter geschlossen werden.

3.2.2 Der Blick zurück und nach vorn

Auch Aufzeichnungen und Protokolle über Zeit- und Kostenaufwände sowie Inhalte und Ergebnisse können hier betrachtet werden. Außerdem ist von Interesse, welche Maßnahmen bei Vorreitern unter den Mitbewerbern zur derzeitigen Situation geführt haben. Des Weiteren sollte auch beachtet werden, ob in der Vergangenheit bereits konkrete Weiterbildungskonzepte entwickelt wurden und wie und ob diese anwendbar waren bzw. sind.

Auch die Frage: „Was ist Ihnen in der Vergangenheit mit Seminar- und Trainingsanbietern widerfahren, was sich in keinem Fall wiederholen soll?" hat uns schon die ein oder andere Erkenntnis darüber vermittelt, was auf dem Markt so alles passiert und warum Unternehmen zu Recht Kompetenzen von selbsternannten „Weiterbildungs-Gurus" hinterfragen, die sich bar jeder Grundqualifikation und mit haarsträubenden „handwerklichen" Kenntnissen in eine komfortable Auftragssituation „hineinschlawinern" möchten.

Mit dem Blick in die Zukunft ist es möglich, sowohl Entwicklungen im Unternehmen als auch außerhalb zu erfassen oder einzuschätzen und Schlussfolgerungen für den Bedarf zu ziehen. Anhand beispielsweise von Trends oder Umwelt- und Marktentwicklungen kann sichtbar gemacht werden, auf welche Bereiche ein besonderer Fokus gelegt werden sollte. Hier können auch professionelle Institute, die Markt- und Trendforschung betreiben, als Unterstützung hinzugezogen werden. Trendanalysen durch externe Institute sind gerade für mittelständische Unternehmen eine günstige und schnelle Alternative zur eigenen Marktanalyse.

3.2.3 (Weiterbildungs-)Trends erkennen

Ein Beispiel für professionelles „Trend-Scouting" ist das Trendbüro in Hamburg. Hier werden nicht nur spezielle Analysen hinsichtlich unternehmensspezifischer Trends durchgeführt und ausgewertet, sondern ebenso Workshops angeboten. Bei diesen Arbeitseinheiten erarbeitet das Trendbüro gemeinsam mit Mitarbeitern des Unternehmens relevante Vorhersagen für die jeweiligen Produkte und Leistungen.

Für die Ideensammlung und als Strategie, neue Möglichkeiten auf dem Weiterbildungsmarkt zu entdecken, eignen sich ebenfalls Kongresse wie der Trend-Tag des Trendbüros oder die Teilnahme an Personalmessen, wie z.B. der Messe „Personal Nord" oder „Personal Süd" bzw. der jährliche Weiterbildungskongress der Deutschen Gesellschaft für Personalentwicklung e.V. (dgfp) in Frankfurt. Zudem werden von Zeitschriften wie „managerSeminare" oder „Personalwirtschaft" immer wieder neue Entwicklungen ausgewertet und im Sinne von Weiterbildungstrends veröffentlicht.

3.2.4 Mit Fokusgruppen arbeiten

Eine sehr aufwendige dafür aber lohnende Analyse ist die anhand einer „Fokusgruppe". Der Begriff ist vor allem durch die Anwendung in der Marktforschung bekannt. Dabei werden üblicherweise Produkte und entsprechende Marketing-Strategien in einer Gruppe diskutiert, die sich sowohl aus Mitarbeitern des Unternehmens als auch möglichen Kunden zusammensetzt. Bezogen auf die betriebliche Weiterbildung werden hier sowohl aus dem Führungskreis als auch aus dem Mitarbeiterbereich Teilnehmer in einem Workshop zusammengebracht, die dann gemeinsam die entsprechenden Bedarfe des Unternehmens diskutieren.

Damit diese Methode nicht aus dem Ruder läuft, ist eine externe Moderation hilfreich (hier haben Sie als Trainer also eine zusätzliche Chance, wenn Sie über die entsprechenden Kompetenzen verfügen!). Ein detailgenaues Protokoll und/oder die Arbeit mit Metaplankarten und Metaplanwand sind empfehlenswert, sodass sich die Ergebnisse dann entsprechend verdichten lassen.

Der Moderator hat in diesem Fall nicht nur die Aufgabe, den Fokus immer wieder auf die zentralen Fragestellungen zu richten und Streitigkeiten in konstruktive Bahnen zu lenken, sondern auch für einen ausgeglichenen Redeanteil aller Beteiligten zu sorgen. Vor allem, wenn eine starke Hierarchie im Raum ist und bestimmte Gruppenmitglieder so nicht wirklich zu Wort kommen und gehört werden können.

3.2.5 Soll-Profile und Entwicklungspotenziale

Die aus den Unternehmenszielen abgeleiteten Soll-Profile der einzelnen Arbeitsplätze und die Identifikation der Ist-Profile der dort eingesetzten Mitarbeiter weisen den jeweiligen Vorgesetzten und/oder HR-Verantwortlichen darauf hin, welches Entwicklungspotenzial vorliegt. So ist der Bedarf eines jeden Mitarbeiters umfassend erschlossen und zeigt sich nicht nur durch das persönliche Engagement einzelner Mitarbeiter oder einzelner Vorgesetzter. Stellen Sie sicher, dass Sie auch hier „im Loop" sind und wissen, wohin die Reise geht. Nur so können Sie sich in Ihrer Trainer-Rolle optimal unterstützen!

3.2.6 Das Spielfeld bestimmen

Ein wichtiger Schritt bei der Bedarfsermittlung im Unternehmen ist außerdem die Betrachtung des „Scopes", wie man im Projektmanagement-Jargon sagen würde (auf Deutsch vielleicht „Geltungsbereich"). Soll die Personalentwicklung eines Unternehmens sicherstellen, dass einzelne Maßnahmen für bestimmte Mitarbeitergruppen durchgeführt werden? Oder handelt es sich etwa um ein vielleicht auch internationales konzernweites Vorhaben, bei dem es nicht nur darum geht, Mitarbeiterkompetenzen zu entwickeln, sondern vor allem auch darum, das „Humankapital" des Unternehmens aufgrund neuer strategischer Ausrichtungen neu „anzufüttern"?

Die Frage ist also, wie groß ist das Spielfeld, auf dem Sie sich als Trainer bewegen dürfen? In Unternehmen, die eine sehr starre Hierarchie und Managementordnung haben, lassen sich kaum begleitende Strukturen etablieren. Wenn Sie feststellen, dass Ihr Auftraggeber nicht aus seiner Starre zu erwecken ist, sollten Sie Ihre Zeit und Energie vor allem auf das Training an sich konzentrieren.

3.2.7 Typische Einsatzfelder nach Hierarchieebene

Ist der Auftraggeber hingegen offen für Veränderung und bereit, Ressourcen in neue Instrumente und Vorgehensweisen zu investieren, hat ihr Spielfeld an Fläche gewonnen, die Bedarfslogik verändert sich.

In diesem Fall setzt Ihre Arbeit nicht erst auf der untersten Ebene an, sondern Sie können aktiv daran mitarbeiten, Instrumente und Strukturen zu schaffen oder zu verändern und den Kreis der Führungskräfte darin zu unterstützen, einen moderneren und zukunftsfähigen Management- und Kommunikationsstil zu entwickeln.

Je nach der von Ihnen als Trainer ansprechbaren Hierarchieebene ergeben sich „typische" Einsatzfelder", die wir im Folgenden in einer Pyramide dargestellt haben:

Typische Einsatzfelder in Bezug auf Hierarchieebenen

Aus unserer Sicht wird durch eine systematische Bedarfsermittlung erst eine effektive und effiziente Weiterbildungsstrategie für die unterschiedlichen Mitarbeitergruppen möglich. Zugegeben, die Einrichtung dieser Systematik auf den unterschiedlichen Ebenen kostet ein Unternehmen erst einmal Zeit und damit auch möglicherweise Geld, und es ist manchmal nicht wirklich überraschend, wenn Verantwortliche im Unternehmen entsprechende Hinweise zunächst einmal als unruhestiftend betrachten. In Fällen, wo wir Unternehmen diesbezüglich beraten haben, hat sich jedoch gezeigt, dass dies sehr gut investierte Zeit gewesen ist.

3.2.8 Herausforderungen der Teilnehmenden

Eine Bedarfsanalyse auf Mitarbeiterebene zielt darauf ab, Soll- und Ist-Situation zu ermitteln und auf diesem Wege Möglichkeiten für die Erreichung der Soll-Situation zu finden. Eine Analyse der Arbeitsstelle ist hierbei der erste Schritt, aber nicht der abschließende. Ein Mitarbeiter kann noch so gut den Anforderungen einer Stelle entsprechen, wenn er nicht in das Arbeitsumfeld passt, tun sich neue Problemfelder auf.

Ein weiterer Aspekt der Bedarfsanalyse ist also die Situation des Mitarbeiters zu untersuchen und wie das Unternehmen bereits auf diese einwirkt. In welchem Verhältnis steht der Mitarbeiter zu seinem Job? Wie hoch ist der Leistungsdruck und wie wirkt sich dieser auf die Arbeitsergebnisse aus? Was sind die konkreten beruflichen Herausforderungen, denen sich die Teilnehmenden in nicht allzu ferner Zukunft zu stellen haben?

3.2.9 Gespräche als Vorbereitung

Ein heutzutage glücklicherweise schon weit verbreitetes, in manchen Unternehmen jedoch immer noch stiefmütterlich behandeltes Instrument ist das **Mitarbeitergespräch.** Dieses Instrument dient natürlich der Bewertung vergangener Leistungen, es sollte jedoch ebenso einen Blick in die Zukunft des jeweiligen Mitarbeiters beinhalten. Hier formulierte, attraktive Ziele können neue Anreize geben, auch für den Besuch von Trainings oder Seminaren. Oft wird unterschätzt, welchen positiven Effekt ein vorbereitendes Gespräch mit dem Vorgesetzten auf die Weiterbildungsmotivation und die Bereitschaft des Mitarbeiters hat!

3.2.10 Rollierende Planung im Mittelstand

Einer unserer Auftraggeber war sowohl der Unternehmenseigentümer als auch der Personalleiter. In ausführlichen Gesprächen haben wir mit diesen beiden Personen das Unternehmensumfeld, in dem das Führungskräfteprogramm durchgeführt werden sollte, erörtert. Wie viele mittelständische Unternehmen befand sich auch dieses in einem intensiven Veränderungsprozess, um auch künftig für junge Talente als Arbeitgeber attraktiv zu sein. Um im Unternehmen Unsicherheiten aufseiten der Mitarbeitenden möglichst gering zu halten, wurde die Vorgehensweise im Qualifizierungsprogramm für die Führungskräfte intensiv abgestimmt und im Verlauf eines halbjährigen Prozesses an eine veränderte gegenwärtige Situation angepasst, um so neu aufgekommenen Bedarfen im Programm Rechnung tragen zu können.

Dieses Prinzip der „rollierenden Planung“ ermöglicht es, Planungseinheiten, die im Voraus nur grob geplant werden können, zeitnah zum Durchführungszeitpunkt in eine Feinstruktur zu bringen. Freud und Leid liegen hier jedoch nah beisammen: Während die Flexibilität auf allen Seiten vermutlich den Teilnehmern zugutekommt, da diese dann noch in den Genuss einer optimalen Feinabstimmung von Inhalten und Unternehmenszielen kommen, verlangt es dem ein oder anderen Trainer doch viel ab, gerade bei solchen, die „ihr Ding gerne durchziehen möchten“. Doch es bleibt dabei: Der deutsche Mittelstand fährt halt nun einmal auf Sicht – und er ist erfolgreich dabei!

3.2.11 Geringere Ausfallzeiten durch kleine Gruppen

Ein weiteres Beispiel: Dem Unternehmen ging und geht es als Branchen-Primus gut, die Finanzen stimmen. Doch das führt auch dazu, dass die an dem Weiterbildungsprogramm teilnehmenden Führungskräfte wenig Zeit für weitere Qualifizierungsmaßnahmen haben. Auch darf und kann nicht die komplette Führungsmannschaft gleichzeitig in einem Training anwesend sein, da für spontane Entscheidungen im Tagesgeschäft Führungskräfte aus dieser Gruppe zur Verfügung stehen müssen.

Wir einigten uns mit dem Unternehmen dahingehend, die Gruppe in zwei Teilgruppen zu teilen und für die zweitägigen Module immer eine Tageskonstellation auszuwählen, bei der die Teilnahme an einem Training an einem Sonntag/Montag oder Freitag/Samstag stattfinden konnte. So konnten die Ausfallzeiten während der Arbeitswoche gering gehalten werden, die Führungskräfte waren nicht komplett am Wochenende im Einsatz und durch die kleineren Teilgruppen von nur ca. acht Personen fand ein intensiveres Lernen statt.

3.2.12 Betriebliche Weiterbildung ist gut für das Arbeitgeberimage

Mit einer guten Struktur können Unternehmen nicht nur im Unternehmen Weiterbildungsmaßnahmen gezielt einsetzen, sondern auch das Arbeitgeberimage steigern. Unternehmen, die Wert auf eine systematische Bedarfsanalyse legen, schaffen damit die Grundlage, ihre Mitarbeiter nach einem klaren Konzept weiterbilden zu können und haben bei High Potenzials einen sehr guten Ruf. Die Zeiten, in denen nach dem Gießkannenprinzip Weiterbildungsmaßnahmen gebucht und durchgeführt wurden, sollten inzwischen der Vergangenheit angehören.

Wer sind die beliebtesten Arbeitgeber in Deutschland? Und was zeichnet sie aus? Trotz teilweise schwächelnder Absatzmärkte haben sich die Automobilhersteller Vokswagen, BMW, Audi und Porsche auf den ersten vier Plätzen der beliebtesten Arbeitgeber Deutschlands im Jahr 2012 eingefunden. Das verdanken sie auch der strukturierten und kontinuierlichen Qualifizierung und Weiterbildung der Mitarbeiter in diesen Unternehmen.

Wovon hängt die Beliebtheit als Arbeitgeber ab? Nach unserem Dafürhalten auch sehr stark von den Anstrengungen zur betrieblichen Weiterbildung. Hierfür gibt es einige Hinweise:

- Kein Platz für Bore-out: **Junge, qualifizierte Fachkräfte wollen gefordert und gefördert werden.** Da ist für Langeweile kein Raum. Sie akzeptieren keine vorherrschenden starren Strukturen für ihre Gedanken und Vorgehensweisen, die ihnen keine Freiräume bieten.
- Für junge Fachkräfte gewinnen **die „weichen Faktoren“** bei der Wahl des Arbeitgebers weiter an Bedeutung. Das heißt, sie wünschen sich einen „guten Führungsstil“ und möchten als Mitarbeiter wertgeschätzt werden. Auch ein kollegiales Klima und eine ausgewogene „Work-life-balance“ stehen hoch im Kurs.

Sie als Trainer werden uns sicherlich zustimmen, dass zur Realisierung dieser beiden Punkte ein strukturiertes und vor allem bedarfsgerechtes Weiterbildungsprogramm hervorragende Dienste leistet, um den von den Young Professionals gewünschten Rahmen für einen fordernden und fördernden Arbeitsplatz zu gestalten.

3.3 Kosten-Nutzen-Abschätzung von Weiterbildungsmaßnahmen

Interessant ist auch der generelle deutliche und substanzielle Anstieg von Investitionen in Personalentwicklung in den vergangenen Jahrzehnten. So wurde in Deutschland Anfang der 1970er-Jahre 1 Mrd. Euro ausgegeben, Anfang der 1980er-Jahre waren es dann 4 Mrd. und 1992 bereits 19 Mrd. Euro. Und danach gab es einen recht rasanten Anstieg bis 2004 auf 27 Mrd. Euro (vgl. Lenske und Werner, 2009).

Wenn wir uns an die Finanzkrise in den Jahren 2008/2009 zurückerinnern, standen viele Unternehmen vor der herausfordernden Situation, dass die Mitarbeiter aufgrund der geringen Nachfrage nach Gütern, Produkten und Dienstleistungen durchaus die Zeit gehabt hätten, an umfangreichen Weiterbildungsmaßnahmen teilzunehmen, doch es fehlte das Geld, diese Maßnahmen auch zu finanzieren.

So führte die Bundesregierung in dieser Zeit unterschiedliche Maßnahmen durch, um Weiterbildung finanziell attraktiv zu gestalten. Beispielsweise wurde Ende 2008 die Bildungsprämie als Instrument zur Finanzierung beruflicher Weiterbildung eingeführt. Ziel war es, den Stellenwert der Weiterbildung zu erhöhen und Menschen verstärkt zur Beteiligung an Weiterbildungsmaßnahmen zu motivieren.

Auch die Agentur für Arbeit bot in dieser Zeit verschiedene Möglichkeiten der Zahlung von Zuschüssen und Leistungen im Rahmen einer beruflichen Weiterbildung an. Als Beispiele können wir hier die Fördermöglichkeiten im Rahmen des Programms WeGeBau und die Qualifizierung bei Kurzarbeit (KuG) zunennen, die bis heute Bestand haben.

So wurde eine wirtschaftlich schwierige Zeit dafür genutzt, das Qualifizierungsniveau in vielen Unternehmen zu heben. Ein kluger Gedanke. Und auch heute kennen wir große Unternehmen, die in Zeiten von Entlassungen und Reisestopps die Budgets für die Durchführung von Trainings und deren Weiterentwicklung umleiten.

3.3.1 Die Kunst der Budgetierung

Der amerikanische Finanzfachmann Maurice Strans hat einmal gesagt: „*Die Aufstellung eines Budgets ist die Kunst, Enttäuschungen gleichmäßig zu verteilen.*“ Nun ist es so, dass das für eine Weiterbildungsmaßnahme zur Verfügung stehende Budget an Zeit und Geld je nach Unternehmenssituation und Branche sehr unterschiedlich ist.

Welche Branchen geben am meisten für Weiterbildung aus? Laut Phillips und Schirmer (2008) sind es vor allem die Branchen Finanzdienstleistungen, Versicherungen, Immobilien, Speditionen/Kurierdienste, öffentliche Einrichtungen sowie neue Technologien, die am meisten Geld in Weiterbildung investieren. Zudem gewinnt E-Learning in vielen Bereichen immer stärker an Popularität. Insgesamt setzt sich die Sichtweise durch, dass es sich bei den Budgets für Weiterbildungsmaßnahmen nicht um „Kosten", sondern stärker um „Investitionen" handelt. Ob sich Investitionen rechnen oder nicht, ist in der betrieblichen Praxis häufig eine Frage der betrieblichen Investitionsrechnung. Jedoch: Was für den Maschinenpark recht ist, sollte für das „Human-Kapital" eigentlich billig sein!

3.3.2 ROI-Rechner für die Personalentwicklung?

Im Bereich der beruflichen Bildung gibt es sie schon länger: ROI-Rechner. Viele MBA-Schulen machen eine einfache Rechnung auf, indem sie die folgenden Größen miteinander in Verbindung bringen: (1) noch verbleibende Arbeitsjahre, (2) mutmaßlicher Verdienst ohne MBA, (3) mutmaßlicher Verdienstanstieg mit MBA, (4) Kosten für den MBA. Da ein MBA in der Regel die formale Qualifikation verbessert und sich ein Aspirant hiermit für höherwertige Managementaufgaben empfiehlt, die mit einer entsprechenden Verdienststeigerung verbunden sind, lässt sich der monetäre Nutzen für den Weiterbildungsbeflissenen mit relativ einfachen Annahmen überprüfen, sehr zur Freude der Business Schools.

Bei Weiterbildungsmaßnahmen liegt der Fall etwas anders: Der Nutzen für die Organisation entsteht nicht formal mit der Durchführung einer Maßnahme, sondern durch die Umsetzung des Gelernten in der betrieblichen Praxis. Und um dies tatsächlich in der Logik eines ROI (Return on Investment) darstellen zu können, hat sich ein Fünf-Stufen-Verfahren durchgesetzt, welches wir kurz vorstellen (vgl. Phillips und Schirmer, 2008):

Der Grundgedanke ist die Erfassung der Effekte. Hier am Beispiel eines Seminars zur Kundenorientierung.

Stufe 1: Reaktion, Zufriedenheit, geplante Aktionsziele der Teilnehmer

- Zeigen die Teilnehmer eine positive Reaktion?
- Sind die Teilnehmer nach dem Seminar zufrieden?
- Gibt es nachvollziehbare Aktionsziele für die Teilnehmer?

Stufe 2: Lernen, Wissen, Kompetenzzuwachs

- Was haben die Teilnehmer gelernt?
- Gibt es einen überprüfbaren oder messbaren Zuwachs an Wissen und Kompetenzen?

Stufe 3: Anwendung, Lerntransfer, Verhaltensänderungen

- Woran erkenne ich, dass die Teilnehmer die Konzepte und neu erlernten Fähigkeiten am Arbeitsplatz anwenden?
- Welche Verhaltensänderungen sind zu beobachten? Woran mache ich diese fest?

Stufe 4: Auswirkungen auf das Geschäft oder Ergebnis, Kennzahlen / KPIs

- Gibt es messbare Auswirkungen auf das Geschäft oder Ergebnis?
- Haben sich relevante Kennzahlen bzw. entsprechende Key Performance Indicators, kurz „KPIs" verändert?

Stufe 5: „ROI" – Return on Investment

- Wie hoch war die „Verzinsung" des für die Maßnahme eingesetzten Kapitals?

Die Vorgehensweise bei der Bestimmung des ROI ist durchaus kompliziert, soll hier jedoch kurz skizziert werden (vgl. Phillips und Schirmer, 2008).

- Evaluationsplanung
- Datenerfassung vor/während des Trainings
- Datenerfassung nach dem Training
- Isolierung der Effekte
- Finanzielle Bewertung
- Gegenüberstellung von Kosten und Ergebnis (ROI)

Insbesondere das Design der Datenerfassung sowie die Isolierung der Effekte in der Auswertung stellen den Ungeübten durchaus vor gewisse Herausforderungen. Diese sind jedoch überwindbar, wenn das Erkenntnisinteresse hoch ist.

Für Sie als Trainer wichtig zu wissen: In einigen Unternehmen wird der Erfolg von Seminaren auf unterschiedlichen Stufen und auch über einen längeren Zeitraum hinaus gemessen. Zufriedenheit der Teilnehmer am Seminarende ist wichtig, jedoch nur ein Element in einer längeren Wirkkette! Wesentlich ist daher, dass die Lernziele auch tatsächlich erreicht werden und Sie die entsprechenden Weichen stellen, dass die On-the-Job-Challenges angenommen und die On-the-Job-Experiences ausgewertet werden.

3.4 Lernziele

Aus dem Fortbildungsbedarf können je nach Unternehmen, Branche und Mitarbeiter verschiedene Lernziele entwickelt werden. Dieser Schritt ist von großer Bedeutung, denn die Lernziele dienen als **roter Faden für die Trainingsentwicklung.** Außerdem kommen Sie so gar nicht erst in Versuchung, ein 0815-Standard-Training abzuliefern, wenn individuelle Lernziele bestimmt wurden.

Nach der bloomschen Lernzieltaxonomie (vgl. Bloom, 1972), können Lernziele drei Dimensionen annehmen, das heißt, sie zielen entweder auf das Wissen, das Wollen oder das Können der Teilnehmer ab.

- Das Ziel **Wissen** zu erweitern (kognitives Ziel) beschreibt die Absicht, dem Teilnehmer neue Kenntnisse und Fähigkeiten zu vermitteln.
- Wohingegen das Ziel **Wollen** (affektives Ziel) ein verändertes Werte-, Normen- und Interessensystem beinhaltet.
- Noch einmal anders ausgeprägt ist das Ziel **Können** (psychomotorisches Ziel). Hier wird auf das Erlernen neuer motorischer, körperlicher Abläufe und Handlungen abgezielt.

Haben wir das jeweilige Lernziel des Themas ermittelt und mit dem Trainingsziel abgeglichen, stehen wir vor weiteren Fragen: Auf welche Art und Weise vermittle ich das Thema? Wie intensiv soll es behandelt werden? Je nachdem, welches Lernziel das ausgewählte Thema verfolgt, ist eine andere Vorgehensweise erforderlich.

3.4.1 Lernziel-Kategorien

Lernziel „Wissen" (kognitives Ziel)

Wissen wird zunächst vom Trainer dargestellt und verdeutlicht (Wissen), bis die Teilnehmer den Inhalt verstanden haben (Verstehen) und eigenständig auf ihr Berufsleben beziehen können (Anwendung). Die entsprechenden Alltagssituationen werden dann gemeinsam genauer untersucht (Analyse) und Handlungen und Situationen in der Zukunft konstruiert (Synthese). Wenn das Lernziel erreicht wird, reflektieren die Teilnehmer das Gelernte in Bezug auf das eigene Handeln (Beurteilung).

Kognitive Lernziele werden nach Bloom in der folgenden Reihenfolge erreicht:

In Trainings zu Grundlagen der Kommunikation begegnet uns oft das Thema „Sach- und Beziehungsebene". Wenn wir den Teilnehmern unseres Trainings Kenntnisse zu diesem theoretischen Ansatz vermitteln wollen, wird das Thema idealerweise erst einmal präsentiert und so lange besprochen, bis die Teilnehmer den Inhalt verstanden haben. Erst dann sind sie in der Lage, diesen Inhalt auf ihre tatsächliche berufliche Situation zu übertragen, also beispielsweise sensibel dafür zu werden, in welchen Situationen die Beziehungsebene die Überhand über die Sachebene hatte und genauer zu untersuchen, wie diese Situationen verlaufen sind.

Im Anschluss daran findet eine Synthese statt, wenn Teilnehmer Idealsituationen entwerfen und einen Plan entwickeln, wie sie aufgrund der neu gewonnenen Kenntnisse der beiden Ebenen die eigene Kommunikation verbessern können. Wissen ist jedoch noch nicht Wollen!

Lernziel „Wollen" (affektives Ziel)

Plant der Trainer hingegen, das Wollen zu beeinflussen, werden im Training die Inhalte erst einmal thematisiert (Empfang). Erkennt der Teilnehmer das Thema an (Reaktion), sind wir dem Ziel schon einen Schritt näher gekommen und arbeiten daran, eine Motivation für die Aneignung des Themas aufzubauen und zu erreichen, dass die Teilnehmer eine eigene Wertung vornehmen (Wertung). Hat dies stattgefunden, können die Werte und Normen gemeinsam mit den Teilnehmenden diskutiert werden, neu definiert und geordnet werden (Organisation). Haben die Teilnehmer das neue Wertesystem vollkommen verinnerlicht und zeichnen sich durch dieses auch aus, wurde das Lernziel erreicht (Charakterisierung).

Nach Bloom führen somit folgende Schritte zum affektiven Lernziel:

Beziehen wir affektives Lernen auf unsere Trainings, sind die oft überforderten Teilnehmer im Seminar zum Zeitmanagement ein gutes Beispiel. Dann geht es meist erst einmal darum, dem Teilnehmer zu verdeutlichen, dass er etwas ändern muss, nicht allen/m gerecht werden kann und auch muss und Prioritäten setzen sollte. Hat der Teilnehmende das Problemfeld verstanden und sieht hier einen Handlungsbedarf, können Bausteine seines Alltagslebens zusammengetragen werden. Diese sollten dann gemeinsam nach persönlicher und beruflicher Wichtigkeit sortiert und priorisiert werden.

Damit ist der Teilnehmer jedoch noch nicht auf der Bewusstseinsstufe, um auch eine Änderung vornehmen zu können. Denn jede Verhaltensänderung kann auch die Konfrontation mit Konflikten bedeuten. Entscheidet sich der Teilnehmende zur eigenen Entlastung, bestimmten Lebensbereichen weniger Bedeutung zuzumessen, können sich andere vernachlässigt fühlen. Daher gilt es, den Teilnehmer auf diese Situation vorzubereiten und seine Überzeugung zum neuen Wertesystem so zu stärken, dass er diese auch in Konfliktsituationen vertreten und darlegen kann.

Lernziel „Können" (psychomotorisches Ziel)

Ist das Ziel, dass der Klient eine bestimmte Handlung erlernt, beginnen wir mit der Vorführung (Imitation). Durch die häufigen Wiederholungen der Handlung und entsprechende Anweisungen und Verbesserungsvorschläge durch den Trainer (Manipulation) erlangt der Trainee Sicherheit und kann die Handlung selbst gestalten (Präzisierung). Bevor er die Handlung vollkommen verinnerlicht hat (Naturalisierung), sollte die Übung in Verbindung mit anderen Handlungen sauber ablaufen (Artikulation).

Nach Fortführungen der bloomschen Taxonomie führen diese Stufen zum psychomotorischen Lernziel:

Psychomotorische Ziele sind bestimmte Tätigkeiten und Handlungen. Auch wenn diese im Bereich des Personaltrainings weniger vermutet werden, sind sie doch ein bedeutender Teil einiger Trainingsthemen. Unter anderem rückt im Präsentationstraining immer wieder die erstaunlich hohe Bedeutung von Körpersprache, Haltung und Performance ins Blickfeld und wird Teil des Trainings. Der fehlende Blickkontakt zu Gesprächspartnern beispielsweise ist oft nicht beabsichtigt, hat jedoch eine ablenkende Wirkung. Ein Seminar, in dem wir ebenfalls meist auf psychomotorische Ziele treffen, ist auch das Verhandlungstraining. Unsere Überzeugungskraft, argumentative Sicherheit sowie unsere Vertrauenswürdigkeit, die wichtige Determinanten im Verkaufsgespräch sind, werden zu großen Teilen nicht dadurch geprägt, *was* wir sagen, sondern dadurch, *wie* und mit welcher Körpersprache wir es zum Ausdruck bringen. Ein Fliesenverkäufer kann die qualitativ hochwertigsten Fliesen zum besten Preis im Angebot haben und trotzdem Absatzschwierigkeiten verzeichnen, wenn er im Verkaufsgespräch verkrümmt sitzt, unsicher spricht oder auch nur die Arme verschränkt.

Vielen ist gar nicht bewusst, welche kleinen „Ticks“ störend auf ihre Präsentationen wirken, daher lohnt es sich, mit Videoaufzeichnungen zu arbeiten und den Teilnehmer selbst erkennen zu lassen. Unsere Aufgabe als Trainer ist es dann, dem Teilnehmer alternatives Verhalten, wie z.B. Blickkontakt ohne Starren, aufzuzeigen und vorzuführen. Der Trainee kann dies dann in Rollenspielen üben und präzisieren. Dieser Lernprozess sollte nicht zu schnell abgebrochen werden, denn nur, wenn er die neue Körpersprache komplett beherrscht, kann er sie auch in Stress- und Konfliktsituationen beibehalten.

3.4.2 Gliederung nach Präzisionsgrad

Die Lernziele können zusätzlich auch noch nach Präzisionsgrad gegliedert werden. Meier (2003) unterscheidet hier zwischen Richtziel, Grobziel und Feinziel. Überlegen Sie am besten einmal selbst, wie die Ziele Ihrer Auftraggeber lauten könnten und halten Sie ihre Ideen schriftlich fest:

- **Richtziele** sind sehr grob formulierte und weit interpretierbare Ziele und Richtwerte. Hier ist der Trainingsgestaltung also viel Spielraum gelassen.
- **Grobziele** hingegen sind präziser und damit unmissverständlicher formuliert. Es wird jedoch nicht vorgegeben, wie die Endsituation zu messen ist.
- **Feinziele** sind genau in diesem Punkt genauer definiert und beinhalten bereits eine Vorgabe, welche Maßzahlen oder Endsituationen dieses Ziel ausmachen.

Feinziele können nun auch noch weiterentwickelt werden, sodass ein **voll operationalisiertes Lernziel** (Meier, 2003) entsteht. Dieses wiederum gibt einerseits an, was genau die Teilnehmer im Anschluss an das Training oder die Sequenz gelernt haben sollten und umsetzen können. Außerdem wird hier präzisiert, wann, in welchen Situationen oder mit welchen Hilfsmitteln sie das Gelernte wiedergeben sollten. Als dritten Aspekt enthält das Ziel Informationen über die Beurteilungsmethode und Zielvorgaben.

Das klingt nun doch sehr umständlich und schwierig, ist es aber gar nicht. Vielmehr erleichtert es uns und den Teilnehmern,ein klares Ziel vor Augen zu behalten.

3.4.3 Übung: Präzise Ziele formulieren

Ein Beispiel für das Ziel eines Präsentationstrainings: *„Die Teilnehmer sind am Ende des Trainings in der Lage, mithilfe eines Flipcharts die Projektplanung für die nächsten drei Monate innerhalb von 20 Minuten verständlich darzustellen.“*

Ein präzises und operationalisiertes Ziel zu formulieren ist nicht so einfach, wie man denkt und erfordert Übung. Nehmen Sie sich gern einmal die Zeit, um fiktive oder tatsächlich verwendbare Ziele schriftlich zu formulieren.

Trainings dienen oft auch der Versetzung von Mitarbeitern auf eine neue Position, sei diese auf einer höheren oder auf derselben Ebene. In diesem Fall können natürlich auch Berufsziele und Karrierepläne formuliert werden. Dann ist es sinnvoll, Meilensteine zu setzen. Das Training könnte einen dieser Steine bilden.

Für einen Meilenstein lassen sich natürlich auch Zielgrößen bestimmen. Hier ist es ist sinnvoll, Ist-Werte zu erfassen, damit im Nachhinein überprüft werden kann, wie weit sich beispielsweise Verkaufszahlen vom Ist- zum Sollwert verschoben haben.

Entsprechend lässt sich auch für ein Präsentationstraining ein Ziel operationalisieren: *„Der Teilnehmer ist nach dem Training in der Lage, eine überzeugende und selbstsichere Rede über seine Tätigkeiten zu halten.“*

Daraus lassen sich folgende **Soll-Werte** formulieren, die **nach dem Training** erreicht werden sollen:

- Klare Stimme
- Blickkontakt zum Publikum
- Sicherer Stand
- Freude an der Rede

Beispielhaft lassen sich **vor dem Training** folgende **Ist-Werte** des Teilnehmers festhalten, an denen dann nach dem Training der Umsetzungserfolg in Bezug auf die Soll-Werte abgeglichen werden kann:

- Aufgeregte und zittrige Stimme
- Häufiger Blick zum Boden
- Von Fuß zu Fuß „Gehippel“
- Sichtbares Unwohlgefühl

Auch an dieser Stelle ist es für Sie sinnvoll, sich noch einmal Zeit zu nehmen, um für zurückliegende oder anstehende Trainings Soll- und Ist-Werte zu bestimmen und schriftlich festzuhalten, denn operationalisierte und damit überprüfbare Lernziele haben eine nicht zu unterschätzende Wirkung auf den gesamten Trainingsverlauf.

Sie werden merken: Das Formulieren präziser Ziele lohnt sich!

3.5 Wege der Kompetenzerfassung

Einen wichtigen Schritt auf dem Weg zur Bedarfsanalyse stellen die im Unternehmen vorliegenden Kompetenzbeschreibungen der einzelnen Mitarbeiter dar. Idealerweise finden sich auch in einem Teil der Stellen- oder Funktionsbeschreibungen gut strukturierte Informationen, welche aktuellen und zukünftigen Anforderungen (orientiert an den Unternehmenszielen) an einen Arbeitsplatz oder welche Herausforderungen für den einzelnen Stelleninhaber (orientiert an den Ergebnissen von Mitarbeitergesprächen) vorgesehen sind.

3.5.1 Soll-/Ist-Abgleich der Anforderungen an einen Stelleninhaber

Die Soll-Anforderungen werden mit dem aktuellen Ist-Profil des jeweiligen Mitarbeiters abgeglichen. Die Passung bzw. die zu schließende Lücke („Gap“) kann beispielsweise durch ein Assessment-Center, eine Simulation oder durch Rollenspiele erfolgen. Auch eine Kombination aus mehreren Elementen ist möglich. Falls vorhanden können außerdem Arbeitszeugnisse, Zertifikate über Qualifikationen und Fortbildungen, Aufzeichnungen aus Mitarbeitergesprächen sowie Kunden-, Kollegen- und Vorgesetztenbewertungen die Erfassung der Ist-Situation unterstützen.

Und an dieser Stelle wird schon deutlich, dass solche Informationen in aller Regel nicht für einen Trainer einsehbar sind. Es sind also Informationen, welche aufseiten der Personalentwicklung zu analysieren und zu aggregieren sind.

3.5.2 Kompetenzprofile

Natürlich können Sie als Trainer dem zuständiger Personaler diese Arbeit nicht abnehmen. Allerdings sollte das Ziel dieses Vorgehens aus Sicht eines Trainingsanbieters sein, möglichst genau zu erfassen, in welchen Bereichen der Mitarbeiter bereits dem Soll-Profil entspricht und wo sein Profil eine Differenz zum Soll aufweist.

In einem Kompetenzprofil wird also erfasst, welche Fähigkeiten bei den einzelnen Mitarbeitern konkret vorliegen. So dient es dem Unternehmen als Grundlage für die weitere Entwicklung des einzelnen Mitarbeiters. Das folgende Kompetenzprofil erlaubt beispielsweise eine klare Zuordnung zu entsprechenden Maßnahmen.

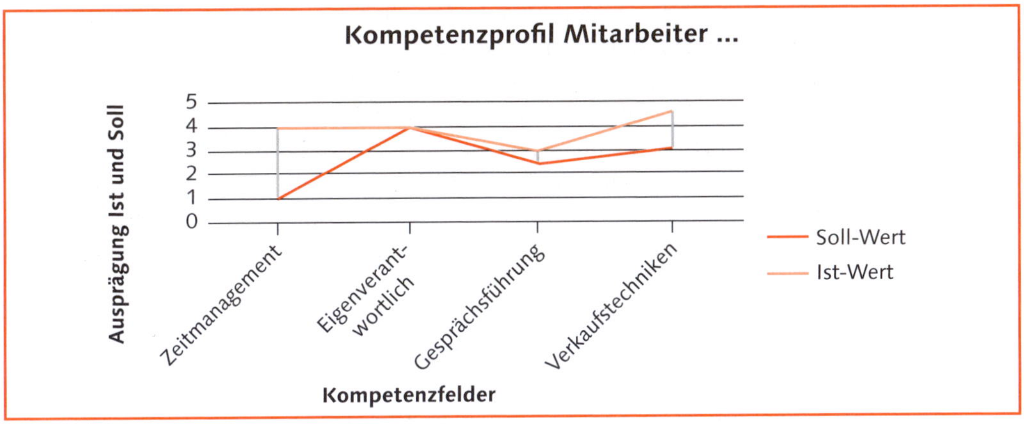

Das Thema „Zeitmanagement“ sollte hier früher und intensiver in den Blick genommen werden (z.B. Seminar plus anschließendes Coaching) als die Themen Verkaufstechniken und Gesprächsführung (jeweils auch Seminare, allerdings zeitlich nachgelagert).

Welche individuellen Kompetenzen, die über die formale Qualifikation hinausgehen, in diesem Profil festgehalten werden, ist die Entscheidung des Unternehmens. Wichtig ist jedoch, **dass die Kompetenzprofile zusammen mit den jeweils betroffenen Mitarbeitern entwickelt werden.** Dazu bieten die in vielen Unternehmen bereits etablierten halbjährlich oder jährlich stattfindenden **Zielvereinbarungs**- bzw. **Mitarbeitergespräche** einen guten Rahmen.

Nun entscheidet das Unternehmen in Abstimmung mit dem jeweiligen Mitarbeiter, welche Kompetenzen seines Profils ausgebaut werden. Also: Ist das Ziel der Qualifikationsmaßnahme die Schwächen auszugleichen oder die Stärken des Mitarbeiters weiterzuentwickeln? Das Unternehmen entscheidet, welchen weiteren Weiterbildungsbedarf der jeweilige Mitarbeiter hat und stimmt sich mit dem einzelnen Mitarbeiter hinsichtlich der Vorgehensweise seiner Kompetenzoptimierung ab.

Eine jährliche Erfassung der Kompetenzen im Rahmen der Jahresgespräche sorgt für einen regelmäßigen Ist- und Soll-Abgleich und dient der Protokollierung der Kompetenzentwicklung des einzelnen Mitarbeiters.

Synchronisation tut not!

Ein ganz wichtiger Punkt, dessen Berücksichtigung wir bei unserer Arbeit als Trainingsinstitut häufig in der Realität vermissen: Das Unternehmen gibt vor, welche Kompetenzen in der jeweiligen Weiterbildungsmaßnahme ausgebaut werden. Der Mitarbeiter kann das gar nicht nachvollziehen und wundert sich, warum er oder sie in einem bestimmten Seminar gelandet ist. Oder anders herum: Mitarbeiter buchen „eigenmächtig", weil sie das Thema „interessiert", weder der Vorgesetzte noch die strategische Entwicklung des Unternehmens lassen dies als eine sinnvolle Maßnahme erscheinen, es läuft jedoch „einfach so durch".

Das Problem: Nicht jedes Unternehmen führt eine systematische Ermittlung des Weiterbildungsbedarfs durch, die notwendige **Synchronisation von Bedarfen und Bedürfnissen** findet einfach nicht statt.

In vielen Unternehmen, die wir kennen, wird die Seminarauswahl immer noch sehr häufig hauptsächlich dem Mitarbeiter überlassen, welche Maßnahme er oder sie „als für sich passend" empfindet. So kann es durchaus sein, dass bestimmte Lernfelder aus Bequemlichkeit oder auch Unkenntnis vom Mitarbeiter nicht berücksichtigt werden.

Ein Merkmal von unzureichenden Strukturen und/oder schwacher Führungskräfte: Sie müssen sich um so etwas nicht kümmern! Dies hat mit „fordern und fördern" nicht viel zu tun. Hier wird oft viel Zeit und somit auch Geld verschenkt, das mit einer systematischen Bedarfsermittlung sinnvoll vom Unternehmen hätte eingesetzt werden können.

Wie wir in unserem Lern-Performance-Modell zeigen (Kap. 2), ist aber gerade sowohl im Bereich der vor- und nachbereitenden Gespräche als auch bei den Off-the-Job-Challenges die aktive Mitarbeit der jeweiligen „Chefs" dringend geboten, wenn Trainings und Seminare nachhaltig sein sollen!

3.5.3 Die Mitarbeiterebene

Eine optimale Bedarfsanalyse und damit verbunden eine Abgleichung von Zielen, Anforderungen und Kompetenzen findet wie bereits ausgeführt nicht nur auf Unternehmensebene statt. An diese schließt im Idealfall eine tiefgreifende und valide Analyse der spezifischen Mitarbeiterbedürfnisse an.

Auch hier können Lücken auf der Kompetenzebene der Mitarbeiter nur festgestellt werden, wenn ein klares Bild darüber existiert, welche Fähigkeiten und Kenntnisse die Mitarbeiter eines Unternehmens aufzeigen sollten, damit Unternehmensziele erreicht werden können. Eine umfangreiche Analyse auf Mitarbeiterebene führt also im ersten Schritt zu einem Soll-Profil, dass mit den Profilen des tatsächlichen Mitarbeiterstammes abgeglichen werden kann. Der Vorteil dieser Profile ist, dass das Ergebnis nicht nur auf der Weiterbildungsebene Anwendung findet. Auch bei zukünftigen Stellenausschreibungen, bei der Mitarbeiterauswahl, der Mitarbeiterversetzung oder aber einer Umstrukturierung von Aufgabenbereichen wird das Aufgabenprofil eines Arbeitsplatzes zurate gezogen. Auf Unternehmensseite lohnt es sich somit in jedem Fall, den Aufwand und die Kosten des entsprechenden Abgleichs von Bedarf und Bedürfnis auf sich zu nehmen, denn die Ergebnisse sind vielfältig nutzbar

3.5.4 Der Trainer als Bedarfsermittler?

Soll die Bedarfsanalyse vom Trainer selbst durchgeführt werden, raten wir zur Vorsicht. Wenn Sie hier nicht in ein umfangreiches Personalentwicklungs-Projekt einsteigen wollen (und über die hier notwendigen Consulting-Skills verfügen), ist es häufig ratsam, sich darauf zu konzentrieren, relevante Fragen zu stellen.

Oftmals ergibt sich der Trainingsbedarf auf Mitarbeiterebene aus neuen Unternehmenszielen und Leitlinien, aus einem neuen Nachwuchskräfte-Programm oder beispielsweise, wenn das Unternehmen neue Technologien einsetzt aufgrund derer sich die Anforderungen auf Mitarbeiterebene verschieben.

Kommt beispielsweise der neue Vorstandsvorsitzende eines alt eingesessenen Finanzdienstleistungsunternehmens „branchenfremd" von einer „Billig-Airline", liegt es nahe, dass Seminare und Trainingsmaßnahmen, die an einer neuen Strategie ausgerichtet sind, darauf abzielen, Prozesse zu verschlanken, Entscheidungen zu beschleunigen und Probleme dort zu lösen, wo sie entstehen, um Komplexitätskosten zu reduzieren und die Unternehmung so wettbewerbsfähiger zu machen.

Spitzen Sie also die Ohren und machen Sie sich schlau, welchen strategischen Anforderungen sich ein Unternehmen ausgesetzt fühlt. Auch ein Blick in den letzten Geschäftsbericht kann Ihnen hier die Augen öffnen.

Tipp: Diese Informationen gibt es sogar kostenfrei unter:
www.bundesanzeiger.de

3.5.5 Kompetenzerfassung: Das Interview als Mittel der Wahl

Welche Kompetenzen benötigt ein Einkäufer? Oder ein Maschinenführer? Oder ein Controller? Vielfach wird in Personalabteilungen auf die Methode des „Interviews" zurückgegriffen. Man möchte meinen, dass ein Unternehmen seine Mitarbeiter und ihre Tätigkeiten kennt. Nun, da sich die Arbeitszuschnitte laufend ändern, ist dies nur sehr bedingt der Fall, sodass manche Unternehmen gut daran tun, einmal ganz genau hinzuschauen.

Für eine solche Kompetenzerfassung wählen Sie den Mitarbeiter selbst sowie Interviewpartner möglichst nah aus dessen Arbeitsfeld aus, also die Kollegen oder direkte Vorgesetzte und Zuarbeiter. Aussagen von Personen, die kaum mit der zu analysierenden Position in Berührung kommen, sind wenig aufschlussreich. Meist haben diese ein generalisiertes Bild von Arbeitsaufgaben und beachten tatsächlich notwendige Aufgaben nicht, da diese für sie direkt keine Bedeutung haben.

Auch Arbeitsproben und Beobachtungen können Erhebungsmethoden sein, die das Bild einer Position abrunden.

Manche Unternehmen können solche Kompetenzerfassungen sogar „auf Knopfdruck" auslösen und zwar dann, wenn sie sich der Methode des sogenannten **360-Grad-Feedbacks** bedienen. Auch wir haben diesen Ansatz schon zum Ausgangspunkt für Coaching- und Trainingsmaßnahmen genommen und waren immer wieder überrascht, wie zielgenau die Teilnehmer die angebotenen Konzepte und Feedbacks auf ihre konkrete berufliche Situation übertragen hatten. Die Arbeit ist vor dem Hintergrund einer solchen „Vorarbeit" eine gänzlich andere als bei dem einen oder anderen Trainingsteilnehmer, der mit der Attitüde „Schauen wir mal" in ein Seminar stolpert.

KODE® erfasst vier Kompetenzebenen

Ein weiteres hilfreiches Instrument zur Kompetenzerfassung haben Prof. Dr. John Erpenbeck, Prof. Dr. Volker Heyse und Dr. Horst Max entwickelt. Das Verfahren KODE® erfasst vier Kompetenzebenen, die „personale Kompetenz", die „Aktivitäts- und Handlungskompetenz", die „fachlich-methodische Kompetenz" sowie die „sozial-kommunikative Kompetenz". Unternehmen können anhand eines Fragebogens die Ausprägung dieser Kompetenzfelder bei ihren Mitarbeitern erfassen.

Das System KODE® X komplementiert KODE®. So können Anforderungen einzelner Stellen erfasst und in einem Sollprofil dargestellt werden. Ein Abgleich des Soll- und Ist-Profils, ähnlich wie in unserer Grafik, hilft Bedarfe aufzudecken. Wagen Sie sich doch ruhig einmal an solch ein Kompetenzerfassungs-System heran! So haben Sie die Möglichkeit, Ihre Auftraggeber in Zukunft bei einer systematischen Erfassung der Trainingsbedarfe zu unterstützen.

3.5.6 Individueller Qualifizierungsplan

Sind die vorhandenen und zukünftig benötigten Kompetenzen identifiziert, wird ein individueller Qualifizierungsplan für den jeweiligen Mitarbeiter erstellt.

Hier ein Beispiel:

Individueller Qualifizierungsplan

Name: ______________________________

Personal-Nr.: ______________________________

Derzeitige Position: ______________________________

Zielposition: ______________________________

Beginn: ______________________________

Ende: ______________________________

Seminartitel	Seminarinhalt	Seminarziel	Priorität / Jahr	Kosten / EUR	Abschluss	Zielerreichung	Bewertung 1 – 4*
Basisqualifizierung							
					Ja/Nein	Ja/Nein	
					Ja/Nein	Ja/Nein	
					Ja/Nein	Ja/Nein	
					Ja/Nein	Ja/Nein	
					Ja/Nein	Ja/Nein	
Spezialqualifizierung							

*Bewertung: 1 = sehr gut; 2 = gut; 3 = durchschnittlich; 4 = mangelhaft

3.6 Auftragsklärung

An dieser Stelle möchten wir ganz besonders auch die Weiterbildungs-Verantwortlichen der Unternehmen in Schutz nehmen, die ja meist zwischen herausfordernden Unternehmenszielen, engem Budget bezüglich Zeit und Geld und dem Bedarf des Unternehmens und den Bedürfnissen der Teilnehmer eine effiziente Vorgehensweise entwickeln müssen. Was können Sie als Trainer tun, um diese Prozesse optimal zu unterstützen?

Versetzen Sie sich einmal in die Lage eines Personalers. Dieser steht plötzlich einem Trainer gegenüber, der davon ausgeht, dass der Personaler im Vorgang eine intensive Bedarfsanalyse durchgeführt hat und genau weiß, wie für die Teilnehmer des Trainings wirklich hilfreiche und sinnvolle Inhalte kreiert werden sollen.

Wie könnten Sie hier als Personaler dem nachvollziehbaren Wunsch eines Trainers nach Fakten, Hintergründen und belastbaren Informationen entsprechen, obwohl Sie diese Informationen vielleicht gar nicht haben und das Vorgehen doch Ihren eigenen Qualitätsvorstellungen gemäß gestalten wollen?

Eine **offene und ehrliche Kommunikation mit dem Trainer** hilft, Missverständnissen vorzubeugen bzw. diese aus dem Weg zu räumen und die Vorteile des eigenen Unternehmens darzulegen. Das Ergebnis dieser Gespräche ist dann ein Kompromiss, der den Besonderheiten Rechnung trägt und genügend Input liefert, sodass sich ein vernünftiges Training realisieren lässt.

3.6.1 Themenzentrierte Interaktion (TZI) als Ausgangsgedanke

Als Ausgangsgedanken nutzen wir für unsere Bedarfsanalyse den Ansatz der sogenannten „Themenzentrierten Interaktion", kurz „TZI" (vgl. Cohn, 2009). Dieser Ansatz zeigt uns, dass wir bei einer hilfreichen Bedarfserschließung sowohl die **Ziele des Unternehmens,** das zur Verfügung stehende **Budget** sowie die **Bedürfnisse der Teilnehmenden** nicht außer Acht lassen dürfen.

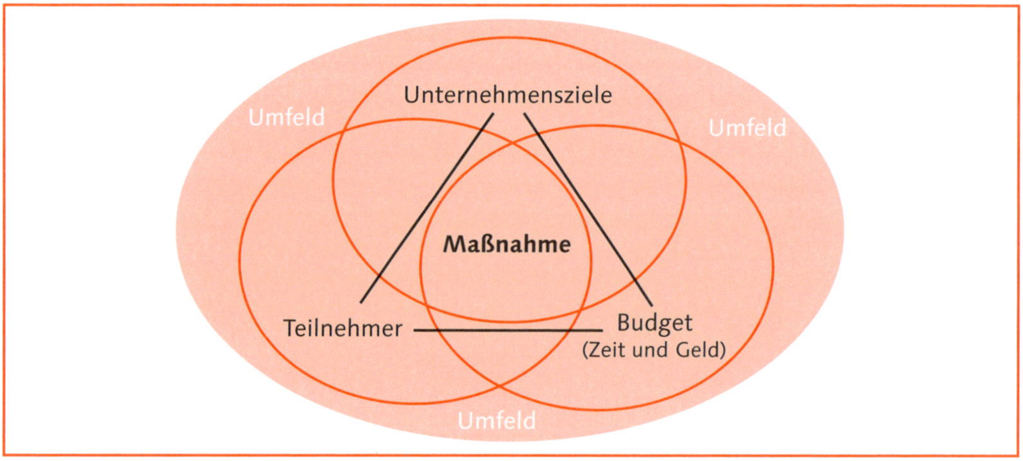

TZI als Ausgangsgedanke für die Bedarfsanalyse

Idealerweise sind die Ziele eines Unternehmens bekannt und auf die unterschiedlichen Hierarchieebenen heruntergebrochen. So können dann aus ihnen in den einzelnen Unternehmensbereichen konkrete Maßnahmen für die Zukunft und somit die Kompetenzanforderung an jeden einzelnen Arbeitsplatz abgeleitet werden. Dabei verstehen wir unter der Bedarfserschließung den Beginn des Bedarfsermittlungsprozesses, der die drei oben genannten prozessbeteiligten Komponenten erfolgreich miteinander verbindet.

3.6.2 Wie gehen Sie vor?

Es stellt sich natürlich die Frage, wie konkret erfasst wird, welchen Bedarf ein Unternehmen hat. Die Beschreibung des Bedarfs, die bei der Buchung eines Trainings abgegeben wird, ist meist unvollständig, subjektiv oder bezieht sich mehr auf Symptome als auf die möglicherweise dahinter stehenden Ursachen.

Damit Sie in einem Gespräch einen groben Überblick über die mögliche Maßnahme und die Situation des Unternehmens erhalten, finden Sie für dieses Gespräch hier eine Checkliste:

- **Unternehmen:** In welche Gesamtsituation ist das Unternehmen eingebettet? Welche Veränderungen stehen an? Allgemeine Qualifikation der Mitarbeiter?
- **Auftraggeber:** Gibt es besondere Vorlieben des Auftraggebers hinsichtlich der Methode, bestimmter Strategien oder der Teilnehmeransprache?
- **Ansprechpartner:** Wie sollte mein Angebot aussehen, damit mein Ansprechpartner diesem zustimmt? Sachlich, kreativ ...
- **Teilnehmende:** Was muss ich über meine Teilnehmer wissen? Hierarchieebene, freiwillige oder delegierte Teilnahme, spezielle Interessen, besondere Problemsituationen ... ?
- **Ziel und Nutzen der Maßnahme:** Woran wird konkret erkannt werden, dass die Maßnahme erfolgreich war?

3.6.3 Auftragsklärung als eine Form höherer Diplomatie

Wie so oft macht auch in diesen Gesprächen der Ton die Musik. Besser ist es, alle Beteiligten darüber aufzuklären, aus welchem Grund weitere Informationen benötigt werden, und mit ihnen gemeinsam zu überlegen, wie sie diese auf einer akzeptierten Grundlage erfassen können. Oftmals können Problemstellungen, Konflikte, oder nicht ausgeschöpfte Potenziale gar nicht von allen Beteiligten erfasst oder formuliert werden. Daher müssen Sie einen kooperativen Weg finden, wie sich mit dem Unternehmen und gegebenenfalls auch den Mitarbeitern zusammen **Trainingsbedarfe zutreffend und ohne Gesichtsverlust für einzelne Gruppen oder Personen herausarbeiten** lassen.

Möchten Sie mehr über aktuelle „Probleme“ des Unternehmens und / oder „Schwächen“ von potenziellen Teilnehmern erfahren, hat sich nach unserer Erfahrung der konstruktive Dialog mit dem Auftraggeber bewährt, der oft mit freundlicher Ironie und Augenzwinkern den Blick auf schwierige Themen des Unternehmens zulässt.

Vertrauensebene etablieren und Unternehmensdynamiken verstehen

An dieser Stelle ist für Sie als Trainer die Interaktion mit dem Bereich Human Resources eines Unternehmens gefragt. Oft gehen negative Einflüsse von Vorgesetzten aus, durch die unnötige Konkurrenz zwischen den Mitarbeitern hervorgerufen wird oder zu hoher Leistungsdruck herrscht. Bekommen Sie solche Informationen? Was können Sie tun, um hier nicht das „Unmögliche“ zu ändern, sondern dann positiv auf das „Mögliche“ im Training einzuwirken?

Von Interesse sind somit auch **Informationen über Belohnungs- und Sanktionssysteme aber auch Provisionsvereinbarungen.** Anschließend stellt sich dann noch die Frage, wie diese den Mitarbeiter beeinflussen. Dies kann sich natürlich zwischen den Mitarbeitern unterscheiden, ist aber dennoch ein wichtiger Faktor für die Auftragsklärung. So kann beispielsweise ein Training zur Stressprävention erst dann optimal helfen, mit hohem Druck am Arbeitsplatz besser umzugehen, wenn klar ist, welche Art von Druck hier konkret Stress auslösend ist.

3.6.4 Aufklärendes Fragen

Um die Dinge jedoch im Vorfeld noch besser einordnen zu können, haben wir hier einen Beispielfragebogen für Sie zusammengestellt. Fragen hieraus lassen sich auch gut im Interview bzw. im „Listen-in" verwenden. Wenn Sie Fragen in einer formalen „Befragung" oder in einem Fragebogen einsetzen, sollten Sie die Inhalte natürlich am besten mit dem jeweiligen Unternehmen abstimmen. Auch hier gilt, wie schon Johann Heinrich Pestalozzi wusste: *„Wenn der Mensch sich etwas vornimmt, so ist ihm mehr möglich, als man glaubt."* Zunächst geht es jedoch darum, mit aufklärenden Fragen Ihren Auftraggeber besser zu verstehen und Informationen, die vorhanden sind und die für Sie relevant sein könnten, mit Geschick „herauszukitzeln":

Aufklärende Fragen an den Auftraggeber

- Welche Unternehmensziele gibt es bereits? Von welchen Zielen lassen Sie sich leiten?
- Gibt es Zielvereinbarungen mit einer entsprechenden Zeitplanung? Welche Bedeutung haben Ziele in Ihrem Unternehmen / in Ihrer Abteilung / für Ihren Job?
- Wo vermuten Sie mögliche Hürden bei der Zielerreichung? Mit welchen Widerständen oder Barrieren haben Sie generell zu kämpfen?
- Sollen neue Märkte erschlossen werden? Was sind die strategischen Herausforderungen für Ihr Unternehmen / für Ihre Abteilung / für Sie persönlich?
- Wird die Unternehmensperformance bereits regelmäßig reflektiert? Welche Dinge sollten Ihrer Meinung nach stärker reflektiert / überarbeitet / diskutiert werden?
- Was an / in Ihrem Unternehmen ist innovativ, was eher traditionell? Was würden Sie gerne verändern? Bitte geben Sie entsprechende Beispiele.
- Durch was wird derzeit der Arbeitsalltag beeinträchtigt?
- An welche Weiterbildungsmaßen erinnern Sie sich? Und aus welchem Grund?
- Was waren die Besonderheiten der Maßnahmen?
- Wo sehen Sie konkreten Weiterbildungsbedarf?
- Welche Kompetenzen fehlen bzw. sollten ausgebaut werden?
- Was darf in einem Training, Seminar, Coaching etc. nach Ihrer Meinung auf keinen Fall passieren?

Und jetzt sind Sie dran: Welche interessanten Fragen fallen Ihnen noch ein? Verbinden Sie diese auch gern mit Bereichen, in denen Sie als Trainer oder Trainingsunternehmen eine besondere Expertise vorzuweisen haben.

Darüber hinaus gibt es noch weitere Möglichkeiten, mit einem Kunden nicht nur ins Gespräch, sondern auch richtig ins Arbeiten zu kommen.

3.6.5 Gemeinsame Ideenwerkstatt mit dem Kunden

Kürzlich haben wir selbst diese Methode angewendet und in einer Ideenwerkstatt gemeinsam mit den Führungskräften eines Auftraggebers Weiterbildungsbedarfe erschlossen und Strategien zur Umsetzung für die jeweiligen Maßnahmen erstellt. Da alle Bereiche von Anfang an involviert waren, war die Akzeptanz in der Umsetzung auch bemerkenswert hoch. Deswegen würden wir solche Formate im Zweifel einem „Fragebogen-System" vorziehen. **Motivation braucht Emotion.** Mahatma Gandhi sagte es einmal so: *„Ich will nicht nur an euren Verstand appellieren. Ich will eure Herzen gewinnen."* Und das ist mit Sicherheit eine äußerst hilfreiche Grundhaltung für den Einstieg in ein Weiterbildungs-Programm, das von Erfolg gekrönt sein soll!

3.6.6 Umfeld und Stimmungen berücksichtigen

Ganz wichtig: Das Umfeld, in dem die jeweilige Weiterbildungsmaßnahme konzipiert wird, darf nicht unberücksichtigt bleiben. Wie sieht die momentane Performance des Unternehmens aus? Befindet sich das Unternehmen derzeit in einer finanziell schwierigen Situation, wird dies Auswirkung auf seine Ziele und somit den Umfang, eventuell die Inhalte der Weiterbildungsmaßnahme und die Lernbereitschaft der Teilnehmenden haben. Wie ist die Stimmung in dem Unternehmen? Werden die Mitarbeiter der Maßnahme positiv gegenüberstehen oder sehen sie in ihr eher ein Druckmittel des Unternehmens, gegebenenfalls Mitarbeiter zu entlassen, die sich nicht weiterqualifizieren wollen?

Sie als Trainer sollten **über das Umfeld, in dem die künftige Weiterbildungsmaßnahme stattfinden soll, so viel wie möglich in Erfahrung bringen,** um den Hintergrund, vor dem diese Maßnahme konzipiert wird, zu kennen und Gesprächsinhalte in den Abstimmungsgesprächen passend deuten zu können.

3.6.7 Schlüsselinformationen über das Umfeld finden

Das nähere Umfeld des Mitarbeiters wird oft als gegebene Determinante angenommen. Aber auch hier lassen sich Schlüsselinformationen zum spezifischen Trainingsbedarf finden. Ist der Arbeitsplatz, wie z.B. bei Außendienstmitarbeitern, nicht fest installiert, gilt es, diese zu stärken, immer wieder mit neuen Situationen umzugehen und sich hier zurechtzufinden. Ebenso wirken die Menschen, mit denen der jeweilige Mitarbeiter tagtäglich interagiert, auf ihn ein. Arbeitet er in einem festen Team? Reist er viel und muss sich ständig auf neue Kunden einstellen? Oder bringt vielleicht eine hohe Fluktuationsrate die Arbeitsprozesse ins Stocken?

3.6.8 Weitere wichtige Aspekte

Denken Sie auch an Dinge wie die bisherige berufliche Entwicklung der Teilnehmer, ihre Erfahrungen, persönliche Interessen und Vorlieben, die Weiterbildungshistorie, Erwartungen und ihren Entwicklungsspielraum.

Und versuchen Sie sich vorzustellen, wie groß der Wettbewerb unter den Teilnehmern ist, wie es um die Lernbereitschaft jedes einzelnen bestellt ist und wie groß wohl der Druck insgesamt ist, der auf dem einzelnen lastet. Können Schwächen gezeigt werden oder verbietet dies Kultur und/oder Teilnehmerzusammensetzung? Dass Machtverhältnisse in einem spezifischen Unternehmen eine starke Rolle spielen, erkennen Sie zum Beispiel daran, dass es alles andere als egal ist, an wen Sie als Trainer Ihr Feedback geben.

Reflektieren Sie auch noch einmal: Was ist in Ihren Gesprächen mit dem Unternehmen explizit gesagt worden? Was wurde vielleicht bewusst, vielleicht unbewusst gar nicht thematisiert?

3.6.9 Hilfreiche Beobachtungen und Unternehmenseinschau

Neben der Verwendung von gelieferten Daten gibt es weitere Möglichkeiten, geeignete Informationen über die Bedarfslage zu erhalten. Die Beobachtung beispielsweise ruft nicht immer Begeisterung bei den Mitarbeitern hervor, kann jedoch, wenn sie von geschulten und objektiven externen Personen durchgeführt wird, sehr hilfreich für die Erfassung der aktuellen Situation sein. Unumgänglich ist dabei, zunächst das Management von der Notwendigkeit der Erhebung zu überzeugen, sodass ein uneingeschränkter Zutritt zu den Arbeitsbereichen gegeben ist. Anschließend ist eine Aufklärung der Mitarbeiter über den tatsächlichen Anlass der Beobachtung kaum abdingbar, denn bei wem kommt nicht die leise Vermutung einer Kontrolle auf, wenn man unaufgeklärt beobachtet wird?

Ein Nachteil dieser Art der Erhebung ist die fehlende Begründung von Verhalten. Wir haben aber die Erfahrung gemacht, dass uns ein oder zwei Termine im Unternehmen zusammen mit einer Werksbesichtigung im Sinne einer Unternehmenseinschau schon viele wertvolle Einsichten liefern, was die Herausforderungen in dem jeweiligen Unternehmen tatsächlich sind.

3.6.10 Interviews bzw. „Listen-in"

Eine andere oder zusätzliche Methode ist das Interview. Dieses kann mündlich oder schriftlich per Fragebogen erfolgen. Die Interviews können strukturiert oder frei stattfinden und mit offenen oder geschlossenen Fragen versehen sein. Da wir in diesem Schritt noch bei der Betrachtung des Auftragsgebers sind, können Mitarbeiter hier in der Regel weniger Daten liefern als das Management, allerdings können diese ein Bild über die Stimmung und das Arbeitsklima liefern. Es ist also ganz entscheidend, wer unter welcher Fragestellung zu was befragt wird. Wird das Auftragsszenario etwas konkreter, befragen wir im Vorfeld zum Beispiel gern den Abteilungsleiter, in dessen Abteilung eine Maßnahme geplant ist, den Vorgesetzten sowie exemplarisch ein oder zwei Mitarbeiter in Form eines sogenannten „Listen-in".

Die Kunst des Zuhörens – Basic Skills auch für Trainer

Bei den Interviews sind außerdem Kriterien von Bedeutung, die auch in unserem Kapitel zur Auswertung des Trainings zum Tragen kommen werden. So besteht bei geschlossenen Fragen die Gefahr, dass sich automatisch schon durch die Fragestellung Schwerpunkte ergeben, obwohl diese erst durch die Befragung selbst zum Vorschein kommen sollten. Des Weiteren können Fragen natürlich auch missverstanden werden. Diese Gefahr besteht vor allem bei Fragen, die als manipulativ empfunden werden oder wo der Fragende die Antwort bereits zu kennen glaubt. Hier sollten Sie als Trainer oder Trainingsunternehmen auf die Kunst des Zuhörens zurückgreifen, bei der weniger (reden) ja bekanntlich mehr (zuhören) ist.

Auch der „Flurfunk" ist abhörbar ... Wo wir gerade beim Zuhören sind: In vielen Unternehmen gibt es Kommunikationsbereiche, in denen Kaffee getrunken und kurz mit den Kollegen ein Gespräch geführt werden kann. Wenn Sie sich dort mit einem Kaffee oder auch gerne einem Tee eine Weile aufhalten und den Mitarbeitern eines Unternehmens zuhören und zuschauen sowie mit dem einen oder anderen auch einige Worte wechseln, erfahren Sie oftmals viele Details darüber, was die Belegschaft gerade bewegt.

3.6.11 Checkliste zur Auftragsklärung

Nachstehend finden Sie eine konkrete Checkliste, die Sie darin unterstützt, eine Auftragsklärung systematisch aufzubauen. Gerade durch Veränderungsprozesse hinsichtlich des wirtschaftlichen Rahmens, von Technologien, der Organisation und der Personalentwicklung kann es zu einem Bedarf an Weiterbildungsmaßnahmen kommen. Sollte solch ein Veränderungsprozess Anlass für den Bedarf an Weiterbildungsmaßnahmen sein, sollten Sie genau abfragen, in welcher Hinsicht es zu Veränderungsprozessen gekommen ist bzw. kommen wird und ob gegebenenfalls bereits entsprechende Weiterbildungsmaßnahmen getroffen wurden.

Checkliste zur Auftragsklärung

Eckdaten zum Unternehmen:

Name

Unternehmensform

Haupttätigkeitsfeld(er)/Branche

Anzahl der Beschäftigten in Prozent

- Frauen
- Männer
- Vollzeit
- Teilzeit
- Fachkräfte
- Auszubildende

Anzahl der Hierarchieebenen im Unternehmen?

Welche Funktionen sind den einzelnen Ebenen zugeordnet? Gibt es ein Organigramm?

Gibt es ausformulierte Unternehmensziele? Wenn ja, welche?

Welche Leitlinien/interne Regelungen ergeben sich daraus?

Wie stellt sich die momentane Situation und die Strategie des Unternehmens dar?

Weiterbildungsaktivitäten des Unternehmens

Gibt es bereits ein Weiterbildungsprogramm?

Wer entscheidet im Unternehmen über die Durchführung von Weiterbildungsmaßnahmen?

In welcher Form wurde bisher die Weiterbildung im Unternehmen durchgeführt?

- Seminare intern
- Seminare von Herstellern, Zulieferern, Kunden
- Fernlehrgänge
- Kongresse
- Sonstiges
- Seminare extern
- am Arbeitsplatz
- E-Learning
- Messen
- Fachbücher

Welche Personengruppen haben vorwiegend Weiterbildungsmaßnahmen in Anspruch genommen?

- Führungskräfte
- An- und Ungelernte
- Fachkräfte
- Auszubildende

Was waren vorherrschende Inhalte und Themen der Maßnahmen?

- Fachspezifisches Wissen
- EDV
- Entwicklung von Kommunikations- und Sozialkompetenz
- Überfachliches Wissen
- Sprachen
- Führung
- Sonstiges

Wie überprüft das Unternehmen den Lernerfolg der Mitarbeitenden?

- Teilnahmebestätigung/ Unterschrift des Mitarbeitenden
- Sonstiges
- Test
- Transfergespräch

Welche Faktoren verhindern erfolgreiche Weiterbildung im Unternehmen?

- Mangel an passenden Angeboten
- Unzureichende finanzielle Mittel
- Zu wenig Zeit für die Teilnahme an Weiterbildungsmaßnahmen
- Geringer Praxisbezug der Maßnahmen
- Schlechte Erfahrung der Teilnehmer mit früheren Maßnahmen
- Sonstiges

Was ist in dieser Unternehmenssituation für mich als Trainer noch wichtig zu wissen?

3.7 Bedarf – 360-Grad-Kurz-Check

In diesem Kapitel haben wir alle wichtigen Teile, die wissenswert und wichtig zum Bereich Bedarf sind, zusammengestellt. Damit auch ja nichts bei der Planung des nächsten Trainings vergessen wird, können Sie im folgenden 360-Grad-Kurz-Check noch einmal die wichtigsten Bereiche betrachten und anhand der folgenden Fragen feststellen, ob alle Bereiche gut durchdacht wurden:

Ein Schwerpunkt liegt in diesem Kapitel auf dem Unternehmen und den Teilnehmern. Daneben ist es für den Bedarfsaspekt wesentlich, relevante Ziele aufzudecken und abschließend einen Auftrag zu formulieren. Um diese Aspekte noch einmal greifbar zu machen, haben wir Fragen formuliert. Wenn Sie diese vor Ihrem nächsten Training oder auch gern gleich einmal zur Probe durchgehen, kommt bestimmt vieles wieder hoch, was zuvor vom Kurzzeitgedächtnis verschlungen wurde.

360-Grad-Kurz-Check zur Bedarfserschließung

Unternehmen

- In welcher Situation befindet sich das Unternehmen derzeit?
- Welchen Stellenwert haben Trainings un d Seminare in „meinem" Unternehmen?
- Wo liegen Lücken zur Zielsituation des Unternehmens?
- Auf welcher Unternehmensebene ist die geplante Maßnahme angesiedelt?

Teilnehmer

- Werden die Kompetenzen und Anforderungen der Mitarbeiter erfasst?
- Wo gibt es Lücken zwischen Soll und Ist? Wie sehen diese genau aus?
- Aus welcher Mitarbeitergruppe kommen die Teilnehmer? Was ist deren Motivation?
- Wie kann die Bereitschaft der Mitarbeiter, die persönliche Herausforderung durch das Training bzw. Seminar ernst zu nehmen, gestärkt werden?

Ziele

- Welche Ziele hat das Unternehmen bereits für sich formuliert?
- Welche Ziele können noch identifiziert werden? Was davon ist für das Training bzw. das Seminar relevant?
- Wie können diese Ziele als Richt-, Grob- und Feinziel formuliert werden?
- Welche Zielschritte können im Training verwirklicht werden?

Auftrag

- Entspreche ich als Trainer mit meinem Kompetenzprofil und meiner Persönlichkeit den Anforderungen des Auftraggebers?
- Wie kann das Training oder das Seminar inhaltlich von mir gestaltet werden? Welche Vorgaben gibt es?
- Sind mir positive oder negative Vorerfahrungen mit anderen Trainern bekannt? Wie kann ich das in meinem Vorgehen berücksichtigen?
- Wie lässt sich der Auftrag in einem Briefing knapp und konkret in wenigen Sätzen zusammenfassen?

4 Konzeption – Von der Trainingsidee zum Seminarkonzept

„Leben heißt handeln."
Albert Camus

Sobald eine umfangreiche und aussagekräftige Bedarfsklärung vorliegt, ist der nächste Schritt des Trainers, ein Seminarkonzept zu entwerfen. Hierbei spielen neben inhaltlichen Aspekten auch die Rahmenbedingungen eine große Rolle. Deshalb kann das Seminarziel nur dann sicher erreicht werden, wenn der Trainer bei der methodischen und inhaltlichen Planung des Seminars **Erkenntnisse aus der Motivations- und Lerntheorie** beachtet.

Die bewusste und gezielte Gestaltung der Umgebung und der Seminarstruktur sowie die Transferkontrolle durch Follow-up-Module und weitere Begleitmaßnahmen sind für den Lernerfolg von enormer Bedeutung.

Um die wichtigsten Faktoren bei der Konzeption zu berücksichtigen, werden hier folgende relevante Faktoren und wichtige Planungsschritte dargestellt:

Grundlegende Planungsschritte für die Konzepterstellung	
1. **Rahmen:**	Wie kann der Rahmen für das Training bzw. das Seminar in einer lernzielförderlichen und die Inhalte und die Motivation der Teilnehmer unterstützenden Form gestaltet werden?
2. **Teilnehmer-Motivation:**	Welche Hypothesen und Vorannahmen lassen sich zum Beispiel mittels Adressaten-Analyse über die Motivation der Teilnehmenden bilden?
3. **Inhalte/Themen:**	Was sind die richtigen Inhalte und Themen, welche im Training bzw. im Seminar vermittelt werden sollten?
4. **Seminarkonzepte:**	Welche Einflussfaktoren gibt es auf den Seminarerfolg? Wie kann dies bei der Konzeption berücksichtigt werden? Welche Lerntheorien sind wichtig? Welche zentralen Werkzeuge sollten Bestandteil einer entsprechenden Tool-Box sein?

4.1 Lernzielförderlicher und motivationsunterstützender Konzept-Rahmen

Wie kann der Rahmen für das Training bzw. das Seminar in einer lernzielförderlichen und die Inhalte und Teilnehmermotivation unterstützenden Form gestaltet werden? Gerade bei der Konzeption eines Trainings sollte sich der Trainer immer wieder ins Gedächtnis rufen, dass der Trainingserfolg nicht allein von seinen Trainerkompetenzen abhängt. Auch Trainer mit hervorragender Ausbildung und Kompetenz geraten in die Bredouille, wenn die Räumlichkeiten zu klein sind, der Zeitplan nicht stimmt oder den Teilnehmern der Magen knurrt.

Nachdem wir im folgenden Kapitel über den Konzeptionsaspekt „Raum" nachgedacht haben, führen wir die relevanten Kriterien für Ihre Zeitplanung zusammen. Dann stellen wir Ihnen die Vorteile dar, die Motivation Ihrer Teilnehmer möglichst schon vor dem Seminar zu erfahren und geben Ihnen Beispiele, wie Sie diese erheben können. Unter Betrachtung dieser Punkte empfehlen wir Ihnen, **einen Trainerleitfaden zu erstellen, der Ihr Seminarkonzept anschaulich repräsentiert** und die Möglichkeit bietet, nach dem Seminar zu überlegen, was und wie Sie bei einem weiteren Durchlauf dieses Seminar entwickeln können.

Anhand der darauffolgenden Checkliste bieten wir Ihnen die Möglichkeit, auch unter eingeschränkten Umständen und Vorgaben die bestmögliche Grundlage für ein erfolgreiches Training zu schaffen. Die Checkliste gibt einen detaillierten Überblick über die relevanten Informationen und Absprachen, die im Vorfeld eingeholt und getroffen werden sollten.

4.1.1 Konzeptionsaspekt „Raum"

Der Raum, die Ausstattung des Raumes, die Raumumgebung und die gebuchten Cateringformate können den Erfolg eines Seminars im Idealfall fördern. Bei fehlender und unstrukturierter Vorbereitung kann hingegen im schlimmsten Fall das gesamte Training an genau diesen Determinanten scheitern.

Entscheidungen über die Außenumstände sind oft durch Vorgaben, preisliche Restriktionen oder Buchungen des Kunden eingeschränkt und werden häufig auch von diesen selbst getroffen. Der Trainer wählt nicht immer selbst den Seminarort und die Seminarzeiten bzw. Seminarpausen aus. In diesen Fällen bucht der Kunde die Seminarräumlichkeiten oder stellt dem Trainer einen Raum in seinem eigenen Unternehmen zur Verfügung.

Achtung: Schauen Sie sich auch Räume im Unternehmen Ihres Auftraggebers im Vorfeld genau an. Es wäre beispielsweise nicht das erste Mal, das geplante Gruppenarbeiten ausfallen müssen, weil Tische sich nicht verschieben lassen.

Um das Potenzial der vorgegebenen Räumlichkeiten voll auszuschöpfen, sollten Sie sich trotz eingeschränkter Auswahlmöglichkeiten ein Idealbild eines Seminarraums schaffen, dem der vorgegebene Raum nahekommen sollte. Auch die Zeitvorgaben sollten Sie schon im Vorhinein bestmöglich in Ihrem Trainingsplan mit einkalkulieren.

Aus diesem Grund zeigen wir Ihnen im folgenden Abschnitt die ideale Vorgehensweise für Trainer, denen die Raumauswahl ganz selbst überlassen ist.

Größe des Seminarraums

Bei der Raumplanung ist das erste Auswahlkriterium die Größe. In zu großen Räumen fühlen sich Teilnehmer leicht verloren und einsam. In einem zu kleinen Raum fühlen sich Teilnehmer dagegen schnell bedrängt, wenn keine Distanz zum Nachbarn gewahrt werden kann. Dieses Bedürfnis nach persönlichem Raum variiert je nach Sympathie und Bekanntschaft zu unseren Mitmenschen. Um die Entscheidung über die ideale Raumgröße zu erleichtern, wurde ein Daumenwert von **vier bis fünf Quadratmetern pro Teilnehmer** errechnet. Wird dieser mit der Teilnehmerzahl multipliziert, erhalten Sie einen geeigneten Richtwert für Ihre Raumsuche.

Da jeder Trainer andere Arbeitsmethoden verfolgt, ist es ratsam, auch für sich selbst als Trainer einen Richtwert für die benötigte Arbeitsfläche zu ermitteln. Beachten Sie hier Raum für Ihre Materialien und verwendeten Medien genauso wie benötigte Flächen, Anschlüsse, Internetanschlüsse, Kabel und ähnliches.

Ein Tipp noch: Planen Sie **für Führungskräfte etwas mehr Raum pro Teilnehmer** (etwa sechs Quadratmeter). Dies mag erst einmal seltsam klingen, aber die Bedeutung und Regulierung von Nähe und Distanz ist unter diesen Teilnehmern nach unserer Erfahrung besonders hoch. Wer viel Raum und Wertschätzung gewöhnt ist und auch im Arbeitsleben seinem Ego viel Platz geben kann, sollte im Training nicht unnötig in die Schranken gewiesen werden.

Raumerlebnis

Oft in der Planung übersehen wird die Anzahl und Lage der vorhandenen Fenster und Lampen. Die Stärke und Wärme der Lichtquellen beeinflussen sowohl die Konzentration der Teilnehmer als auch die Lernatmosphäre. Achten Sie deshalb auf helles, aber nicht zu grelles Licht im Raum.

Auch die passende Temperierung des Raumes beeinflusst das Wohlergehen der Teilnehmer. Begutachten Sie daher vorhandene Heiz- und Klimageräte, damit Sie bei Bedarf eine Temperaturanpassung durchführen können.

Die Form des Raumes ist ausschlaggebend für Sicht und Akustik. Ecken und Winkel können dabei sowohl einschränkend als auch förderlich für das jeweilige Training sein. Während bei einem Seminar, das mit vielen Vortragssequenzen gespickt ist, ein verwinkelter Raum es den Teilnehmern erschwert, zu folgen, können ruhige Ecken auch einen Rückzugsort beispielsweise für Gruppenarbeiten bieten.

Wir beziehen bei der Raum-Entscheidung deshalb bewusst auch unsere geplanten Seminarelemente mit ein. Welche verschiedenen Vortrags- und Trainingsmethoden Sie verwenden können, finden Sie im dritten Abschnitt dieses Kapitels genauer erläutert.

Ein weiteres Kriterium der Raumauswahl sind die Teilnehmer selbst. Wenn Sie Kenntnisse über den Hintergrund der Teilnehmer sowie ihre Vorlieben und Abneigungen haben, sollten Sie diese mit einbeziehen. Mögliche Anhaltspunkte sind hier die Branche, die Region, die Vorerfahrungen mit Seminarräumen und das durchschnittliche Alter der Teilnehmer. So könnten eher traditionsbewusste Teilnehmer sich in einer zu modernen und als „abgehoben" empfundenen Räumlichkeit unwohl fühlen. Umgehen Sie diese Schwierigkeiten und wählen Sie in diesem Fall ein eher traditionelleres Umfeld. Andernfalls könnten sich die Teilnehmer fehl am Platz und unwohl fühlen. Führungskräfte hingegen könnten sich in zu einfachen Räumlichkeiten nicht genügend wertgeschätzt fühlen.

An dieser Stelle möchten wir die Überlegung ein wenig weiterspinnen und Wege einer geeigneten Anordnung der Sitzmöglichkeiten finden.

Geeignete Stuhlformation

Im Rahmen einer Onlineumfrage haben wir herausgefunden, dass Trainer vorzugsweise Tischformationen im Kreis oder in der U-Form verwenden. Das „U" und das „O" halten sich in ihrer Beliebtheit in etwa die Waage. Verschiedene Stuhlformationen haben jeweils ihre eigenen Vor- und Nachteile, denn jedes Training ist anders. Um welche Themenfelder geht es? Welche Rolle spielt die persönliche Entwicklung der Teilnehmer? Was sind Ihre Teilnehmer gewohnt? Dementsprechend kann nicht per se eine bestimmte Stuhlformation empfohlen werden. Vielmehr kommt es darauf an, zu überlegen, welche dieser Varianten Ihre Ziele und Ihre geplante Vorgehensweise am besten unterstützt und die Lernatmosphäre diesbezüglich optimiert. Denn „... *allein die Anordnung von Tischen und Stühlen hat einen Einfluss auf die innere Haltung der Lernenden zum Lerninhalt, zur lehrenden Person, zur gesamten Bildungsorganisation*" (Zech, 2008).

Rainer Zech verdanken wir eine Beschreibung der Eigenschaften der Varianten Vortragsformation, großer Tischkreis, kleine Gruppentische und Stuhlkreis.

- Die **Vortragsformation,** bei der die Teilnehmer in Tischreihen auf den Trainer blicken, hat den Vorteil, dass die Teilnehmer gerade bei großen Gruppen weniger leicht voneinander abgelenkt sind, eine Schreibunterlage und genügend Platz für ihr Material haben. Die Kommunikation findet hier jedoch nur einseitig durch den Input des Trainers statt. Die Teilnehmer können sich kaum einbringen. Eine Gruppendiskussion wird in dieser Konstellation erschwert, da sich die vorne sitzenden Teilnehmer erst zu den hinteren umdrehen müssen, und auch dann hat nicht jeder den anderen im Blick.
- Auch im **großen Tischkreis** ist den Teilnehmenden ein Mitschreiben möglich. Diskussionen und Gespräche können mit allen Personen stattfinden. Gerade wenn an den kürzeren Seiten des Vierecks mehrere Personen Platz finden, wird es jedoch schwierig, die Übersicht zu behalten. Rolf Meier (2003) empfiehlt hier, die Variante

dahingehend zu verändern, dass die Seite, an der der Trainer platziert ist, aufgelöst wird, dieser also einen externen Platz vor der hufeisenförmigen Teilnehmerformation einnimmt. Somit geht der Platz in der Mitte der Tische nicht verloren, sondern kann vom Trainer genutzt werden.

- Die **kleineren Gruppentische** eignen sich vor allem für kleine Gruppen- und Murmelsequenzen. Die Aufmerksamkeit liegt so ganz bei der jeweiligen Tischgruppe. Dies bietet den Vorteil, dass an jedem Tisch ein anderes Thema behandelt werden kann und der Tisch Ablage und Arbeitsflächen bietet. Problematisch wird es für den Trainer jedoch, wenn zu viele Gruppen gebildet werden und zu einem späteren Zeitpunkt eine Besprechung mit der gesamten Gruppe stattfinden soll.

Große Räume bieten den Vorteil, dass innerhalb eines Trainings verschiedene Tischformationen genutzt werden können. Bis zu einer Größe von etwa 100 Quadratmetern kann die gesamte Fläche des Raumes genutzt werden. Je nach Teilnehmeranzahl ist es jedoch bei noch größeren Räumen hilfreich, Trennwände zu verwenden, die die einzelnen Arbeitsbereiche darstellen. Gut lassen sich hierzu auch die Pinnwände verwenden.

- Der Nachteil aller Varianten mit Tisch ist, dass sich die Teilnehmer sowohl physisch als auch emotional hinter diesem verstecken können. Um dies zu vermeiden, kann der **Stuhlkreis** gewählt werden. Ein weiterer Vorteil dieser Variante ist die bessere Beweglichkeit der Teilnehmer durch den Raum. Hier sollten Sie jedoch beachten, dass gerade die erzwungene Offenheit manchen Teilnehmer anfangs verstören kann. Bevor hier eine ernsthafte Front gegen Sie als Trainer entsteht, empfehlen wir, das Distanzbedürfnis einzelner Teilnehmer zu respektieren. Wird der Wunsch sehr stark geäußert, eine andere als die von Ihnen vorgegebene Anordnung der Stühle herbeizuführen, geben Sie diesem Wunsch lieber nach. Zu sehr kann diese Störung sonst den Erfolg des Trainings beeinflussen.

Entscheiden Sie abhängig von den geplanten „Sozialformen“ (vgl. Perels, van de Loo und Schmitz, 2008) wie Einzelarbeit, Partnerarbeit, Kleingruppenarbeit, Gruppenarbeit oder Arbeit im Kreis, welche Sitzformation für Ihr Training am besten geeignet ist und wie Sie den Raum dahingehend richtig gestalten.

Ein Grundprinzip ist dabei folgendes: Wenn in dem Seminar bzw. Training die Persönlichkeit der Teilnehmenden im Vordergrund steht, dann empfehlen wir den Kreis, wie zum Beispiel beim Training von Mitarbeitergesprächen. Geht es eher um fachliche Themen wie zum Beispiel Arbeitsschutz, empfiehlt sich die U-Form. Bei Mischthemen, wie zum Beispiel Verhandlungsführung mit umfangreichen Fallstudien, sollten Sie die Stuhlaufstellung durchaus auch von der Unternehmenskultur („Duz-“ versus „Siez-Kultur“) oder von den geäußerten Teilnehmerpräferenzen abhängig machen.

Gute Erfahrungen haben wir mit einer **Kombination von Stuhlkreis und Gruppentischen** gemacht. Dabei wird der Stuhlkreis im vorderen Teil des Raumes aufgebaut, im hinteren Teil befinden sich ausreichend Tische mit Stühlen für Gruppenarbeiten. So kann rasch – je nach Bedarf in den einzelnen Seminareinheiten – zwischen diesen beiden Elementen gewechselt werden.

„Raum"-Überlegungen bei der Vorbereitung eines Trainings

Damit Sie nichts bei Ihrer Raumentscheidung übersehen, sollten Sie im Vorfeld folgendes überlegen:

- Wie viele Teilnehmer sind für mein Training angemeldet?
- Welche Vorlieben könnten die Teilnehmer bezüglich des Raums haben?
- In welchem Verhältnis stehen diese zu einander?
- Wie viel Platz benötige ich für die Trainingsmodule und die dafür benötigten Materialien?
- Welche technischen Medien benötigen wie viel Platz und welche Anschlüsse?
- Wie viel Raum benötige ich für die jeweiligen Seminarelemente und die dafür geplanten Sitzkombinationen?
- Ist eine ungestörte Arbeitsatmosphäre gewährleistet?
- Brauche ich zusätzliche Arbeitsräume, z.B. für die Vorbereitung von Rollenspielen?

Ist der passende Raum gefunden, dann zielen die nächsten Planungspunkte darauf ab, eine geeignete und förderliche Atmosphäre herzustellen, denn Räume haben, wie Zech (2008) in seinem „Handbuch Qualität in der Weiterbildung" feststellt, neben einer praktischen auch eine ästhetische, kulturelle und eine soziale Seite.

Wir sollten bei der Gestaltung des Raumes also nicht nur die Funktionalität des vorhandenen Inventars, sondern auch seine Wirkung beachten!

Ausschlaggebend für den Trainer ist es, eine Raumstimmung zu schaffen, die einerseits Wärme und Freude ausstrahlt und andererseits den Lernprozess fördert und nicht durch zu viele Spielereien die Aufmerksamkeit der Teilnehmer stiehlt. Die vorhandenen Möbel sollten dementsprechend den Arbeitsablauf unterstützen und durch Dekorationen wie frische, saisonale Blumen oder zusätzliche visuelle bzw. inhaltliche Raumelemente (z.B. Deco- bzw. Themenobjekte, vielleicht auch einen Büchertisch) aufgewertet werden.

Machen Sie sich bei der Planung bewusst, dass das Raumklima ihre Trainerperformance beeinflusst.

Sie müssen als Trainer emotional schon sehr gefestigt sein, um z.B. auch im Hinterzimmer einer Kantine oder einem zugigen Raum mit latentem Benzingeruch ein überzeugendes und für die Teilnehmer packendes Training durchzuführen. Und glauben Sie nicht, wir hätten diese Szenarien erfunden. Gerade dann, wenn Unternehmen ihre eigenen Räume nutzen wollen, sind „böse Überraschungen" keineswegs ausgeschlossen. Während sich die direkte telefonische Anfrage im Hotel mit dem Hinweis *„Ich führe am Soundsovielten bei Ihnen ein Training für die Firma X durch und mir wäre daran gelegen, vorab ein paar Dinge in Erfahrung zu bringen, damit das Seminar möglichst gut verlaufen kann ...*" leicht durchführen lässt und es in den meisten Fällen hier zu einer guten Zusammenarbeit kommt, verhält es sich doch etwas anders, wenn das Seminar im Unternehmen stattfinden soll. Hier empfiehlt es sich, nach einem technischen Ansprechpartner zu fragen. Diese haben meist auch Zeit, mit Ihnen im Vorfeld über die eine oder andere Eigenschaft oder „Gegebenheiten" von Räumen nachzudenken. Größere öffentliche Unternehmen haben oft „Medienbeauftragte", die sich dann mit Details wie zum Beispiel der Verkabelung auskennen. Und glauben Sie uns: Ein Präsentationstraining zu „retten", wenn Sie aufgrund welcher Umstände auch immer nicht in der Lage sind, eine Videosequenz aufzunehmen oder auf einem Monitor wiederzugeben, bedarf dann schon der höheren „Trainer-Kunst".

4.1.2 Konzeptionsaspekt „Zeit"

Um einen sicheren Trainingsablauf zu garantieren, ist es wichtig, immer die Zeit im Blick zu haben. Damit Sie dabei nicht aus der Ruhe geraten, empfehlen wir deshalb, so genau wie möglich die Zeitaufwendung der einzelnen Methoden zu schätzen und **einen Zeitplan zu erstellen.** Kalkulieren Sie hier mögliche Störungen und Unterbrechungen ein.

Erfahrungsgemäß plant der Trainer zu viele Sequenzen ein und muss spontan im Training entscheiden, welche Themen noch behandelt werden. Wenn wenig Zeit zum Überlegen bleibt, kann es passieren, dass wichtige Aspekte vergessen werden. Dieser Situation können Sie mit einer guten Trainingskonzeption entgegenwirken. Unterscheiden Sie daher grundsätzlich zwischen **„Muss-" und „Kann"-Elementen.** Trainer, die unter Zeitnot anfangen, Ihre Themen „durchzuhudeln", wie der Österreicher sagt, stürzen in der Teilnehmergunst ab, wie Ikarus nahe der Sonne.

Souveräne Trainer sind nicht für halbe Sachen zu haben. Denn diese sind brandgefährlich. Es gibt nichts Schlimmeres als einen Trainer in (Zeit-)Panik. Und ob Sie es glauben oder nicht: Zeitdruck ist immer „hausgemacht" und entspringt einer zu unflexiblen Planung oder der mangelnden Bereitschaft, über einen Plan B nachzudenken.

Gerade wenn Ihrem Training ein „kurzes Intro der Geschäftsleitung" vorangestellt werden soll oder ein Human Ressource Vertreter in nur fünf bis zehn Minuten den Stand der Dinge berichten will oder in einem Kreis, der regelmäßig zusammenkommt, noch „ein paar Kleinigkeiten" miteinander besprochen werden sollen, ist

Vorsicht geboten! Der Wunsch, ein gutes Bild abzugeben oder der Sache gerecht zu werden oder die Dinge auszudiskutieren, lässt fünf bis zehn Minuten schnell zu einer guten Stunde werden. Hier sind dann innere Gelassenheit und ein beherztes „Eindampfen" entbehrlicher Trainingselemente gefragt. Wenn die ganze Gruppe schon hitzig diskutiert, können Sie sich eine formale Vorstellungsrunde getrost sparen! Gehen Sie stattdessen direkt in „medias res". Viele Teilnehmer werden es Ihnen danken, denn sie wollen sich inhaltlich mit Themen beschäftigen und haben kein Interesse daran, dass der Beginn sich weiter und weiter hinauszögert ...

Zeitliche Grobstruktur

Fangen Sie bei der Zeitkonzeption mit den groben Eckpunkten an und arbeiten Sie sich dann in die Feinplanung vor.

Dazu halten Sie erst einmal Rücksprache mit ihrem Kunden, ob es kundenseitig Vorgaben gibt. Falls das Training im Gebäude des Kunden und die Pausen-Bewirtung in der Kantine stattfinden, erfragen Sie am besten die Öffnungszeiten. Findet das Training in einem Hotel statt, findet eine Grobabstimmung über den Buchungsauftrag des Hotels statt. Doch stimmen Sie sich auch im Detail mit dem für Sie am Tag der Veranstaltung zuständigen Personal hinsichtlich der Pausenzeiten und -orte ab. Wir haben immer wieder festgestellt, dass die Übergabe zwischen den Mitarbeitern des Hotels nicht reibungslos lief und wir – trotz abgestimmter Pausenzeiten und pünktlichem Erscheinen – Schwierigkeiten mit der Verpflegung bekamen.

Passen Sie die Pausenzeiten gerne auch dem gewohnten Pausenverlauf der Teilnehmer während der Arbeitszeit an. Hier bestehen große Unterschiede zwischen Mitarbeitern aus der Produktion und der Verwaltung. Mit der richtig gesetzten Mittagspause können Sie sinkender Konzentration durch Hunger vorbeugen.

Von diesem Kriterium sollten Sie auch den Startzeitpunkt des Trainings abhängig machen. Es ist zusätzlich ratsam, die Dauer des Trainings (wie viele Tage) und die Anfahrtszeit der Teilnehmer zu beachten. Findet das Seminar an mehreren Tagen statt, können die ersten Tage etwas länger geplant werden, während am Tag der Abreise der Start am Morgen möglichst früh gewählt wird, um die Aufbruchsstimmung am Nachmittag zu umgehen. Wie auch Manuela Dollinger (2003) beschreibt, werden Lerninhalte idealerweise vor der Mittagspause vermittelt, während eine Rekapitulation und Umsetzung durch die Teilnehmer am effektivsten am Nachmittag stattfindet. Um die volle Konzentration zu gewährleisten, sollte das Training nicht über 18:00 Uhr hinaus andauern.

Planen Sie Abendveranstaltungen ein, wählen Sie für diese eher ein „leichtes", vielleicht auch spielerisches Format, dessen Zeitrahmen eineinhalb bis zwei Stunden nicht übersteigt. Alternativen sind abendliche Aktivitäten, die dem Socializing dienen. Auch hier sollten Sie die Zeit nach hinten hinaus begrenzen, damit alle am nächsten Tag wieder „fit" sind. Gerade wenn Sie ein humorvoller Trainer sind, überschätzt doch der ein oder andere Teilnehmer, wie herausfordernd das Training für ihn als Teilnehmer ist.

Beachten Sie auch hier den **Biorhythmus der Teilnehmer,** denn wer im täglichen Arbeitsleben eher früh aufsteht, ist am Abend schneller müde als jemand, der gewöhnlich erst um 9.00 Uhr mit seiner Arbeit beginnt.

Sind die Eckpfeiler der Zeitplanung, also Beginn, Mittagspause, Kaffeepause und Ende der Veranstaltung gesetzt, kann eine detaillierte Zeitanalyse der geplanten Methoden und Sequenzen stattfinden und die Zeitkonzeption in die Feinstruktur übergehen.

Zeitliche Feinstruktur

Der Beginn der Trainings verschiebt sich oft wegen ungeplanter Zwischenfälle nach hinten. Wenn Sie jedoch alle Vorbereitungspunkte der in Kapitel 4.1.3 folgenden Checkliste beachten, haben Sie die besten Voraussetzungen für einen pünktlichen Beginn geschaffen.

Einige relevante Tipps zur Feinstrukturierung hat Rolf Meier (2003) zusammengestellt. So wird Ihnen in jedem Fall die **Unterteilung Ihrer Agenda in „Soll"- und „Muss"- Themen** helfen, tatsächlich auf alle wichtigen Aspekte einzugehen. Die „Soll"-Themen können Sie dann flexibel an das Training anhängen, wenn die „Muss"-Themen hierfür einen Zeitpuffer zulassen.

Oft werfen Inhalte bei den Teilnehmern Fragen auf oder Gruppenarbeitselemente, die gerade für den Lerntransfer bedeutend sind, dauern länger an als geplant. Brechen Sie diese Sequenzen nicht ab. Hier wird empfohlen, 30 bis 90 Minuten pro Sequenz für Zeitüberschreitungen einzurechnen.

Eine ebenfalls von Meier (2003) empfohlene Struktur für die einzelnen Sequenzen, auf die wir im Abschnitt zur inhaltlichen Konzeption des Trainings noch einmal zurückkommen werden, ist ein geeigneter Einstieg, bei dem der Nutzen vermittelt wird, eine Verortung des Themas im Gesamtgebilde des Trainings und die inhaltliche Aufarbeitung. Hierauf folgt die Umsetzung der Teilnehmer beispielsweise durch Rollenspiele und eine abschließende Zusammenfassung.

Wichtig ist vor allem, **bei der Vermittlung von Inhalten nicht länger als 10 Minuten am Stück zu referieren.** Erfahrungsgemäß ist eine geeignete Taktung, um die Konzentration der Teilnehmer nicht zu verlieren, neunzigminütige Sequenzen bis zur nächsten Pause. So reißen Sie die Teilnehmer nicht durch zu viele Unterbrechungen immer wieder aus dem Thema. In kleinen Gruppen können die Pausenzeiten durchaus mit den Teilnehmern besprochen und auf die jeweiligen Ermüdungserscheinungen abgestimmt werden. In großen Gruppen sollten Sie darauf verzichten, die Pausenzeiten zur Diskussion zu stellen, da dies nur unnötige Zeit raubt. Meist sind Teilnehmer zufrieden, solange sie sich auf die Pausenzeiten einstellen können. Daher stellen wir zu Beginn des Trainings den zeitlichen Ablauf dar.

Grundregel: Je größer die Gruppe, desto präziser geplante Pausenzeiten!

Die Relevanz der Grundbedürfnisse Essen und Schlafen für den Lernerfolg leitet sich von der Bedürfnispyramide nach Maslow ab. Diese Faktoren bilden den Sockel der Pyramide. Sind sie nicht erfüllt, sind wir nicht in der Lage, die Lerninhalte des Trainings aufzunehmen, die ein höher gestuftes Bedürfnis befriedigen. Eine ausführlichere Beschreibung der Bedürfnispyramide können Sie in unserem Buch „Erfolgreich Trainings und Seminare gestalten" (Kap. 3.4.1) nachlesen.

4.1.3 Vorgegebene Räume und Zeiten nutzen und gestalten

Wie oben bereits beschrieben, werden die Räumlichkeiten, die Start- und Pausenzeiten sowie das Cateringpaket häufig vom Kunden selbst bestimmt und gebucht. Dies bietet Ihnen als Trainer den Vorteil, nicht das Kostenrisiko für mögliche Seminarausfälle zu tragen und diese Aufwendungen nicht mit einkalkulieren zu müssen, wenn Sie Seminarpreise kalkulieren.

Der Nachteil dieser Umstände ist, dass Sie als Trainer mit Informationslücken zu den Trainingsgegebenheiten konfrontiert sind. Achten Sie darauf, diese Informationslücken rechtzeitig zu füllen, um möglichen Dilemmata vorzubeugen. Die Bedeutung und der Umfang dieser Vorarbeit werden oft unterschätzt.

Deshalb wollen wir nun einmal beispielhaft drei „Horrorszenarien" beschreiben, in denen verpasste Vorarbeit den Trainer in eine verzwickte Lage versetzt:

Szenario 1: „Videos zeigen – wo ist das Problem?"

Der Trainingsraum wurde vom Kunden selbst in einem Schulungsgebäude gebucht. Das Training beginnt um 8:00 Uhr. Der Trainer trifft um 7:00 ein, um seinen Laptop und den Beamer anzuschließen, da er sein Training mit einer Videosequenz beginnen möchte. Bei seiner Ankunft muss er feststellen, dass das gesamte Gebäude erst um 8:00 Uhr geöffnet wird. Der Trainer hat keine Telefonnummer des Hausmeisters und kann deshalb erst um 8:00 Uhr mit seiner Vorbereitung beginnen. Seine Power-Point-Präsentation sowie das Video, das er zeigen möchte, hat er auf einer Onlineplattform abgespeichert. Schon etwas gestresst stellt der Trainer fest, dass nirgendwo ein entsprechendes WLAN-Passwort zu finden ist, mit dem er online gehen kann. Bis er endlich eine Person gefunden hat, die es ihm mitteilen kann, vergehen weitere 30 Minuten. Voller Elan, dass es nun endlich losgehen kann, stolpert er jedoch über die nächsten Steine: Im Gebäude des Unternehmens wird aus Geheimhaltungsgründen das „Streamen" von Videos unterdrückt. Ohne dieses Medium ist das Training aber gehaltlos, da das Video die Grundlage für die Gruppenarbeiten ist.

Szenario 2: „Gute Laune – ist bei mir immer inklusive!"

Ein Training für Produktionsmitarbeiter beginnt um 9:00 Uhr. Im Cateringpaket ist kein Kaffee am Morgen eingeplant. Die erste Kaffeepause ist für 11:00 und die Mittagspause für 13:00 Uhr vorgesehen. Die normale Arbeitszeit der Teilnehmer beginnt aber schon um 6:30 Uhr. Die Trainerin hat sich im Vorfeld nicht über das Cateringpaket informiert und kannte die Arbeitszeiten ihrer Teilnehmer nicht. Für eine Kaffee-Nachbestellung am Morgen fehlt ihr das Einverständnis des Auftraggebers. Die Teilnehmer starten ohne Kaffee schlecht gelaunt in das Training. Wegen der ungewohnt späten Mittagspause erreicht ihre Konzentration schnell den Tiefpunkt. Der Trainerin ist es kaum möglich, den verärgerten Teilnehmern ihre Inhalte zu vermitteln.

Szenario 3: „Technik? – Ist doch in jedem guten Hotel reichlich vorhanden!"

Für ein Führungskräfte-Training hat sich der Trainer eine tolle Gruppenübung überlegt. Bei seiner Vorbereitung des Trainingsraumes stellt er fest, dass die Tische auf dem Boden fixiert sind und sich keine Gruppentische bilden lassen. Die Nachfrage, ob ein anderer Raum des Hotels genutzt werden könnte, wird abschlägig beschieden, da alle Räumlichkeiten ausgebucht sind. Zu allem Überfluss muss der Trainer nun auch noch feststellen, dass die Steckdosen im Raum so angebracht sind, dass sein Kabel nicht reicht, um den Beamer in eine geeignete Position zu rücken. Seine Power-Point-Präsentation, in die er viel Zeit investiert hat, kann er so leider nicht zeigen. Nach einer kurzen Pause, das Kabel hat der zuständige Servicemitarbeiter im Hotel inzwischen besorgt, zeigt sich dann, dass der Beamer nicht HDMI-fähig ist, das passende VGA-Kabel hat unser Trainer leider nicht dabei. Nach weiteren 10 Minuten, die unser Trainer mit scheinbar unterhaltendem Small-Talk überbrückt, ist auch dieses Kabel vom Service-Personal gefunden und der Trainer beginnt mit zwei, drei glitzernden Schweißperlen auf der Stirn seine Präsentation – aber leider nicht mehr so souverän wie geplant.

Unsere Erfahrungen aus der Praxis bieten Ihnen eine Übersicht über die erforderlichen Schritte, damit Sie für alle Fälle gewappnet in Ihr Training starten können:

Checkliste: Vorbereitung des Seminarraums

Starten Sie mit einem Anruf bei der Kontaktperson Ihres Kunden, lassen Sie sich die Buchungsbestätigungen zuschicken und erfragen Sie folgende Punkte (vgl. Zech, 2008):

- In welchem Gebäude, welchem Hotel findet das Training zu welchen Zeiten statt?
- In welcher Umgebung liegt das jeweilige Gebäude?
- Für welchen Zeitrahmen ist der Raum gebucht?
- Welche Größe hat der Seminarraum?
- Welchen Namen oder welche Nummer hat der gebuchte Raum?
- Welche Möbel wie Stühle und Tische stehen dort zur Verfügung?
- Welche Verpflegung ist im Cateringpaket inbegriffen? Stellen Sie hier sicher, dass auch Getränke wie Kaffee und Wasser bereits bei Ankunft der Teilnehmer bereit stehen.

Die folgenden Detailfragen klären Sie bei einem Seminar in Unternehmensräumlichkeiten direkt mit Ihrer Kontaktperson oder mit dem jeweiligen Hotel soweit wie möglich vorab ab:

- Ab wann haben Sie Zugang zum Raum?
- Ist die Besichtigung der Seminarräume möglich? – Wenn nicht, lassen Sie sich den Raum so genau wie möglich beschreiben und fordern Sie z.B. Fotos und Raumskizzen an.
- Sind „Raumtrenner" vorhanden oder könnten diese organisiert werden?
- Stehen Breakout-Räume für Gruppen- oder Stillarbeiten in der Lobby oder anderen Räumen zur Verfügung?
- Wie wird der Raum beheizt oder klimatisiert? Wenn die Temperatur variabel ist, lassen Sie sich eine genaue Einführung in die Bedienung der Geräte geben.
- Sind die Pausenzeiten variabel?
- Sind die vorhandenen Möbelstücke befestigt?
- Werden die Stühle und Tische zuvor in die von Ihnen gewünschte Position gerückt?
- Ist die von Ihnen geplante Sitzanordnung in diesem Raum möglich?
- Wie viele Fenster hat der Raum und in welche Himmelsrichtung zeigen diese?
- Welche zusätzliche Beleuchtung ist installiert?
- Kann der Raum abgedunkelt werden, beispielsweise für Präsentationen?
- Welche Medien können im Raum verwendet werden?
- Welche Materialien und Medien wie Flipchart, Beamer, Projektoren und TV-Geräte sind vorhanden?
- Sind diese in irgendeiner Art befestigt oder sind sie flexibel ausrichtbar?
- Kann man Präsentationsflächen, wie Flipcharts, Leinwände oder Fernsehgeräte von allen Plätzen im Raum sehen?
- Speziell für Flipcharts: Lassen sich mitgebrachte Flips befestigen und umblättern?
- Hat man von allen Plätzen freien Blick auf die Flip-Charts?
- Gibt es einen Zugang zum Internet (Schnelligkeit und mögliche Sperren sollten hier erfragt werden)?
- Welche Anschlüsse haben die vorhandenen Vortragsmedien? (Beispielsweise müsste bei einem Beamer mit VGA-Anschluss ein externer Lautsprecher besorgt werden, da nur ein HDMI-Kabel Bild und Ton überträgt.)
- Sind Kabel und möglicherweise Verlängerungen in der benötigten Länge vorhanden?

Immer einen Plan B in der der Tasche haben!

Zu einem guten Plan A gehört auch immer ein guter Plan B! Damit fehlende oder nicht funktionierende Elemente Sie nicht aus der Bahn werfen, können folgende Vorbereitungspunkte die Situation im Fall der Fälle retten:

„Überlebens"-Tipps für Trainer

- Versuchen Sie, zentrales Equipment – zumindest in Teilen – möglichst selbst mitzubringen, da Sie zur Verfügung gestelltes Material meist erst am Seminartag selbst testen können! Einen gut sortierten „Packen" Metaplankarten sollten Sie z.B. immer griffbereit in der Tasche haben, auch wenn das Hotel beteuert, dass Sie dies alles natürlich jederzeit vorrätig hätten.
- Ein Video-Equipment können Sie natürlich in Hotels mit vier und mehr Sternchen zumeist mieten, allerdings sollten Sie genügend Zeit haben, dieses vorab zu testen. Die Fehlerquellen bei der Arbeit mit „unbekanntem Gerät" sind enorm, und wenn der Wurm einmal drin ist, lässt er sich auch nicht mehr so einfach vertreiben (Aufnahmemodi, Bild und Tonqualität, Wiedergabe und Verbindungen zum Monitor, Weiterverwertung oder Löschung der Datenträger etc.)
- Informieren Sie sich, wer für die Technik und wer für die Räumlichkeiten im Gebäude zuständig ist. Finden Sie heraus, wo diese Personen vor und während des Trainings zu finden sind. Bei Großgruppen-Themen, aber auch bei der Nutzung von Technik, wie zum Beispiel Video-Equipment, speichern wir uns immer die Durchwahl dieser Personen in unsere Handys ein. Bei dem Thema Video-Equipment gibt es auch bei großen Häusern zumeist nur eine Person, die sich wirklich auskennt! Hier sollten Sie sich den „direkten Durchgriff" sichern. Wenn Störungen auftreten, so könnte es sich dann um den wichtigsten „Teilnehmer" Ihres Seminars handeln!
- Stellen Sie sicher, dass Sie mindestens eine Stunde vor Seminarbeginn im Trainingsraum sind, um mögliche Veränderungen vorzunehmen und Ihre Materialien und Medien anschließen und testen zu können. Bei der Nutzung von Kamera-Equipment und auch bei der Arbeit mit Großgruppen empfiehlt es sich, bereits am Vorabend der Veranstaltung den Raum einzusehen und erste Dinge auszuprobieren, denn unsere Erfahrung ist: „Unwissenheit schützt vor Strafe nicht!"
- Verlassen Sie sich nicht auf die Internetverbindung, sondern machen Sie online abrufbare Dateien und Videos für sich auch offline verfügbar. Achten Sie hierbei auf Download-Rechtsvorschriften und insbesondere darauf, dass die Dateien auch legal im Internet hochgeladen wurden.

4.2 Teilnehmermotivation – Hypothesen und Vorannahmen

Welche Hypothesen und Vorannahmen lassen sich mittels einer Teilnehmeranalyse über die Motivation der Teilnehmenden bilden? Eine oft unterschätzte und vergessene Determinante der Konzeption ist die Teilnehmermotivation. Hier geht die zuvor durchgeführte Bedarfsanalyse in die Feinstruktur über, und wir analysieren die zu vermutende Motivation der jeweils an einem konkreten Kurs bzw. Seminardurchlauf teilnehmenden Personen. Dieser Teilnehmerkreis steht zumeist final erst ein oder zwei Wochen vor dem Seminartermin fest und kann sich durch Krankheit oder andere „Ausfälle" auch kurzfristig noch ändern.

Was sagt uns der Anmeldezeitpunkt?

Mit welcher Motivation würden Sie sich für ein Seminar anmelden? Welche Absichten verfolgen Sie, wenn Sie

- Ihre Teilnahme sagen wir drei bis vier Monate vorher schriftlich anmelden, weil es Ihnen persönlich wichtig ist und Sie so sicherstellen möchten, dass sie einen freien Platz bekommen,
- vielleicht sechs bis acht Wochen vor Start regulär von dem Weiterbildungsverantwortlichen „eingebucht" werden,
- als Teilnehmender „spontan" in ein Seminar einsteigen wollen, welches in zehn Tagen beginnen soll, weil das Thema bei Ihnen jetzt gerade „aufpoppt"?

4.2.1 Die Ausgangslagen unterscheiden sich

Diese unterschiedlichen Ausgangslagen sind ein weiterer Grund, weshalb jedes Training individuell auf die Teilnehmergruppe hin zugeschnitten werden muss. Denn **wer andere Motivatoren hat, springt auch auf andere Reize an.** Schon der Einstieg ins Training, ein zentraler Punkt, um das Interesse der Teilnehmer zu wecken, muss jedes Mal neu auf die Teilnehmergruppe zugeschnitten werden.

Hier stehen Sie als Trainer vor der großen Herausforderung, **die Motivation der Teilnehmer schon im Vorfeld des Trainings zu erfassen.**

Als Möglichkeiten der Erhebung bieten sich an (vgl. Meier, 2003):

- Gespräche mit den Teilnehmern
- Gespräche mit den Vorgesetzten
- Tests
- Fragebögen

Während die Gespräche den Vorteil haben, dass schon im Vorfeld des Trainings ein Kontakt zwischen dem Trainer und den Teilnehmern beziehungsweise Ihren Vorgesetzten entsteht, muss hier beachtet werden, dass gerade persönliche Aussagen im Gespräch oft von Sympathie-Faktoren beeinflusst oder gar verzerrt werden.

Die Tests und Fragebögen werden nicht immer von allen Teilnehmern angenommen. Gerade wenn der Zweck der Erhebung nicht betont wird, kann diese als Kontrolle fehlinterpretiert werden und eine Distanz zum Trainer entstehen. Wägen Sie deshalb genau ab, welche Methode Sie zur Teilnehmeranalyse verwenden und wie Sie diese präsentieren. Weniger ist hier manchmal mehr, und nicht jede Frage in einem Fragebogen macht gleichermaßen für Sie wie auch für die Teilnehmenden Sinn!

Konkrete Vorerfahrungen abfragen

Wichtig ist es sicherzustellen, dass die Ausgangsmotivation der Teilnehmenden zum Zuschnitt des Seminars passt. Wenn Sie ein Seminarthema je nach Vorerfahrung der Teilnehmenden in mehreren Stufen anbieten („Grundlagen “, „Fortgeschrittene“, „Experten“), ist es hilfreich, im Vorfeld konkrete Vorerfahrungen abzufragen, da sich sonst die „Selbstüberschätzer“ in den vermeintlich höherwertigen Veranstaltungen wiederfinden und sich systematisch überfordern und die „Selbstkritischen“ sich in Grundlagenseminaren systematisch unterfordern, da sie sich aus im Kern irrationalen Versagensängsten heraus ungern einer Situation aussetzen, welche mit einem Misserfolg verbunden sein könnte.

Teilnehmeranalyse direkt im Seminar

Ist eine Analyse vor dem Training nicht möglich, kann der Trainer auch zu Beginn des Seminars ein Bild über die Gruppenzusammensetzung erhalten. Auch hier sollten so viele Informationen wie möglich erfasst werden. Den Schwerpunkt bildet dabei jedoch die **Erfahrungs- und Erwartungsabfrage,** an die Sie gegebenenfalls Ihren Trainingsplan kurzfristig anpassen können.

Es gibt verschiedene Möglichkeiten entsprechende Informationen zu erfragen. Wir empfehlen, diese an Pinnwänden oder Flip-Charts festzuhalten. So kann der Trainer am Ende des Seminars noch einmal auf die genannten Punkte zurückkommen.

Die folgenden Techniken eignen sich, dem Teilnehmer die Informationen zu entlocken:

- Einzelaussagen der Reihe nach
- Freie und geordnete Zurufe, Antworten auf Metaplankarten schreiben und an Pinnwand befestigen
- Fragebögen ausgeben
- ein Motivationsschreiben, das im Vorhinein geschrieben wird
- Aktivierend dabei wirkt, die Teilnehmer aufzufordern, sich
  - nach ihrer Geschwisteranzahl zu sortieren
  - wie auf einer Deutschlandkarte nach ihren Geburtsorten zu sortieren
  - nach den Stockwerken, in denen ihr Büro liegt zu sortieren

Während **Einzelaussagen** relativ viel Zeit brauchen und so zu abfallender Aufmerksamkeit führen können, haben **Zurufe** den Nachteil, dass vielleicht einige Teilnehmer nicht erfasst werden. Bei beiden Methoden können sich die Teilnehmer jedoch schnell ein erstes Bild über die anderen verschaffen. Die **Metaplankarten** bieten zusätzlich den Vorteil, dass die Aussagen direkt strukturiert werden können.

Der **Fragebogen** liefert die detailliertesten Aussagen, birgt aber die Gefahr, Misstrauen zu stiften. Das **Motivationsschreiben** für die Teilnahme an dem Training könnte vereinzelt zu Stöhnen führen, da die Teilnehmer hier direkt gefordert sind und sich nicht auf einer „Ich lasse mich bespaßen"-Rolle ausruhen können. Wir als Trainer erhalten so aber eine detaillierte Beschreibung der Teilnehmermotivation, wie sie uns aus zeitlichen Gründen im Training niemals geliefert werden könnte. Ein weiterer Vorteil dieser Methode ist, dass sich der Teilnehmer schon im Voraus mit dem Trainingsthema und sich selbst auseinandersetzt. Gerade bei Führungskräfte-Programmen sind Kenntnisse über die einzelnen Teilnehmer-Motivationen besonders wichtig. Bei allen Erhebungsformen sollten die Aussagen nicht bewertet werden.

Eine zusätzlich aufweckende Methode, da sie mit Bewegung verbunden ist, ist es, **die Teilnehmer aufzufordern, sich anhand bestimmter Merkmale aufzustellen,** sei es die Geschwisterzahl, die Anzahl der Kinder oder die der bereisten Länder. Sehr viel Spaß bringt es unter anderem auch, den Boden als imaginäre Deutschlandkarte zu verwenden und die Teilnehmer zu bitten, sich dort zu positionieren, wo ihre Geburtsstadt oder ihr derzeitiger Wohnort liegt. Die Aufstellung nach den Stockwerken des eigenen Büros liefert zusätzlich Informationen über mögliche hierarchische Positionen der Teilnehmer im Unternehmen.

Nachdem wir Ihnen die möglichen Methoden zur Erfassung erläutert haben, stellt sich Ihnen sicherlich die Frage: Was muss ich abfragen, um eine geeignete Teilnehmeranalyse durchzuführen? Dazu möchten wir Ihnen im Folgenden die relevanten Informationen vorstellen.

4.2.2 Möglichkeiten der Teilnehmeranalyse

Vier Stadien der Teilnehmenden

Neben den individuellen Angaben zur Person ist interessant, in welchem beruflichen Stadium im oder außerhalb eines Unternehmens sich der Teilnehmer befindet. Wenn die berufliche Situation des Teilnehmers den Anlass für das Training bietet, wird dies meist schon bei der Anmeldung mitgeteilt, es lohnt sich jedoch auch, noch einmal beim Auftraggeber nachzufragen.

Die folgenden vier Stadien gehen mit unterschiedlichen Motivationen der Teilnehmer einher und bieten gerade für offene Trainings eine gute Orientierung (mit Blick auf Inhouse-Trainings bleibt der „Job-Suchende" außen vor):

- **Job-Einsteiger:** Das Training erleichtert die Einarbeitung, und der Wunsch nach Wissen ist groß, deshalb sind die Teilnehmer meist sehr motiviert.
- **Stellenveränderung:** Solange die neue Stelle, auf die der Teilnehmer vorbereitet werden soll, eine gewollte, gegebenenfalls höhere Position ist, motiviert ihn dieser Umstand ebenfalls.

- **Job-Suchende, die eine andere Stelle im Unternehmen anstreben:** Hier liegt meist eine hohe Motivation vor, da sich durch das Seminar für den Teilnehmer neue Möglichkeiten ergeben können.
- **Keine Stellenveränderung:** Die Motivation kann hier je nach Anlass des Trainings sehr unterschiedlich ausfallen.

„Hardfacts" zur Teilnehmeranalyse

Die „Hardfacts" zur Teilnehmeranalyse lassen sich relativ leicht beispielsweise durch eine Nachfrage beim Kunden/Auftraggeber erfahren. Zu den Hardfacts gehören:

- Alter und Geschlecht
- Karriere und Stellung im Unternehmen
- Vorherige berufliche Entwicklung

Wir nutzen bei Inhouse-Trainings folgende Tabelle, um einen Überblick über die zu erwartenden Teilnehmer zu erhalten:

Name	Vorname	Alter	Bereich/ Abteilung	Derzeitige Position	Im Betrieb seit (Datum)	Angefangen als (Position)

Mit diesen Informationen können Sie bereits Rückschlüsse auf Ihr Training ziehen und gerade unter Beachtung der Biodaten das Tempo des Seminars und die angewandten Methoden anpassen. Ältere Menschen sind ebenso lernfähig wie jüngere, allein die Geschwindigkeit unterscheidet sie hier. Jede Teilnehmergruppe ist einzigartig durch bestimmte Merkmale der Teilnehmer bezüglich des Alters, des Geschlechts oder des Verhaltens.

Um beispielsweise einer Gruppe von älteren Teilnehmern das Lernen zu vereinfachen, ist es empfehlenswert, erst einmal die Angst vor dem Neuen oder dem Scheitern zu nehmen. Methoden, die Konkurrenzgefühl verstärken, sollten also gemieden werden. Unterteilen Sie die neuen Inhalte strukturiert auf Lernabschnitte und stellen Sie Bezüge zu bereits Bekanntem her. So vermeiden Sie Verwirrung und Ablehnung. Außerdem ist es ratsam, den Teilnehmern zu vermitteln, dass eine Rekapitulation der neuen Inhalte den Lernprozess unterstützt.

Wenn Sie die Möglichkeit haben, nehmen Sie **Teilnehmer mit ähnlichen „Lernprofilen" in eine Teilnehmergruppe.** Je harmonischer die Auswahl getroffen werden kann, desto größer ist für die Teilnehmenden der Lernerfolg.

Achten Sie bei gemischten Gruppen darauf, dass alle Teilnehmer dem Stoff folgen können, gleichzeitig aber niemand unterfordert wird. Meist kann man am Verhalten der Teilnehmer erkennen, ob sie Konkurrenz eher ablehnen oder die Herausforderung suchen und sich immer wieder beweisen möchten. Sollten Sie eine gemischte Gruppe aus Konkurrenzhähnen und Harmonie-Liebhabern vor sich haben, fordern Sie bewusst die Personen heraus, die sich gern unter Beweis stellen. Stellen Sie beispielsweise Fragen speziell an die betreffenden Personen. Bei den Teilnehmern, die sich gern im Hintergrund halten, ist es hingegen nicht ratsam, durch direkte Ansprache Schamgefühle auszulösen.

Unterschiedliche Lernstile berücksichtigen

Bei einer Gruppe mit sowohl männlichen als auch weiblichen Teilnehmern sollten Sie sich bewusst machen: *„Frauen nutzen eher einen ganzheitlich-kommunikativen Lernstil, Männer hingegen eher einen analytisch-individuellen Stil.“* (vgl. Meier, 2003). Sie glauben das nicht? Nun, soviel zu Ihren spezifischen Vorurteilen! Aber Spaß beiseite: Auch unabhängig vom Geschlecht gilt es, ganzheitlich-kommunikativ eingestellte Teilnehmer/innen und analytisch-individuell veranlagte Teilnehmer/innen optimal anzusprechen und abzuholen! Was wären hierzu Ihre Ideen?

Während die „Ganzheitlich-Kommunikativen“ gerne Gruppenübungen mit vielen Teilnehmer/innen machen, ziehen die „Analytisch-Individuellen“ eher kleinere Gruppen oder Einzelarbeit vor. Um den unterschiedlichen Typen Raum zu geben, könnten Sie beispielsweise einer Gruppe von zehn Seminarteilnehmern in einer Anfangssequenz anbieten: *„Wir können vier Gruppen mit jeweils zwei bis drei Teilnehmenden bilden. Sie können selbst wählen, ob Sie in einer Zweier- oder Dreiergruppe arbeiten möchten!“* Dies wäre eine Möglichkeit, mit Unterschiedlichkeit umzugehen.

Wenn es sich jedoch umsetzen lässt, **weisen Sie einer Teilnehmergruppe Teilnehmer mit ähnlichen „Lernprofilen“ zu.** Homogenität der Mitglieder einer Seminargruppe ist der Heterogenität vorzuziehen, da ähnliche Lernprofile die beste Voraussetzung für effizientes Lernen sind.

Allerdings ist eine Teilnehmergruppe selten aus alters-, geschlechts- und wissenshomogenen Teilnehmern zusammengesetzt! Werden die Unterschiede jedoch sinnvoll genutzt, können sich die Teilnehmenden im Training unterstützen und ergänzen.

Bei größeren Teilnehmergruppen und genügend Raum können Sie das „Problem“ einer möglicherweise zu großen Heterogenität auch dadurch in den Griff bekommen, dass Sie **immer wieder einmal Kleingruppen bilden,** die sich in Alter, Motivation, Wissenspräferenzen oder sonstigen Merkmalen ähnlicher sind als die gesamte Gruppe. Oder ganz bewusst die Unterschiede der Teilnehmer für ein besseres gegenseitiges Verständnis nutzen.

Greifen Sie außerdem nicht automatisch auf eine „anspruchsvollere Sprache“ zurück, wenn Teilnehmende eine höhere Position im Unternehmen innehaben. Sie arbeiten mit allen Teilnehmern im Raum, und Ihre Sprache sollte klar und strukturiert und für alle Teilnehmergruppen bzw. anwesenden „Bildungsschichten“ gleichermaßen verständlich sein.

Teilnehmerfragebogen nutzen

Die im Vorfeld und zu Beginn des Trainings gesammelten Informationen zur Charakterisierung der Teilnehmer und ihrer Motivation kann ein Teilnehmerfragebogen komplettieren. Die **grundlegenden Punkte,** die für die Analyse aufschlussreich sind, sind zum Beispiel:

- Die Interessen und Werte des Teilnehmenden
- Die persönliche Ausgangsmotivation für die Teilnahme
- Art und Anzahl bereits besuchter Trainings
- Persönliche Erwartungen an das Training
- Vorhandene oder potenzielle Lernpartnerschaften
- Innere Haltungen und Vorbehalte dem Training gegenüber
- Lernbereitschaft und Umsetzungsmöglichkeiten

Die Interessen und Werte, mit denen auch das Verhalten des Teilnehmers im Unternehmen einhergeht, bilden die Grundlage für einen „persönlichen Entwicklungsplan" (Kellner, 2007) des Teilnehmers, anhand dessen im Idealfall in Zusammenarbeit mit dem Unternehmen ein **individueller Trainingsplan** erstellt wird.

Relevante Aspekte, die das **Interesse und die Werte des Teilnehmers** darstellen und durch den Fragebogen erhoben werden sollten, sind:

- Die Trainingserfahrungen On- sowie Off-the-Job
- Bereits behandelte Trainingsfelder
- Selbst angeeignetes Wissen
- Werte und Normen, die das Privat- und Berufsleben bestimmen
- Berufs- und Lebensziele
- Positive und negative Aspekte der aktuellen Tätigkeit
- Bisherige Laufbahn bzw. Karriereentwicklung
- Bisherige Feedbacks

Auf Grundlage dieser Informationen sollten abschließend Ziele vereinbart werden, die eine Veränderung hervorrufen können.

Neben diesen Hintergrundfaktoren, die auf den Teilnehmer wirken, können auch die folgenden Punkte Hinweise geben, wo der Trainer ansetzen muss, um ein **erfolgreiches Lernen** zu garantieren:

- Motivationen im und außerhalb des Arbeitslebens
- Stressresistenz
- Vorhandene Konflikte
- Körperlicher Zustand
- Präferierte Sinne im Lernverhalten (visuell, auditiv, kinästhetisch)
- Momentane Verortung im Prozess des Lernens
- Stärken und Schwächen

Die aus bereits besuchten Trainings resultierenden Erwartungen und Erfahrungen lassen sich ebenfalls durch gezielte Fragen ausmachen. Thematisieren Sie hier nicht nur das kommende, sondern auch vergangene Seminare und das dabei als positiv oder negativ Empfundene. So erhalten Sie außerdem einen Eindruck darüber, welchen thematischen Hintergrund ein Teilnehmer hat und Information darüber, welche Sequenzen Sie einbauen sollten, um ihn zufriedenzustellen.

Eine weitere Aufgabe des Trainers bei der Teilnehmeranalyse ist es, zu erfassen, welche innere Haltung und mögliche Vorbehalte der Teilnehmer gegenüber Seminaren im Allgemeinen und dem Trainingsplan im Besonderen hat. Dies kann durch bewusste Ausrichtung des Trainings an der Praxis und Unternehmensbeispielen verändert und verbessert werden. **Verdeutlichen Sie den Teilnehmern den individuellen Nutzen jeder Trainingssequenz.**

Will man diese Zusammenhänge auf eine Formel bringen, könnte diese so aussehen:

Lernfähigkeit x Lernbereitschaft x Lernmöglichkeiten = maximaler Lernerfolg

Ob das Training einen Lernerfolg erzielt, hängt neben der individuellen Lernfähigkeit jedoch auch immer davon ab, welche Lernbereitschaft der Teilnehmende mitbringt und auch davon, welche Lernmöglichkeiten geschaffen werden. Diese Indikatoren führen bei jeweils maximalen Ausprägungen zu einem maximalen Lernerfolg. Die „Weiterbildungs-Rechnung" geht dann sozusagen voll auf! Während die Lernfähigkeit eine aus der Trainerperspektive gesehen relativ fixe Größe darstellt, **ist die Lernbereitschaft etwas, das Sie als Trainer durchaus bewusst beeinflussen können,** indem sie sich auf Ihre Teilnehmer einlassen und das Training nach deren Bedürfnissen, Kompetenzen und Möglichkeiten auslegen. Die Lernmöglichkeiten hingegen liegen meist in der Hand des Unternehmens, aber mit effektiven Trainings tragen Sie als Trainer aktiv dazu bei, die Haltung des Unternehmens zum Lernen im Beruf zu verändern. Zudem finden Sie in unserem Lern-Performance-Modell (siehe Kapitel 2) zahlreiche Hinweise, wie die On-the-Job-Challenges und ein bewusster Umgang mit den On-the-Job-Experiences die Lernmöglichkeiten durch die konkreten Lernerfahrungen im Seminar im Bereich des Off-the-Job-Lernens ergänzen.

4.3 Inhalte und Themen – auf die passende Auswahl kommt es an

Was sind die passenden Inhalte und Themen, die in einem bestimmten Training bzw. in einem bestimmten Seminar vermittelt werden sollten? Diese Frage stellt sich jeder Trainer, wenn er die geeigneten Inhalte für ein neues Training identifizieren möchte. Natürlich können Sie auch auf „käufliche“ Konzepte zurückgreifen, was sich zur Vermittlung von Grundlagen grundsätzlich eignet. Allerdings greifen diese „Schnellgerichte“ in der Regel zu kurz, wenn es darum geht, individuellen Unternehmensanforderungen gerecht zu werden.

4.3.1 Auf die richtigen Zwischenschritte kommt es an!

Nachdem die Eckpunkte zum Trainingsziel festgehalten sind, gilt es, **das Training konzeptuell zu planen.** Dieser Weg vom Seminarthema zum Inhalt eines Seminars ist gar nicht so einfach zu bewältigen: So viele schöne und interessante Aspekte locken und verführen den Trainer in dieser Phase zum Sammeln! Dabei hat es sich in unserer Praxis bewährt, in dieser Phase folgende Zwischenschritte einzulegen:

Themenideen generieren

Wenn wir uns einem neuen Trainingsthema inhaltlich nähern, nutzen wir als erstes ein Brainstorming – gerne mit mehreren Personen – um die Facetten des Themas abzubilden, dieses unvoreingenommen von allen Seiten zu betrachten, vorhandenes Wissen zu nutzen und passende Informationsquellen festzuhalten. Dafür hat sich die Methode des **Mind-Mappings** bewährt. Diese Methode hat viele Vorteile, welche bereits umfassend beschrieben wurden (siehe z.B. Nitschke, 2011).

Nun lassen sich Mind-Maps in einem kreativen Prozess auf sehr unterschiedliche Art und Weise nutzen. Wie setzen wir das Mind-Mapping in unseren Trainings-Projekten ein? Am liebsten nutzen wir als Fläche für unser Mind-Map unsere schwarze Pinnwand, auf der wir mit Metaplankarten gewissermaßen aus der dunklen Tiefe des „Alles“ heraus die einzelnen Ideen einsammeln, clustern und dann meist noch ein bis zwei Mal neu sortieren, umformulieren, ergänzen. Dies regt uns im Vorüberhuschen immer wieder dazu an, weitere Aspekte zu ergänzen. Natürlich ist es im konkreten Erstellungsprozess auch sehr wichtig, den Überblick zu behalten und bei der Materialrecherche nicht zu sehr abzudriften. Die dann bunt bestückte schwarze Metaplanwand lassen wir während dieser Planungsphase in unseren Geschäftsräumen stehen.

Im Grunde sind es drei Grundschritte, die wir in jedem Projekt vollziehen:

- **Phase 1: Ideen und Gedanken sammeln**
  Unser Tipp: Geben Sie sich für das Brainstorming eine feste Zeitvorgabe. So bleiben Sie im zeitlichen Planungsrahmen. Meist sind die passenden Ideen in den ersten 30 Minuten gefunden.
- **Phase 2: Inhalte in Modulen zusammenfassen und mit Headlines versehen**
  Unser Tipp: Überschlafen Sie die Ordnung, welche Sie in Ihre Karten bringen. Gerade in Bezug auf wirkungsvoll und treffend formulierte Überschriften stellt sich der passende Geistesblitz in der Regel nicht auf Befehl ein!

- **Phase 3: Passende Modelle und Materialien zusammentragen**
  Nachdem wir unsere Ideen sortiert haben, geht es nun daran, das passende Material zusammenzutragen. In unserer Praxis hat sich bei diesem Schritt bewährt, gut organisiert vorzugehen, um in der Flut der Informationen nicht unterzugehen.

  Dabei rufen wir uns die zentrale Frage, „*Was* sammele ich?", immer wieder ins Gedächtnis, damit wir bei unserer Recherche nicht ins Uferlose abdriften. Denn mit dieser konkreten Frage kommen wir immer wieder auf das Thema und das damit verbundene, passende Material zurück.

Beantworten Sie sich einmal schriftlich in Bezug auf ein konkretes, anstehendes Trainingsprojekt die Frage „*Was* sammele ich?", bzw. „*Was* sollte ich sammeln?".

Während Sie auf der Suche nach passendem Material für Ihr Training sind, haben sich Ihre Auswahlkriterien möglicherweise konkretisiert. So wird Ihnen noch einmal bewusster, was in diesem speziellen Fall für Sie „passend" sein kann.

Was können darüber hinaus allgemeine Auswahlkriterien für Ihre „Stoffsammlung" sein? Nun, wir benutzen in unseren Projekten die folgenden **Auswahlkriterien für die Auswahl der passenden Materialien:**

- Inhaltliche Angemessenheit / Zielgruppennähe
- Passung zum Anspruchsniveau der Zielgruppe
- Prägnanz / Griffigkeit
- Verständlichkeit / Praxistauglichkeit
- Erkenntniswert / -tiefe bzw. heuristischer Wert
- Nähe zu bekannten eigenen oder fremden Modellen
- In vergleichbaren Trainings erfolgreich eingesetzte Materialien

Formulieren Sie einmal schriftlich die für Ihre eigene Planungsarbeit relevanten Kriterien!

4.3.2 Neue Recherche-Dimension

Trainer haben es gerade, wenn sie frisch aus der Ausbildung kommen, oft nicht einfach, sich am Markt zu platzieren und sich einen guten Namen zu machen. Um sich von der Masse abzuheben, die meist auf standardisierte Trainings setzt, ist es wichtig, **jedes Training ganz speziell auszugestalten, es unverwechselbar zu machen und es individuell auf die Teilnehmer und ihre Situation zuzuschneiden.** Damit ist viel Aufwand, also in der Regel vor allem Zeit für Rechercheaktivität und kreative Prozesse verbunden. Unsere feste Überzeugung ist hierbei: Genau das lohnt sich – und zwar sowohl auf kurze als auch auf lange Sicht! Und nicht nur für Sie, sondern auch für Ihre Teilnehmer und die Organisationen, die Sie beauftragt haben.

In den letzten Jahren hat „Recherche" eine völlig neue Dimension angenommen. Das gilt auch für Sie als Trainer. Die neuen Möglichkeiten der Informationsvermittlung erleichtern Ihnen den Zugang zu Materialien und reichern die Suche mit Ideen aus allen Teilen der Welt an.

Medien- und Quellen-Checkliste

Um einen Überblick zu erhalten, welche Medien Sie sich tatsächlich erschließen möchten, hier eine Medien- und Quellen-Checkliste:

- **Zeitschriften-Recherche** – Ziel: Klärung des „State-of-the-Art", (Fach-)Zeitschriften bei der Neukonzeption immer wieder zurate ziehen, um aktuelle Entwicklungen aufzugreifen
- **Buchrecherche** – Ziel: Kernkonzepte ermitteln
- **Weitere Medien** wie zum Beispiel Podcasts (z.B. www.das-abenteuer-leben.de) oder inspirierende Vorträge (z.B. www.ted.com) – Ziel: Eigene Orientierung und Inspiration
- **Online-Videos** (z.B. youtube.com oder vimeo.com) – Ziel: Lebendiges Material für Demozwecke, z.B. „Gute Beispiele/schlechte Beispiele" für das Seminar finden (Achtung Urheberrechte!)
- **Teilnehmer-Input vergangener Trainings** – Ziel: Anschauungsmaterial für künftige Trainings zu erhalten, wie zum Beispiel Abfrage-Inputs (Achtung: Anonymität des Materials sicherstellen!)
- **Fotoprotokolle vergangener Trainings** – Ziel: Aktuelle Inhalte komplettieren oder Ergänzungen für den Trainingsleitfaden finden
- **Eigene Quellen entwickeln, um z.B. Fälle zu konstruieren** – Ziel: Wenn Sie Zugang zu eigenen Quellen haben, dann können Sie diese Ihren Teilnehmern entsprechend zur Verfügung stellen oder die Inhalte z.B. zur Konstruktion von „Fällen" oder „Planspielen" einsetzen (Achtung: Auch hier die Rechte am geistigen Eigentum sowie den Quellenschutz beachten!)

Inhalte charakterisieren und sortieren

Meist entstehen in diesem Prozess viele tolle Ideen, die Sie sicher gerne alle umsetzten würden! Erfahrungsgemäß werden jedoch zu viele Sequenzen geplant und der Zeitumfang der einzelnen Themen wird unterschätzt. Deshalb empfehlen wir, auch hier schon die Ideen in „Muss"- und „Kann"-Ideen zu differenzieren. So erhalten Sie schnell einen Überblick, welche Ideen Sie in jedem Fall verfolgen möchten und welche Sie nur ausarbeiten würden, wenn Ihr Zeitplan dafür ein ausreichend großes Fenster lässt.

Unser Tipp: Wählen Sie neue Themen, Inhalte und Methoden in einem guten Verhältnis zu bereits Bekanntem. So fordern Sie sich selbst heraus und können Neues kennenlernen, laufen aber nicht Gefahr, unsicher zu wirken oder an Souveränität zu verlieren.

Teilnehmer nehmen Ihnen als Trainer nicht ab, wenn Sie ihnen etwas vermitteln möchten, von dem Sie nicht das Gefühl haben, selbst sicher im Thema zu sein. Oft übertreiben Trainer mit ihrer Selbstdarstellung und wecken Erwartungen, die sie nicht erfüllen können, weil sie nicht souverän im Thema stehen. Das muss Ihnen nicht passieren!

Wir empfehlen daher **ein Verhältnis von 80 Prozent Bewährtem zu 20 Prozent Neuem.**

80 Prozent Ihrer Inhalte und Methoden haben Sie schon oft verwendet, Sie sind routiniert im Umgang damit und nutzen dies gewissermaßen als Plattform für einen guten Stand. Das berühmte „Standing" heißt wörtlich übersetzt ja nicht umsonst „Stehvermögen"!

Die restlichen 20 Prozent geben Ihnen Freiraum für Innovationen und persönliche Herausforderungen. Hier „experimentieren" Sie ein wenig und probieren neue Dinge aus, auch wenn Ihnen natürlich niemand eine hundertprozentige Garantie dafür geben kann, dass Ihre Teilnehmer immer begeistert sein werden.

Mit einer „Beimischung" in dem genannten Umfang stellen Sie jedoch auch sicher, dass bei Ihnen selbst keine Panik aufkommt, größere Teile des Stoffs nicht zu beherrschen. Selbst wenn für Sie das ein oder andere tatsächlich „neu" ist, so sind Sie doch in den anderen 80 Prozent der Inhalte sicher unterwegs. Und das ist auch wichtig, denn eine innere Panik des Trainers spüren die Teilnehmer mindestens genau so gut wie ein Hai Blut im Wasser „riecht" – und das kann im schlimmsten Fall katastrophal enden ...

Um sich selbst die Auswahl zu erleichtern, empfehlen wir Ihnen, **die neuen Themen nach bestimmten Kriterien zu charakterisieren.** Solche Kriterien könnten beispielsweise sein (vgl. Meier, 2003):

- Relevant im Berufsalltag
- Interesse der Teilnehmer
- Notwendige Aneignungszeit
- Herausforderungscharakter
- Bedeutung für den Berufsalltag

Zur Veranschaulichung eignen sich Metaplankarten sehr gut. Notieren Sie jeweils ein Thema und seine jeweiligen Ausprägungen auf einer Karte und pinnen Sie diese an eine Pinnwand. Werden alle Karten betrachtet, kann so die Reihenfolge verändert und eine Hierarchie erstellt werden. Was kombiniere ich wie miteinander? Welche Mischung wird die Teilnehmer überzeugen? Was ist eine gute Mischung aus Idealismus und Pragmatismus, aus alt und neu?

Mehrwert durch bessere Identifikation und gelungenen Lerntransfer

Ein firmeninternes Training, dem eine ausführliche Branchen-, Unternehmens- und Teilnehmeranalyse zugrunde liegt, bringt schon selbst einen Mehrwert, da sich die Teilnehmer besser mit den Inhalten identifizieren können und somit schneller zu motivieren sind. Die Sequenzen wirken weniger abstrakt, wenn sie auf den Arbeitsalltag der Teilnehmer zugeschnitten sind und Rollenspiele, wenn sie gut gemacht sind, eine tatsächliche Annäherung an zukünftige berufliche Herausforderungen bieten. Wir steigern also deutlich den Lerntransfer, wenn wir **die geplanten Inhalte auf die tatsächliche Arbeitswelt der Teilnehmer verdichten,** branchenspezifische Beispiele verwenden und das Gelernte in Arbeitssituationen üben, von denen Sie als Trainer wissen, dass es sie wirklich gibt, weil Sie sich damit etwa bei einer Werksbesichtigung oder einem Vorabbesuch am Arbeitsplatz tatsächlich vertraut gemacht haben!

In freien Trainings ist durch die Vielzahl der Teilnehmer aus verschiedenen Unternehmen auch eine breite Vielfalt an Hintergründen gegeben. Der direkte Kundenzuschnitt lässt sich, da Sie ja bei einem offenen Training nicht alle Arbeitsplätze der Teilnehmenden vorab besichtigen können, so nicht garantieren. Wenn Sie die Inhalte an Beispielsituationen verdeutlichen oder ein Rollenspiel durchführen möchten, bitten Sie doch einfach Ihre Teilnehmer selbst, eine realitätsnahe Situation ganz konkret und für alle Teilnehmer nachvollziehbar zu schildern und gegebenenfalls als Ausgangssituation mit ein paar Worten oder Sätzen am Flipchart festzuhalten. So finden sich die Teilnehmer in den Übungen wieder und der Vorwurf von „unrealistischen" oder gar „künstlichen" Rollenspielen perlt von Ihnen ab, wie ein kleiner Tropfen auf einem großen Blatt.

4.3.3 Nehmen Sie sich einmal Zeit, Situationen auszumalen

In einem Training zu Konfliktmanagement beispielsweise können Sie die Teilnehmenden nach einer konfliktbehafteten Situation aus ihrem Arbeitsumfeld fragen. Sie wählen zwei Teilnehmer aus, welche jeweils ein Beispiel liefern. Falls Sie bereits in Erfahrung gebracht haben, aus welchen Branchen die Teilnehmer kommen, wählen Sie möglichst zwei Teilnehmer/innen aus unterschiedlichen Branchen.

Überlegen Sie einmal, welche möglichen Situationen hier beispielsweise aus der Banken- und der Medienbranche geschildert werden könnten. Wie könnte das Rollenspiel dazu aussehen? Welche Rollen können vergeben werden? Was soll die konkrete Ausgangssituation sein?

Mit einem individuell entwickelten Programm steigern Sie nicht nur den Trainingserfolg, sondern Sie leisten Ihren eigenen Beitrag, den Markt von wenig sinnvollen, standardisierten Angeboten zu befreien und das Ansehen von Personalentwicklungsmaßnahmen zu verbessern!

Erst vor Kurzem haben wir von futureformat DGME® ganz individuell für einen unserer Kunden ein eigenes Teamleiter-Training entwickelt und integriert. Unser Anspruch an uns selbst war dabei, eine Trainingsform zu entwickeln, die so nah wie möglich an der Praxis orientiert ist und einen maximalen Lerntransfer garantiert.

Dazu haben wir die Vorgehensweisen „Learning On-the-Job“ und „Learning Off-the-Job“ miteinander verknüpft (was hierunter genau zu verstehen ist, erläutern wir in Kapitel 5). Das von uns konzipierte Trainingsprogramm besteht aus mehreren Modulen mit unterschiedlichen Lern- und Lehrformen. In unserem Einführungsmodul stehen natürlich das Kennenlernen und die Zielveranschaulichung im Vordergrund. Daneben dient die Einführungssequenz jedoch auch immer als Bestandsaufnahme der momentanen Situation.

Das Informationsbild, das wir im Vorfeld über das Unternehmen, die Teilnehmer und die Problemkonstellation erfahren, verfeinert sich dabei in der Regel. Wirklich hilfreich für uns als Trainer ist dieses erste Modul eines firmeninternen Programms, da es uns **Einblick in die Interaktion der Teilnehmer mit ihren Kollegen** bietet. Im Anschluss an das erste Modul, in dem die Teilnehmer natürlich schon erste wichtige Lerninhalte aufnehmen, gelingt es zumeist, die Vermittlung der kommenden Konzepte an die neuen Erkenntnisse und Informationen zu den Spezifika von Teilnehmergruppen anzupassen. Das Ergebnis: Die Lernkurve steigt in den Folgemodulen!

In dem geschilderten Fall sind wir jedoch noch etwas „raffinierter“ vorgegangen. Im zweiten Trainingsmodul **begleiten wir jeden Teilnehmer für zwei Stunden direkt an seinem Arbeitsplatz.** Da wir ihn also ganz konkret in seiner Arbeitstätigkeit beobachten, ist es uns möglich, die Konzeption noch viel individueller auszulegen, denn wo haben wir sonst die Chance, ein langjährig habitualisiertes Arbeitsverhalten, die Interaktion mit den Kollegen sowie das konkrete Führungsverhalten so genau zu erfassen? Damit dem Teilnehmer nicht vorenthalten bleibt, was uns aufgefallen ist und woran er arbeiten kann, findet im Anschluss ein Feedback-Gespräch statt. Zudem überprüfen wir natürlich die Konzepte der Folgemodule daraufhin, ob sie geeignet sind, die Teilnehmenden optimal zu unterstützen.

Die folgenden Module laufen dann wieder wie gewohnt im Seminarhotel ab. Was genau wir in diesen Modulen thematisieren und mit den Teilnehmern trainieren, ergibt sich natürlich aus den Vorgaben des Kunden und der vorgelagerten Bedarfsanalyse, wird dann jedoch spezifisch angepasst. Auf diese Weise arbeiten wir also genau an den Schwach- und Potenzialpunkten der Teilnehmer.

Besondere Freude hat uns das Abschlussmodul des Trainingsprogramms bereitet. Eine Outdoor-Sequenz hilft uns noch einmal, die konkreten Interaktionen zu beobachten. Des Weiteren bietet dieses Format den Teilnehmern erneut die Möglichkeit, die gelernten Inhalte anzuwenden und zu üben. Darüberhinaus wurde hier eine Momentaufnahme möglich, mit deren Hilfe wir gemeinsam mit den Teilnehmern einen Entwicklungsplan über das Training hinaus entwerfen konnten.

Inwiefern sich solche **Formatideen, Zusatzsequenzen und Verfeinerungsstrategien in Ihr Training integrieren** lassen, hängt von verschiedenen Faktoren ab:

- Ihren Kompetenzen in Bezug auf verschiedene Trainingsformate und Inhalte (siehe Kapitel 7)

- Finanziellen Vorgaben und Möglichkeiten
- Zeitlichem Umfang des Trainings / Trainings-Programms
- Räumlichen Vorgaben
- Vorgegebenen und erstellten Trainingszielen
- Unternehmensherkunft und Hierarchieebenen der Teilnehmer
- Beteiligung und Vertrauen des Unternehmens *(„Was können Sie zulassen?“)*
- Einverständnis des Unternehmens zur Begleitung der Teilnehmer am Arbeitsplatz

4.4 Faktoren, die Einfluss auf den Seminarerfolg nehmen

Welche Einflussfaktoren gibt es auf den Seminarerfolg? Wie kann dies bei der Konzeption berücksichtigt werden? Welche Lerntheorien sind wichtig? Welche zentralen Werkzeuge sollten Bestandteil einer entsprechenden Tool-Box sein? All diese Fragen beantworten wir im kommenden Abschnitt.

„Lernen ist immer selbst gesteuert!“ (Zech, 2008) Das heißt aber noch lange nicht, dass wir als Trainer keinen Einfluss auf das Lernen nehmen können. Wir liefern mit unserem Trainingsangebot nicht nur die Voraussetzungen, die Inhalte und das Material für den Lernprozess unserer Teilnehmer, sondern bieten auch Anreize, verdeutlichen Lernlücken und motivieren.

Für den Lernprozess kann eine gute und nährstoffreiche Grundlage geliefert werden, indem wir schon im Vorfeld so viele Möglichkeiten wie möglich ausschöpfen, um eine positive Lernstimmung zu schaffen. Im zweiten Abschnitt dieses Kapitels haben wir Ihnen bereits beschrieben, wie Sie sich durch eine ausführliche Teilnehmeranalyse bestmöglich auf das Training vorbereiten können, um einen motivierenden Einstieg zu finden und wichtige Lernprinzipien während des Seminares beachten zu können.

In den seltensten Fällen treten die Teilnehmer jedoch völlig unvoreingenommen das Training an, meist haben sie nicht nur bestimmte Erwartungen, sondern auch Vorurteile und Zweifel. Diese resultieren aus Informationslücken der Teilnehmer in Bezug auf

- das Profil des Trainers und
- die Trainingsinhalte.

Erhalten die Teilnehmer im Vorfeld der Maßnahme die für sie wichtigen Informationen, verringert sich ihre Unsicherheit und das Bild, das sie sich über den Trainer und das Training machen können, wird klarer. Hier ist jedoch auch Vorsicht geboten, denn es gibt eine Vielfalt an Möglichkeiten, die Teilnehmer im Vorfeld zu informieren, die auch Befürchtungen wecken oder Widerstand auslösen können!

In diesem Abschnitt gehen wir daher einmal genauer darauf ein, welche Informationen den Teilnehmern geliefert werden sollten und auf welche Art und Weise diese präsentiert werden, damit sie den Trainingserfolg befördern.

4.4.1 Das Profil des Trainers: Sympathisch und kompetent!

Vor der Maßnahme

Wenn Sie den Auftrag bekommen haben, für ein Unternehmen ein Training durchzuführen, ist es für die Teilnehmer wichtig, vor der Veranstaltung zu erfahren, wer mit ihnen diese Maßnahmen durchführen wird. Die erste und heutzutage eine der wichtigsten Möglichkeiten, Informationen über einen Trainer einzuholen, ist natürlich die Darstellung auf der eigenen Website bzw. das Profil bei XING aufzurufen. Individueller ist es jedoch, ein Kurzprofil im Intranet des Unternehmens oder auf der Seminarausschreibung bzw. dem Inhouse-Flyer zum Training zu platzieren.

Wenn ein Unternehmen mit einem Trainingsanbieter bei der Konzeption von Weiterbildungsmaßnahmen zusammenarbeitet und im Zuge der Planung und Gestaltung entsprechender Materialien der konkrete Trainer noch nicht feststeht, kann die Trainerbeschreibung dem einzelnen Teilnehmer auch zusammen mit der Anmeldebestätigung übergeben werden.

Bei der Konzeption Ihres Trainerprofils sollten Sie etwas genauer darüber nachdenken, wann Sie was von sich preisgeben. Die kunden- und teilnehmerrelevanten Informationen sind vor allem die Trainerkompetenzen. Erläutern Sie am besten Ihre Ausbildung, erlangte Zertifikate und Qualifikationen und Ihre Trainingsschwerpunkte. Natürlich ist hier auch oft Ihre vorherige Ausbildung interessant. Darüberhinaus ist die Feldkompetenz von enormer Bedeutung und Relevanz für die Teilnehmer. Welche beruflichen Erfahrungen haben Sie mit dem jeweiligen Trainingsfeld, beziehungsweise wie vertraut sind Sie mit der Branche? Der Kunde sollte an dieser Stelle überzeugt werden, dass Sie das richtige Verständnis und nicht nur eine ungefähre Vorstellung seiner Arbeitssituation haben.

Wird das Profil schriftlich angelegt, sollte auf persönliche Merkmale entweder ganz verzichtet werden oder lediglich ein, zwei interessante Hobbys, Fähigkeiten oder Erlebnisse genannt werden. Extrem förderlich wirkt ein freundliches und professionelles Foto von Ihnen, wenn es gut neben Ihrem Profil platziert wird. So weiß der Teilnehmer nicht nur was, sondern auch wer ihn erwartet.

Zu Beginn der Maßnahme

Wie viel Persönliches in der Vorstellung offenbart wird, ist ebenfalls gestaltbar und sollte dem Publikum angepasst werden. Bei Teilnehmern im Seminar kann fehlende Distanz zu sinkendem Respekt und nachlassender Anerkennung als Trainer führen. Wir dürfen nicht vergessen, dass nicht wir als Trainer der Grund der Zusammenkunft sind, sondern das Training und das dahinterstehende Lernen. Es sind schon viele Trainer angeeckt, weil sie ihre eigene Person zu sehr in den Vordergrund gestellt haben. Der Sozialpsychologe Robert Cialdini, der ausgerechnet durch seine Forschung zum Thema „Überzeugen" bekannt geworden ist, hat einmal charmant unter Beweis gestellt, was Bescheidenheit um die eigene Person bedeutet. So merkte er bei der Vorstellung seines eigenen Buches an, dass dieses seit zwanzig Jahren von einer bestimmten Organisation empfohlen wird, die Bescheidenheit es ihm jedoch verbiete, den Namen des Autors zu nennen.

Es ist durchaus möglich, sein „Können" mit Prägnanz und Fingerspitzengefühl darzustellen, ohne überheblich oder – das wäre die andere Seite der Medaille – blass zu wirken. Versuchen Sie es einmal mit einem humorvollen Einwurf aus dem Privaten. Dieser ruft oft Sympathie hervor und nimmt Teilnehmern die Hemmungen. Geben Sie den Teilnehmern jedoch genauso auch Einblicke in Ihren Ausbildungshintergrund und Ihre beruflichen Erfahrungen. So machen Sie es ihnen leicht, eine „innere Brücke" zu Ihnen zu bauen: *„Ja das ist mein Trainer, der es versteht, mich in meinen Fragen und Themen angemessen zu unterstützen!"*

Die Gestaltung, der Umfang und die Form der Trainerpräsentation sind einerseits Geschmackssache, andererseits ausschlaggebend für den ersten Eindruck, den Sie bei den Teilnehmern hinterlassen. Wenn Sie sich nur mündlich vorstellen, versuchen Sie, nicht länger als zehn Minuten dafür zu verwenden. Wenn Sie über fünf Minuten hinausgehen, sollte Ihre Vorstellung in jedem Fall als Dialog angelegt sein, zu groß ist sonst die Gefahr, dass der Eindruck der „Selbstbeweihräucherung" entsteht.

Zu langwierige Selbstdarstellungen wirken ermüdend und arrogant. Um ihre Vorstellung aufzufrischen, genügt meist eine kleine Übersicht auf dem Flipchart mit netten Zeichnungen. Auch eine kleine Spekulationsaufgabe kann das Thema Selbstvorstellung beleben. Ob die Teilnehmer Sie akzeptieren, hängt nicht nur allein von Ihren Kompetenzen ab. Nur wenn Sie auch ihre Sympathie erlangen, können Sie ein gutes Training liefern!

Unser Tipp: Je unprätentiöser, desto sympathischer. Verzichten Sie auf übertriebene Selbstdarstellung und bleiben Sie lieber bei der Wahrheit!

Nehmen Sie sich an dieser Stelle einmal die Zeit, Ihren eigenen Steckbrief anregend und informativ zu gestalten. Es wird am Anfang nicht leicht sein, die richtigen Informationen auszuwählen und möglichst einladend zu formulieren, aber mit der Zeit findet jedes Profil seinen Feinschliff. Beachten Sie für Ihre Selbstdarstellung im Seminar folgende Punkte:

- Persönliche Daten
- Ausbildung, besondere Kenntnisse, spezifische Erfahrungen
- Hobbys, Interessantes, Besonderes

4.4.2 Informationen zum Training

Neben den Trainingsinhalten, die Sie bereits in der Trainingsbeschreibung liefern, freut sich jeder Teilnehmer, zusammen mit der Anmeldebestätigung nicht nur das Trainerprofil, sondern auch eine **Übersicht über die wichtigsten Inhalte in Form einer Agenda** zu erhalten.

So können weniger falsche Vorstellungen und Erwartungen entstehen. Besonders wichtig ist diese Information für Teilnehmer firmeninterner Trainings, da sie meist nicht den Auftrag, sondern nur den Trainingstitel kennen.

Eine positive Trainingsatmosphäre wird außerdem durch den Teilnehmerkontakt im Vorfeld des Trainings unterstützt. Natürlich sollten Erwartungen und Teilnehmerprofile, wie oben bereits beschrieben, erfragt werden, aber es sollte auch dem einzelnen Teilnehmer die Möglichkeit gegeben werden, seine Wünsche zu äußern, Fragen zu stellen und Zweifel auszuräumen. Geben Sie deshalb am besten immer Ihre Handynummer oder die des gebuchten Trainers mit an, wenn Sie nach der Anmeldung die Informationen zum Training verschicken. Wenn Sie für eine Trainingsorganisation arbeiten, dann kann diese natürlich ihrerseits Teilnehmerfragen im Vorfeld beantworten und auch zu Ihrer Person Auskunft geben.

Eine schöne Möglichkeit, den Teilnehmer schon im Vorhinein an das Thema heranzuführen und für das Seminar zu motivieren, bietet ein **Fragebogen, auf dem Sie Wünsche, Erwartungen und Fragen zum Thema abfragen.** Verschicken Sie diesen am besten per Mail, mit der Bitte, ihn zum Beispiel eine Woche vor Trainingsbeginn zurückzuschicken.

4.4.3 Die praktische Seite der „Lerntheorie"

Wie schon an mehreren Stellen ausgeführt, unterliegt der Mensch verschiedenen Bedingungen, die sein Lernen einschränken oder erleichtern. Es ist eine didaktische Herausforderung für den Trainer, verschiedene „lerntheoretische Grundgesetze" in seinem Vorgehen zu beachten. Aus den theoretischen Erkenntnissen zum Lernen, also der „Lerntheorie", lassen sich nicht nur die Dont's für das Trainerverhalten, sondern auch effektive Gestaltungstipps für die Vermittlung ableiten.

Um überhaupt einen Lernprozess zu beginnen, muss die richtige Grundstimmung bei den Teilnehmern vorherrschen. Sehen sich diese gar nicht erst in der Lage, die Zielsituation zu erreichen, hat das Training wenig Sinn. Zur Unterstützung der Lernmotivation lohnt es sich daher, den Teilnehmern zu verdeutlichen, dass das Ziel durchaus erreicht werden kann.

Hier können Beschreibungen über vorherige Teilnehmer und Ihre Trainingserfolge schon helfen, den Trainingsteilnehmern das nötige Selbstvertrauen zu vermitteln. Im Training zu den Präsentationstechniken beispielsweise erfahren unsere Teilnehmer meist schon den ersten Motivationsschub, wenn wir ihnen berichten, dass auch wir nicht als perfekte Performer geboren wurden, sondern erst einmal das Handwerkszeug dafür erlernen mussten!

Manche Teilnehmer glauben auch, dass zum Beispiel Schlagfertigkeit angeboren sei. Ob Sie es glauben oder nicht: Schlag*fertigkeit* ist eine Fertigkeit und damit mit den richtigen Techniken und Prinzipien, der Kenntnis der eigenen blinden Flecken und einem sehr guten Training erlernbar! Allerdings gilt auch hier der Spruch von Laotse aus dem 6. Jahrhundert vor Christus: *„Lernen ist wie das Rudern gegen den Strom; sobald man aufhört, treibt man zurück.“* Das gilt nicht nur für Teilnehmer, auch Trainer tun gut daran, Ihre Schlagfertigkeit auszubauen, um so knifflige Situationen erfolgreich zu bewältigen (vgl. Nowotny, 2009).

Besonderes Feingefühl ist auch bei der Reflektion von Übungen gefragt. Zu harte Kritik demotiviert. Machen Sie Ihren Teilnehmern also bewusst, dass aller Anfang schwer ist und kontinuierliches Üben zum Ziel führen wird. Um einer längerfristigen Demotivation oder gar Frustration durch ausbleibende Erfolge vorzubeugen, empfiehlt es sich, *schon bei der Trainingsplanung einen Wechsel von leichten hin zu schwierigeren Übungen zu gestalten.* So kann Rückschlägen im Lernprozess vorgebeugt und das Erfolgserlebnis für den Teilnehmer garantiert werden.

Weiter vorn haben wir bereits die Bedeutung von Zielen angeschnitten (siehe Kap. 3.4). **Ist den Teilnehmern das Trainingsziel nicht bewusst, wird der Lernprozess langwieriger und uneffektiver.** Deshalb sollten die Lernziele zu Beginn des Trainings klar definiert werden. Setzen Sie dabei nicht zu niedrig an, denn gerade Herausforderung motiviert. Das gilt auch für den „roten Faden“ des Trainings. Eine Möglichkeit, den Überblick zu behalten und Lernerfolge sichtbar zu machen, ist es, den Teilnehmern Zeit zu geben, um anhand des Trainingsplans Teilziele für sich selbst zu formulieren und nach jeder Sequenz eine Zeit für die Reflektion der Etappen einzuräumen. Dieses Vorgehen hilft, auch trotz hoher Ziele das Selbstvertrauen der Teilnehmer nicht untergehen zu lassen. Die Kombination aus dem Selbstvertrauen der Teilnehmer darin, das Ziel zu erreichen, den positiven Effekten, sich dem Ziel zu nähern und der Bedeutung für den Einzelnen, es schließlich erreicht zu haben, ist dabei die Idealvoraussetzung für den Lernerfolg.

Es gibt zwei Wege, wie wir Teilnehmer motivieren können, ihr Verhalten so zu gestalten, wie dies im Sinne des Lernziels wünschenswert ist. Von negativen Sanktionen raten wir ab – mit einer Ausnahme: Wenn Sie der Typ dafür sind, machen Sie sich mit den Teilnehmern einen Spaß. So haben wir bei einem Firmentraining in englischer Sprache mit dänischen Teilnehmern im Taunus kürzlich immer wieder spaßhaft darauf hingewiesen, dass das „final exam“ am letzten Tag mehrere Stunden dauern würde, welche dann natürlich noch „drangehängt“ werden müssten. Die Teilnehmer waren dann glücklich und zufrieden, als das Seminar am letzten Tag pünktlich endete und sie anstelle der „Prüfung“ vor dem abendlichen Rückflug in die dänische Heimat noch genügend Zeit fanden, die Stadt im Panoramablick von der 200 Meter hoch gelegenen Aussichtsterrasse des Main Towers bestaunen zu können.

Entweder Sie belohnen die Teilnehmer mit Lob oder Sie überlegen sich andere positive Anreize, wie zum Beispiel eine verfrühte oder verlängerte Kaffeepause, wenn Sie mit der Leistung vollauf zufrieden sind. Hilfreich ist es hier, über das Training hinweg herauszufinden, welche positiven Reize bei den Teilnehmern wirken! Im Training geht es vor allem darum, das Zielverhalten oder positives Verhalten auf dem Weg dorthin zu belohnen.

Didaktisch weniger effektiv ist hingegen die Bestrafung oder das Tadeln von nicht erwünschten Handlungen.

Betonen Sie also besser richtiges Verhalten, anstatt durch negative Sanktionen die Aufmerksamkeit auf negative Beispiele zu lenken!

Denn – und das wissen vielleicht nicht nur Eltern von kleinen Kindern: **Aufmerksamkeit verstärkt gezeigtes Verhalten.** Um die Authentizität dieser Strategie zu wahren, setzen Sie die Belohnung gewollt an *bestimmten* Stellen ein und nicht bei *jedem* erfolgreichen Schritt in Richtung Zielverhalten. Und auch hier gilt: Auch spaßhafter Tadel kann natürlich lustig sein, wenn es Ihnen gelingt, auf dem schmalen Grad eines leichten und belebenden Humors nicht in eine stillose oder gar deplatzierte Frechheit abzugleiten.

Nicht nur im Training selbst, sondern auch im Arbeitsalltag stellt sich die Frage, wie wir es mit der „Fehlerkultur" halten. Hier geht es viel weniger um die Bestrafung von Fehlern als viel mehr darum, den richtigen Umgang mit eigenen Fehlern zu vermitteln und zu unterstützen. Erarbeiten Sie gemeinsam mit den Teilnehmern, wie sie mit Fehlern umgehen können, um daraus für zukünftige Situationen zu lernen. Fehler sind menschlich! Und deswegen ist ja in jedem „Fehler" auch eine „Lehre" enthalten, Sie müssen nur die Buchstaben richtig zuordnen:
Fehler ➠ Lehre

Versuchen Sie doch einmal, die zusätzlichen Tipps, die sich aus der Lerntheorie ableiten lassen, in Ihrem nächsten Training umzusetzen. Dafür haben wir die wichtigen Punkte für Sie in einer Checkliste zusammengefasst:

Checkliste: Die Lerntheorie für's Training nutzen

- Greifbare aber herausfordernde Ziele formulieren
- Vorteile der Zielsituation verdeutlichen
- Feedback zur Verbesserung geben
- Erfolgserlebnisse garantieren

- Zieletappen individuell entwickeln
- Wiederholungen planen
- Positives Verhalten durch Belohnung fördern
- Fehler zulassen und aus ihnen lernen

4.5 Seminarkonzept

Sie haben alle bisher beschriebenen Hinweise umgesetzt, Ihr Training inhaltlich konzipiert und Sie haben sich mit den zeitlichen und räumlichen Gegebenheiten Ihres Seminars vertraut gemacht? Prima! Dann ist es nun an der Zeit, **das Seminarkonzept in die Feinplanung zu nehmen und einen Trainerleitfaden zu erstellen.** Dieses wichtige Werkzeug hilft Ihnen, nicht nur den Zeitplan einzuhalten, sondern führt Sie und damit natürlich auch Ihre Teilnehmer immer wieder zum roten Faden zurück.

Natürlich unterscheidet sich der Trainerleitfaden je nach Trainer, Training und Teilnehmer. Aus der Praxis haben wir jedoch gelernt, dass ein hilfreicher Leitfaden mindestens die folgenden Rubriken beinhalten sollte:

- Zeit
- Sequenz
- Inhalte
- Lernziele
- Methoden
- Medien/Material
- Anmerkungen

Es ist gut und wichtig, im Rahmen der Vorbereitung festzustellen, welche Punkte für Sie persönlich maßgebend erscheinen und welche Sie leicht aus dem Auge verlieren.

Fixieren Sie deshalb einmal schriftlich Ihre persönlichen Schwerpunkte und Spaltenbezeichnungen.

Zusätzlich empfehlen wir die folgenden Informationen auf dem Leitfaden zu notieren, um eine einfache Ablage zur späteren Reflexion zu erleichtern:

- Ort
- Datum
- Trainingstitel
- Anzahl, gegebenenfalls auch die Namen der Teilnehmer

Hier ein Auszug aus einem Leitfaden zum Training „Gesprächstechniken" zur Veranschaulichung:

Training: „Gesprächstechniken"						
Ort: Hamburg, Hotel: „Seeluft", Raum: „Seestern" Datum: 31.03.2014 14 Teilnehmer: Fr. Kohl, Hr. Rübenow, Fr. Radisch, Hr. Gurkohl ...						
Zeit	Sequenz	Inhalte	Ziel	Methoden	Medien/ Material	Anmerkung
11.00 bis 12.00	Vier Seiten einer Nachricht	Das Modell Gesprächsbeispiel	Nachrichten richtig interpretieren Herausfinden, wie Person Nachrichten auffasst Gesprächsverlauf durch Vorbereitung auf vier Ebenen verbessern	Vortrag mit Teilnehmerzuruf (Darstellung Theorie) Gruppenarbeit (vier Seiten in Beispielsituationen finden) Ergebnisvorstellung der Teilnehmer vor Gruppe Rollenspiel	Flip-Chart Stifte vorgedruckte Beispielsituationen Stifte für Teilnehmer Pinnwand Metaplankarten Videokamera	Erlaubnis für Video erfragen

Erstellen Sie einmal nach diesem Muster einen Trainerleitfaden für ein vergangenes, zukünftiges oder frei ausgedachtes Training, um in Übung zu kommen:

Sie werden merken, dass dieses Instrument Sie dazu bringt, den Ablauf des Seminars noch einmal ganz im Detail „durchzuspielen" und mögliche Disharmonien im Ablauf aufzudecken. Gehen Sie jeden neuen Trainerleitfaden noch einmal in Gedanken durch und veranschaulichen Sie sich so den Ablauf des kommenden Seminars. Das gibt Ihnen für den realen Ablauf Sicherheit. Bei neuen Trainingskonzepten haben wir diesen Leitfaden immer zur Hand, um notfalls einmal nachlesen zu können, mit welchem Punkt wir weitermachen werden. Und bis jetzt hat sich darüber noch kein Teilnehmer beschwert. Also nutzen Sie diese Gedächtnisstütze. So können Sie in der Seminarsituation präsenter und erfolgreicher sein.

Selbstreflexion

Nach dem Training ist es wichtig, sich noch einmal vor Augen zu führen, welche Seminarpunkte gut gelaufen sind und wo vielleicht noch eine weitere Entwicklung stattfinden sollte. Klären Sie für sich die Ursachen und aktualisieren Sie entsprechend Ihren Trainerleitfaden. Weitere Möglichkeiten für eine detaillierte Selbstreflexion finden Sie in unserem Buch „Erfolgreich Trainings und Seminare gestalten".

4.6 Konzeption – 360-Grad-Kurz-Check

In diesem Kapitel haben Sie Informationen und Tipps rund um das Thema Konzeption eines Trainings erhalten. Auch dieses Feld möchten wir für Sie anhand des 360-Grad-Kurz-Checks abrunden.

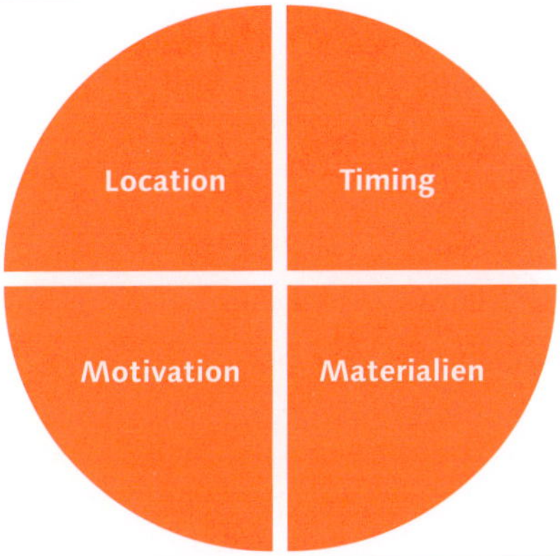

Unser Kreisdiagramm zeigt, dass die vier wichtigsten Teilaspekte in diesem Kapitel die Location, das Timing, die Motivation sowie die Materialien sind. Viele Faktoren sind zu berücksichtigen, vieles gerät auch leicht in Vergessenheit. Nutzen Sie daher gern die folgenden Fragen als Gedächtnisstütze:

360-Grad-Kurz-Check zur Konzeption

Location

- Ist der Raum bereits gebucht?
- Was muss ich bei der Raumauswahl beachten?
- Sind mir alle Besonderheiten des Raums bekannt?
- Wie kann ich den Raum gestalten?

Timing

- Steht der Trainingszeitpunkt fest?
- Wie plane ich Trainingszeiten lerneffektiv?
- Sind die Trainingszeiten der Teilnehmergruppe angepasst?
- Sind alle Teilnehmer über die Zeiten informiert?

Motivation

- Wie erfasse ich die Teilnehmermotivation?
- Welche konkrete Ausgangsmotivation haben meine Teilnehmer?
- Welche Bedeutung hat die Teilnehmermotivation für das Training?
- Wie kann ich die Teilnehmermotivation positiv beeinflussen?

Materialien

- Steht mein Trainerleitfaden?
- Welche Gestaltungsideen habe ich?
- Sind die Materialien dem Teilnehmerkreis (deren Tätigkeiten etc.) angepasst?
- Welche Materialien benötige ich für meine Methoden?
- Wann muss ich welche Materialien beschaffen?
- Was nutze ich nach einem Seminar zur Selbstreflexion?

5 Formate – Von der Trainingsgestaltung zum Follow-up-Support

„Tu erst das Notwendige, dann das Mögliche, und plötzlich schaffst du das Unmögliche."
Franz von Assisi

Fragen, die einen als Trainer zu diesem Themenfeld beschäftigen sollten, sind unter anderem:

Grundlegende Planungsschritte für die Formatentwicklung	
1. **Trainingsgestaltung:**	Wie umfangreich darf das Training sein? Wie viele Teilnehmer werden an der Maßnahme teilnehmen? Wie wird ein Trainingsformat sinnvoll strukturiert?
2. **Medien- und Methodenwahl:**	Welches Medium eignet sich für welches Trainingsformat? Mit welcher Methode kann ich als Trainer das Lernen für die Teilnehmer erfolgreich gestalten?
3. **Eingangstest der Startvoraussetzungen:**	Wie homogen ist die Teilnehmergruppe? Welche Vorkenntnisse hat sie zum Thema des Trainings?
4. **Follow-up-Support:**	Wie glückt der Transfer der im Training gelernten Inhalte in den Arbeitsalltag? Wie lässt sich das Gelernte weiterentwickeln?

Eine professionelle Trainingsgestaltung sowie die richtige Medien- und Methodenauswahl ist genauso wichtig wie das Prüfen der Eingangsvoraussetzungen der Teilnehmer und eine zielführende Organisation des Praxistransfers. „Formatsicher" zu werden bedeutet darüber hinaus die systematische Anpassung der Formate an die Unternehmens- und Lernziele. Dies hebt den modernen Trainer von Trainern ab, die ihr Standardprogramm unverändert herunterspulen, sodass aus unserer Sicht solche Trainings eher Schulungscharakter haben und keine Verbindung mit der Arbeitswelt der Teilnehmer eingehen.

Im Sport werden Trainingspläne aufgestellt, um eine bestimme Fitnessstufe zu erreichen. So ist es zum Beispiel zwingend erforderlich für einen Halbmarathon spätestens ein halbes Jahr vorher mit einem regelmäßigen Training zu beginnen. Im Weiterbildungsbereich geht es vor allem um Wissen, Fähigkeiten und Kenntnisse, die durch ein Training aufgebaut werden sollen.

Dabei hängt das Trainingsformat stark vom Lernziel des Trainings ab und den gegebenen Rahmenbedingungen. Beispielsweise hat ein internationales Kreditinstitut nach einer Fusion die Assistentinnen aus allen Bereichen im Rahmen einer zweimal zweieinhalbtägigen Weiterbildung mit Blick auf einen einheitlichen Qualitätsstandard hinsichtlich der beruflichen Qualifikation trainiert. Darüber hinaus war das Ziel dieser Maßnahmen, die Vorurteile gegenüber dem Fusionspartner abzubauen und die Basis für eine erfolgreiche Zusammenarbeit zu schaffen. In den Jahren nach dieser Maßnahme wurden jährlich stattfindende, eintägige „Fresh Ups" durchgeführt, die die Teilnehmerinnen weiterhin mit den Lerninhalten der Maßnahme in Verbindung hielten. Darüber wurden zum einen die neu hinzugekommenen Kolleginnen in die für den Bereich Assistenz wichtigen Qualitätsthemen eingeführt. Zum anderen konnte im Rahmen der eintägigen „Fresh Ups" der Kontakt zwischen den alt eingesessenen und den neuen Kolleginnen gepflegt werden.

In der Praxis haben sich verschiedene Formate etabliert, die sich vordergründig vor allem über den zeitlichen Umfang unterscheiden. Allerdings haben diese Formate bei genauerer Betrachtung auch über andere zu berücksichtigende Faktoren spezifische Wirkungen und Dynamiken.

Wenn Sie wiederum in einer sportlichen Analogie denken: Ein Krafttraining findet auch an zwei oder drei Terminen pro Woche statt und erstreckt sich über mehrere Monate. Niemand würde erwarten, dass ein erfolgreicher Muskelaufbau in einer Sitzung vonstattengeht.

5.1 Die passenden Formate: Was heißt das eigentlich?

Es mag simpel erscheinen, aber die grundlegende Frage, über wie viele Tage ein Training oder Seminar läuft, hat tatsächlich einen im Wortsinne „grundlegenden" Charakter: Wie viel Zeit bleibt für Beziehungsaufbau? Abprüfen von Eingangswissen und Vorerfahrungen? Gestaltung von bewusst redundanten Lernkontexten?

Auch wenn es Auftraggeber ungern hören: **Je kleiner oder kleinteiliger das Format, desto größer wird der anteilige Vorbereitungsaufwand und desto wichtiger ist eine Transfersicherung des Gelernten über eingebaute Follow-up-Tage!**

Wenn für ein Seminar nur ein Tag zur Verfügung steht, so tut der Trainer oder das Bildungsinstitut gut daran, Erwartungen und Vorerfahrungen im Sinne einer Bedarfs- bzw. Teilnehmer-Analyse schon im Vorfeld abzufragen. Stehen zwei Tage zur Verfügung, so lassen sich inhaltliche Anpassungen, gerade auch nach einer Stimmungsabfrage zum Ende des ersten Tages, sehr gut einbauen. Stehen drei Tage zur Verfügung, kann z.B. der dritte Tag im Schwerpunkt zur Transfersicherung bzw. für individuelle Problemlagen eingesetzt werden. Dann können auch verstärkt Coaching-Elemente in ein Training einfließen.

Insbesondere bei „sportlich" bemessenen Seminarumfängen empfiehlt es sich, der Erfassung der Startvoraussetzung und dem Follow-up-Support eine besondere Aufmerksamkeit zukommen zu lassen. So können in einem eintägigen Training zum Thema Kundenbindung erste Ideen entwickelt und sogar persönliche Maßnahmenpakete geschnürt werden. Die Wirkung dieses Formats erhöht sich jedoch maßgeblich, wenn mit jedem Teilnehmer nach vier bis acht Wochen ein individuelles „Telefoncoaching" vereinbart wird, wo die Umsetzung der Maßnahmen und gegebenenfalls die persönlichen Blockaden, welche dies verhindert haben, im Vordergrund stehen.

Was sind über das zeitliche Maß hinaus weitere Besonderheiten von Trainings? *„Wir können Training"* ist eine Aussage, die für Hochschulen, Referenten und Dozenten alles andere als selbstverständlich ist. Training steht allgemein für alle Prozesse, die eine verändernde Entwicklung hervorrufen.

Das Spektrum reicht dabei von an den Hochschulen über sechs oder sogar zwölf Monate fortgeführten Seminaren über Trainingseinheiten von ein bis zwei Tagen sowie Lerneinheiten von ein bis zwei Stunden im Rahmen von betrieblicher Weiterbildung bis hin zu kurzen E-Learning-Formaten, die als Teaser Lernanreize während der täglichen Arbeit bieten (Beispiel: Jeden Tag ein neues englisches Wort und seine Bedeutung lernen). Wenn wir genauer auf diese vielfältigen Veranstaltungen im großen Feld der Weiterbildung schauen, wird ersichtlich, dass sie sich in weiteren wichtigen Eckpunkten unterscheiden, die über den Zeitfaktor hinausgehen. Für den Trainer und den Erfolg seines Trainings ist es entscheidend, dass er die für den jeweiligen Auftrag passende Kombination dieser Faktoren identifiziert, um für den jeweiligen Bedarf das geeignete Trainingsformat zu gestalten.

Welche gängigen Trainingsformate Sie mit den drei zu berücksichtigenden grundlegenden BTL-Format-Faktoren

- **Budget** (Zeitlicher und finanzieller Rahmen eines Trainings)
- **Teilnehmeranzahl**
- **Lernziel**

gestalten können, werden wir im weiteren Verlauf dieses Kapitels erörtern und die jeweiligen Vor- und Nachteile darstellen.

5.1.1 Budget (zeitlicher und finanzieller Rahmen eines Trainings)

In der folgenden Übersicht haben wir die Vor- und Nachteile der jeweiligen Umfangsformate zusammengestellt.

Eintägiges Trainingsformat	
Vorteile	**Nachteile**
• Wegen des geringen Zeitaufwands wird dieses Format eher von einer Geschäftsleitung genehmigt.	• Eine lediglich eintägige Veranstaltung bekommt leicht einen „Bonus"-Charakter und hinterlässt bei den Teilnehmern den Eindruck, dass hier nur zum Schein Weiterbildung betrieben wird.

• Überschaubare Kosten, da nur für einen Tag ein Trainer, ein Raum etc. gezahlt werden muss. • Sich als Teilnehmer für einen Tag für eine Weiterbildung freizunehmen, fällt verhältnismäßig leicht. • Unabhängig von der Teilnehmeranzahl kann bei eintägigen Veranstaltungen eine kleine Gruppe und auch eine Großgruppe in Aktion gebracht werden. Zu beachten ist nur, dass – je größer eine Gruppe ist – die Vorbereitung des Trainers intensiver sein muss. • Eintägige Maßnahmen mit Workshopcharakter können gerade weiterbildungsfremde Teilnehmende zu einem ersten Arbeiten bringen, da sie ihre Konzentration bei diesem Format nicht lange halten müssen. • Bekannte und kompakte Themen lassen sich innerhalb eines Tages gut bearbeiten. • Ein solches Format ist bedingt geeignet, einen ersten Impuls bei den Teilnehmern auszulösen, ohne Folgemaßnahmen verpuffen diese jedoch oft.	• Ein belastbarer Beziehungsaufbau zwischen Trainer und Teilnehmern ist zeitlich nicht ausreichend aufzubauen, so kann es im eintägigen Training leichter zu Störungen kommen. • Die Konzentration der Teilnehmer auf die Inhalte einer eintägigen Maßnahme ist meist gering, da sie gedanklich noch bei ihren Arbeitsthemen sind. • Die Trainingsthemen können aufgrund des knappen Zeitbudgets nur vorgestellt werden, die Umsetzung bleibt den Teilnehmern überlassen. • Die Kompetenzentwicklung ist nur in sehr geringem Umfang möglich. • Die Verhaltensentwicklung ist nicht realisierbar, da das neue Verhalten erst mehrmals geübt werden muss, damit es das bisherige Verhalten ablöst. • Teilnehmer, die etwas Zeit brauchen, um sich auf neue Situationen einzustellen, sind bei eintägigen Maßnahmen leicht überfordert.

Fazit: Je größer die Gruppe bei einer eintägigen Maßnahme ist, desto umfangreicher ist für den Trainer die Vorbereitung, da er für die Organisation der Teilnehmer über den Tag eine sehr detaillierte „Choreografie" erstellen sollte.

Ist der Trainer hier zu großzügig, entgleitet ihm die Gruppe leicht. Eintägige Formate als Weiterbildungsmaßnahmen sind als Einführung zu einem Thema oder als Follow-up zu umfangreicheren Maßnahmen sinnvoll, da in einem Tag die Teilnehmer das Gelernte noch einmal auffrischen und mit aktuellen Entwicklungen aus der Arbeitspraxis verbinden können.

Eine Alternative können hierbei Großgruppenformate bilden, da hier auch in einem geringeren Zeitumfang ein starkes Erleben und eine vielfältige Auseinandersetzung mit bestimmen Themen realisiert werden kann.

Zweitägiges Trainingsformat

Vorteile	Nachteile
• Akzeptierter Trainingsumfang, der Kompetenzentwicklung erst möglich macht. • Erste Verhaltensänderungen sind durch umfangreiche Übungssequenzen möglich. • Zeit für Erfahrungsaustausch. • Teilnehmer können sich gedanklich auf das Thema konzentrieren und sind nicht mehr so sehr bei ihrer Arbeit. • Guter Beziehungsaufbau zwischen Trainer und Teilnehmenden möglich, sodass auch persönliche Fragestellungen erörtert werden können. • Für neue Gedanken und Umsetzungswege ist Zeit vorhanden.	• Höhere Kosten, die das Unternehmen nicht bezahlen will/kann. • Gerade wenn Führungskräfte eines Unternehmens trainiert werden, können sich nicht alle für zwei Tage von ihrer Arbeit „freinehmen". • Für bestimmte Themen, die häufig einer stärkeren Persönlichkeitsentwicklung bedürfen, wie z.B. Führung oder Verhandlung, fehlt hier mitunter der Raum für Tiefe und den Austausch von Erfahrungen.

Fazit: Ein Trainingsformat, dass akzeptiert ist und eine gute Kosten-Nutzen-Relation verspricht.

Themen können so umfangreich bearbeitet werden, dass die Teilnehmenden nach einer zweitägigen Veranstaltung neues Wissen aufgenommen und ihre Kompetenz entwickelt haben. Auch ein geändertes Verhalten ist möglich und am Arbeitsplatz zu realisieren. Persönlichkeitsentwicklung ist über den Hebel „Feedback" nur recht eingeschränkt möglich.

Dreitägiges Trainingsformat

Vorteile	Nachteile
• Ein Trainingsthema kann umfangreich vermittelt werden. • Intensive Kompetenzentwicklung ist möglich. • Intensiver Beziehungsaufbau zwischen Trainer und Teilnehmenden sowie zwischen den Teilnehmenden selbst, der zu einer vertrauensvollen Zusammenarbeit führt.	• Hohe Kosten. • Längere zeitliche Abwesenheit des Mitarbeiters.

• Vorurteile gegenüber anderen Teilnehmern können abgebaut werden und erleichtern die Zusammenarbeit am Arbeitsplatz. • Verhaltensänderungen sind durch umfangreiche Übungs- und Reflektionssequenzen möglich. • Der Erfahrungsaustausch kann auch zur Entwicklung neuer Ideen genutzt werden.	• Verglichen mit Entwicklungsprogrammen, die über 6, 12 oder 16 Tage gehen, gelingen Veränderungen selten mehrdimensional, sondern bleiben auf den Gegenstand des Trainings beschränkt.

Fazit: Dreitägige Formate werden besonders bei Führungs- oder Verhandlungstrainings häufiger angewandt.

Eine mehrdimensionale Persönlichkeitsveränderung ist nur im Rahmen umfangreicherer Entwicklungsprogramme möglich. Es ist daher schade, dass auch bei breiter angelegten Trainings nicht häufiger in dreitägige Veranstaltungen investiert wird.

5.1.2 Teilnehmerzahl

Die Anzahl der Teilnehmer hat einen sehr starken Einfluss auf das ausgewählte Trainingsformat. In einer **Gruppe von maximal 12 Teilnehmern** können nach unserer Erfahrung umfangreiche Praxiserfahrungen zwischen den Teilnehmern ausgetauscht, persönliche Kontakte schnell geschlossen und individuelles Lernen rasch gefördert werden. Dabei ist die Arbeit in einer Gruppe von sechs bis acht Personen häufig deutlich intensiver als in einer Gruppe von zehn bis zwölf Personen.

Bei **Gruppen von 12 bis 18 Personen** ist es aus unserer Sicht bereits sinnvoll, dass **zwei Trainer** die Gruppe trainieren, da so Kleingruppen bei Gruppenarbeiten parallel betreut werden können, eine individuelle Lernempfehlung sowie umfangreiches persönliches Feedback an den Einzelnen möglich ist. Das ist natürlich kostenintensiv. Bei Inhousetrainings stimmen wir im Vorfeld genau ab, wie viele Teilnehmer an dem Training teilnehmen und wie viele Trainer pro Tag benötigt werden. Meist kann der Kunde unseren Argumenten folgen und lässt sich auf unsere Gruppenempfehlung ein. Wenn der finanzielle Rahmen keinen weiteren Trainer und nur eine größere Gruppe zulässt, haben wir hier auch bereits mit Mitarbeitern aus dem Unternehmen zusammengearbeitet, die als „Co-Trainer" einige Aufgaben übernommen haben.

Bei **Gruppen ab 20 Personen** arbeiten wir im **Trainer-Tandem** und gerne mit **Lernstationen.** Dafür werden zu den einzelnen Trainingsinhalten „Lern-Stationen" vorbereitet, an denen die Trainingsteilnehmer sich den Lernstoff in kleinen

Gruppen (maximal fünf bis sieben Personen) anhand von vorbereiteten Arbeitspapieren, Flipcharts und Lernlandkarten erarbeiten. Nach einer festgelegten Arbeitszeit, findet – ähnlich wie bei der Moderationsmethode World Café – ein Stationenwechsel, am besten im Uhrzeigersinn statt. Die Gruppen bleiben dabei zusammen. Im Vorfeld zum Training können Sie überlegen, ob Gruppen aus einzelnen Bereichen zusammenarbeiten sollen oder gerade gut zwischen den Bereichen „gemischt" werden soll, damit auch ein persönliches Kennenlernen der Mitarbeiter aus anderen Bereichen stattfinden kann.

Ganz wichtig für den Trainer:

Je größer die Gruppe ist, desto genauer müssen Sie auf die Struktur und das zeitliche Timing im Training achten.

Beachtet der Trainer dies bei großen Gruppen nicht, kann sie ihm schnell entgleiten. Zudem lohnt es sich, sich mit der Methodik von Großgruppenprozessen vertraut zu machen

5.1.3 Lernziel

Wie in Kapitel 3 beschrieben, benötigen die unterschiedlichen Lernziele immer auch einige Schritte und somit natürlich auch Zeit, bis sie dann – einschließlich der Feinziele – auch erreicht werden.

Somit gilt: Je kürzer der Trainingsumfang und je größer die Teilnehmerzahl ist, desto gröber sollten die zu erreichenden Lernziele formuliert werden.

5.2 Trainingsgestaltung

Vor Beginn eines Trainings ist es wichtig, eine Struktur festzulegen. Jeder Auftrag ist jedoch unterschiedlich, sodass auch jedes Training individuell den aktuellen Bedürfnissen der Teilnehmenden angepasst werden muss.

Dabei erfolgt die **Trainingsgestaltung immer in Bezug auf das eigentliche Trainingsziel.** Ihre zentralen Fragen, auf die Sie in diesem Prozess Antworten finden sollten, sind:

- Was soll sich im Rahmen des Trainings bei den Teilnehmenden verändern / entwickeln?
- Wie lässt sich dies erreichen?

Gerne stellen wir Ihnen nun einige für uns wichtige Methoden für die Strukturierung von Trainings vor (vgl. Kauffeld, 2010), die sich in unserem Arbeitsalltag als Trainingsinstitut bewährt haben.

5.2.1 Advanced Organizers

Besonders wichtig ist es, **am Anfang eines Trainings einen Überblick über den gesamten Lerninhalt zu geben.** Dies geschieht anhand von sogenannten Advanced Organizers. Das können zum Beispiel Gliederungen, Überblick-Diagramme etc. sein. Diese ermöglichen es dem Trainingsteilnehmer, sich einen Überblick zu verschaffen, geben ihm eine Struktur für das Training, und er kann im Training immer wieder an die Lerninhalte anknüpfen und diese miteinander verbinden.

Sicherlich haben auch Sie bereits festgestellt, dass Teilnehmer eines Trainings eine gewisse Struktur benötigen, da der für sie oftmals ungewohnte Rahmen häufig für Unsicherheit sorgt. Und unsichere Teilnehmer können sich nicht auf die gerade aktuellen Lerninhalte eines Lernabschnitts einlassen, da sie mit dem strukturellen Rahmen des Trainings beschäftigt sind und sich insgeheim vielleicht fragen „*Worauf läuft das Ganze hier eigentlich hinaus?*" Strukturgebende Elemente beugen zu großer Unsicherheit vor und stellen für viele Teilnehmer einen Bezugspunkt dar, der für sie ein Training erst sinn- und wertvoll macht. Diese Struktur kann in Form einer allgemeinen Übersicht erfolgen oder aber durch eine planmäßige Ordnung der einzelnen Trainingsinhalte.

5.2.2 Overlearning

Das Overlearning wird vor allem **bei Tätigkeiten angewendet, die in der Praxis nur selten geübt werden können.** Der Trainer geht den zu lernenden Stoff also so lange mit den Trainingsteilnehmern durch, bis diese ihn vollkommen verstanden haben und anwenden können. Die Maßnahme endet also nicht nach einer bestimmten Zeit, sondern erst, wenn die Teilnehmer den Lernstoff verinnerlicht haben. Bitte beachten Sie bei der Anwendung dieser Methode, dass ein gewisser zeitlicher Puffer vorhanden sein sollte, da der eine oder andere Teilnehmer für das Lernen der Inhalte etwas mehr Zeit benötigt.

5.2.3 Intervalltraining

Für die Strukturierung und Aufteilung des Unterrichtsstoffes auf ein Training bietet sich das Intervalltraining an. Im Gegensatz zum massierten Lernen, bei dem der gesamte Stoff auf einmal durchgenommen wird, wird beim Intervalltraining **das Unterrichtsmaterial auf mehrere Sitzungen aufgeteilt.** Diese Form des Lernens wurde in zahlreichen Studien immer wieder bestätigt. Wir wenden es vor allem bei Entwicklungsprogrammen an. Hier haben wir die Möglichkeit, zu Beginn eines neuen Moduls die bereits behandelten Inhalte noch einmal anzusprechen und mit den Praxiserfahrungen aus der Zeit zwischen den Modulen in Verbindung zu setzen.

5.2.4 Ganzheitliches Lernen

Das Konzept des ganzheitlichen Lernens bezieht sich auf die einzelnen, zu lernenden Aufgaben in einem Training. Hier hat sich gegenüber dem Konzept des „Part Learnings", bei dem das Material in separate Abschnitte unterteilt wird, das Konzept des „Whole Learnings" bewährt. **Vor allem bei sehr komplexen und stark strukturierten Aufgaben ist es von Vorteil, den Stoff hierzu als Ganzes zu präsentieren.** Dies bietet sich vor allem bei Teilnehmern mit einem hohen Ausmaß an kognitiven Fähigkeiten an.

Zwar wird diese Form des Lernens eher in den Kontexten angewandt, in denen es um die Vermittlung von umfangreichen Stoff- und Lerninhalten geht (z.B. in Fachhochschulen). Beispielsweise auch im Rahmen unserer Coachausbildung wird umfangreicher Lernstoff vermittelt, den es gilt, im Rahmen der acht Module in sinnvolle Einheiten zu strukturieren. Nur so lässt sich für die unterschiedlichen Coaching-Themen der künftigen Coachees der Ablauf der einzelnen Coaching-Werkzeuge lernen und anwenden.

Generell nutzen wir in unseren Entwicklungsprogrammen Overlearning, Intervalltraining und ganzheitliches Lernen als hilfreiche Trainingsstrukturen. So bauen die Teilnehmer unserer Maßnahmen nachhaltig ihre Fähigkeiten und Fertigkeiten aus und können sie in ihrem künftigen Arbeitsalltag situationsgerecht anwenden.

5.2.5 Üben

Nicht vernachlässigt werden sollte das Üben der vermittelten Inhalte bei einem Training. **Viele praktische Übungen erleichtern es dem Trainingsteilnehmer, die gelernten Inhalte anzuwenden** und hierbei eventuell aufkommende Fragen gleich zu besprechen. Vor allem motorische und mentale Fähigkeiten können durch Üben verfestigt werden.

In unseren Seminaren und Trainings vermitteln wir immer wieder allgemeine oder spezielle Gesprächsleitfäden, die dazu dienen, Gespräche zwischen Mitarbeitern oder zwischen Mitarbeiter und Führungskraft künftig erfolgreicher zu gestalten. Ein wichtiger Teil dieser Seminare ist auch das Üben dieser Gesprächsleitfäden. Dafür nutzen wir gerne praxisnahe Situationen der Teilnehmer, die in Übungen mit Rollenspielcharakter den Praxisrahmen darstellen. So können die theoretisch vermittelten Gesprächsleitfäden auf ihre Praxistauglichkeit geprüft und nach den Übungen eventuelle Schwierigkeiten besprochen werden.

5.2.6 Feedback

Besonders wichtig ist die regelmäßige Vergabe von Feedback an die Trainingsteilnehmer durch den Trainer und auch durch die anderen Trainingsteilnehmer. Nur durch spezifisch-korrektes und glaubwürdiges Feedback ist es den Trainingsteilnehmern möglich, nachzuvollziehen, was noch zu verbessern ist und was sie bisher für Lernfortschritte gemacht haben. **Hilfreich ist ein Feedback nach jeder Trainingseinheit.**

Dieser Punkt ist für uns einer der bedeutendsten Aspekte bei der Durchführung unserer Trainings. Die **kontinuierliche Verringerung des blinden Flecks in der Kommunikation unserer Trainingsteilnehmer** ist – gerade da wir in unseren Trainings meist mit Fach- und Führungskräften zusammenarbeiten – eines der wichtigsten impliziten Lernziele. Arbeitnehmer können sich aus unserer Sicht den raschen Veränderungen und Entwicklungen am Arbeitsmarkt viel leichter erfolgreich anpassen, wenn sie sich und damit auch ihre Stärken und Schwächen in der Kommunikation sehr gut kennen.

Deutlich wird dies oft in unseren Präsentationtrainings. Im Rahmen dieser Trainings legen wir viel Wert auf ein detailliertes Videofeedback zu den einzelnen Präsentationssequenzen der Teilnehmer. Dabei sind nicht nur wir Trainer als Feedback-Geber gefragt, sondern auch die anderen Teilnehmer, die in diesen Situationen hilfreiche Rückmeldung zu ihrer Wahrnehmung der Präsentation geben können. Gerne verteilen wir dann Feedback-Aufträge, die dafür sorgen, dass sich jeder Teilnehmer auf einen Aspekt des Wahrgenommenen konzentrieren kann. So kann dies die Mimik, die Rhetorik, die Intonation oder die Körpersprache des Präsentierenden sein. Nach jeder Präsentationseinheit wechseln dann die Feedback-Aufträge. Dieses Vorgehen sorgt durch die Abwechslung auch für eine höhere Konzentration bei den Teilnehmern.

Darüber hinaus kann die Art und Weise, wie das Feedback gegeben wird, unterschiedlich gestaltet werden. Was halten Sie von einem gezeichneten Bild als Feedback zu einer Präsentation? Oder einer aussagekräftigen Metapher sowie Pantomime, in die das Feedback eingebettet ist? Entwickeln Sie zum Thema Feedback neue, bunte Varianten, die die Kreativität der Teilnehmer ansprechen und den Feedback-Nehmer das Feedback auf vielen verschiedenen Ebenen erfahren lassen. So bleibt das „Gesagte" viel nachhaltiger präsent, die Verhaltensänderung kann leichter umgesetzt werden.

5.2.7 Vestibule Training

Unter dem Vestibule Training wird die **künstliche Simulation einer realen Arbeitssituation** und das damit verbundene Training in dieser Situation verstanden. Bei Verhandlungstrainings zum Beispiel bietet es sich an, Rollenspiele und zum Teil auch komplexe Fallszenarien zu entwerfen, die in einem für die Teilnehmer vertrauten Produkt- und Kundenumfeld angelegt sind. Auch sollten die Themen und besonderen Herausforderungen der Fälle an den „harten Nüssen" der Realität orientiert sein.

Kalkulieren Sie für die **Konstruktion von firmenspezifischen Rollenspielen und Fallszenarien** mindestens genau so viel Zeit ein, wie für die Entwicklung der Inhalte und des Trainerleitfadens. Und prüfen Sie sich genau: Nicht jeder Trainer ist in der Lage, solche Materialien tatsächlich so aufzusetzen, dass die Teilnehmer zum einen mit der Aufgabe gut arbeiten können und diese zum anderen auch ihren methodisch-didaktischen Zweck erfüllt!

5.2.8 E-Learning

Eine relativ neue Möglichkeit der Trainingsgestaltung ist das E-Learning. Hierunter versteht man die **Unterstützung des Lernens durch elektronische Informations- und Kommunikationstechnologien.**

Man unterscheidet beim E-Learning zwischen **Computer-based-** und **Web-based Training.** Beim Computer-based Training wird auf dem Computer eine Lernsoftware installiert, mit der dann gearbeitet wird. Das Web-based Training hingegen spielt sich komplett im Internet ab, indem dort auf die jeweiligen Inhalte der Software zugegriffen werden kann. Dies hat viele Vorteile, zum Beispiel die erleichterte Kommunikation zwischen den Teilnehmenden per Chat und eine schnellere Aktualisierung der Inhalte (Kauffeld, 2010).

Beim Web-based Training kann zudem noch zwischen synchronem und asynchronem Training unterschieden werden, wobei der Teilnehmer beim synchronen Training gleichzeitig mit anderen Teilnehmern kommunizieren und sich so austauschen kann. Ein Beispiel für ein synchrones Training wäre eine Webkonferenz.

Beim asynchronen Training kann sich nur indirekt ausgetauscht werden, zum Beispiel über Online-Foren, in denen man einen Beitrag verfassen und so für alle anderen sichtbar machen kann. Hier ist also keine Interaktion wie beim synchronen Training möglich.

Bevor Sie als Trainer einem Unternehmen oder als Inhouse-Trainer in Ihrem Unternehmen E-Learning etablieren, ist es empfehlenswert, eine Analyse der Rahmenbedingungen mit anschließender Kosten-Nutzen-Analyse durchzuführen.

Checkliste: Etablierung von E-Learning-Maßnahmen

Anforderungen:

- Angebot/Inhalte
- Auswahl der Inhalte
- Aktualisierungsintervalle
- Vorteile des E-Learnings gegenüber herkömmlichen Lernmethoden

Vorhandene Angebote

- Übersicht bereits existierender E-Learning Produkte
- Auswahl bereits existierender E-Learning Produkte
- Mögliche Anpassung an Unternehmensbedürfnisse

Technik

- Vorhandene Technik
- Fehlende Technik
- Serverkapazität

Trainerkapazität im Unternehmen

- Kenntnisse der Trainer
- Freie Trainerkapazität
- Fehlende Trainerkompetenzen

Kosten-Nutzen-Gegenüberstellung:

- Kosten E-Learning
- Kosten herkömmliches Seminar
- Kosten für Implementierung (Technik, Inhalte, Trainer)

Weitere Informationen zu den verschiedenen Methoden des E-Learnings erhalten Sie in Kapitel 5.4, Medien und Methodenauswahl.

Unterstützung bei der Etablierung von E-Learning-Maßnahmen

„Ach du Schreck, ich bin doch kein Internet-Profi!“ denkt sich vielleicht jetzt der eine oder die andere von Ihnen. Aber seien Sie beruhigt. Zum Glück gibt es mittlerweile Anbieter im Internet, die Software entwickelt haben, mit der Sie ganz individuell und mit relativ wenig Aufwand Online-Seminare entwickeln können.

Unter anderem werden auf der Website www.gotomeeting.com verschiedene technische Lösungen angeboten, anhand derer Sie ihr eigenes Format kreieren können. Die drei Produkte „GoToMeeting“, „GoToWebinar“ und „GoToTraining“ decken von einer Conferencing-Software bis hin zu einer spezifischen Training-Software schon einen Großteil der relevanten Funktionalitäten ab. Gerne stellen wir Ihnen hier die Vorteile von Software-Programmen wie „GoToTraining“ vor, damit Sie nachvollziehen können, wie sich durch eine solche Technologie künftig möglicherweise ein Teil Ihrer Arbeit verändern kann. Sie werden überrascht sein, was onlinebasierte Systeme inzwischen leisten können!

Die Konzeption eines solchen computerbasierten Trainings läuft ähnlich ab, wie die außerhalb der virtuellen Welt. Und natürlich müssen auch hier die Lern- und

Lehr-Theorien beachtet werden. Das Programm ist eine Trainingsplattform, die von Ihnen gestaltet, verändert und genutzt wird. Natürlich beginnen wir auch hier mit der Betrachtung des Trainingsbedarfs. Aber schon bei der Teilnehmeranalyse werden Sie feststellen, dass das Programm Ihnen so einige Arbeit abnimmt.

Da vor dem Training ein Fragebogen direkt online an die Teilnehmer versendet werden kann, können Sie die Ergebnisse direkt online abrufen und erhalten diese teilweise bereits ausgewertet zurück. Diese Befragung kann nach Anmeldung aller Teilnehmer oder direkt beim Anmeldungsvorgang durchgeführt werden. Auch hier haben Sie den Vorteil, dass das Programm direkt den Namen und weitere von Ihnen festgelegte Aspekte der Teilnehmer erfasst. Wenn sich also ein Teilnehmer für das Training entschieden hat, folgt er nur dem Internet-Link, gibt seine benötigten persönlichen Daten an und ist registriert.

Alle Materialien können Sie in einem gesonderten Trainer-Ordner abspeichern. Hier können auch Materialien für spätere Trainingssequenzen abgelegt werden. Zum Beispiel lassen sich nicht nur Videolinks an die Teilnehmer versenden, sondern auch Videos direkt in dem Trainerordner hochladen und an die entsprechenden Teilnehmer versenden. Sehr hilfreich für die Vorbereitung sind auch Arbeitspapiere, die von den Teilnehmern zur Einstimmung auf das Training ausgefüllt werden. Die Resultate liegen dem Trainer dann schon vor dem Training vor. Da alle Dokumente digital vorliegen, kann im Training einfach auf die entsprechenden Dateien zurückgegriffen werden. Die E-Mail-Funktion erleichtert uns zusätzlich das Versenden der Follow-up-Materialien.

Sie können das Training im Vorfeld außerdem zeitlich planen und verschiedene Instrumente und Sequenzen kreieren. Mögliche individuelle Bestandteile sind:

- Eisbrecher für die Einführung in das Training
- Medien- und Methodenauswahl in individueller Kombination
- Diskussion entweder per Mikrofon oder per Chat
- Die Einführung unerfahrener Teilnehmer durch auditive Anleitung oder das Eingreifen auf den Desktop des Teilnehmers durch den Trainer selbst oder andere Teilnehmer
- Übungen und Anwendungen
- Interaktive Trainingssequenzen im Chat, über Tests, Umfragen und ähnliches
- Lernzielabfragen ebenfalls durch einen Test, Wissensabfragen per Formular oder im Chat
- Zertifizierung unterstützt durch Ein- und Ausgangstest, Erfassung der Teilnehmerbeteiligung durch das System und Testergebnisse

Um den Lernprozess in einem E-Training voranzutreiben, können Sie einen Vortrag oder das Gespräch eines Gastdozenten organisieren, an den die Teilnehmer dann wieder auditiv oder im Chat Fragen richten können. Auch Manager aus den Unternehmen der Teilnehmer können Sie so zu passenden Sequenzen hinzuschalten.

Daneben können Sie Methoden wie vorstrukturierte und verfasste Rollenspiele und Online-Gaming-Lösungen einsetzen und auch entsprechend Ihren Lernzielen anpassen.

Die im System verfügbaren Tests haben den Vorteil, dass zumindest Fragebögen mit geschlossenen Fragen zeitlich begrenzt werden können, die Auswertung sofort vorliegt und mit dem Teilnehmer besprochen werden kann. Die simple Gestaltung und Erstellung von Tests, Abfragen und Umfragen, ermöglicht es Ihnen, diese Methoden nicht nur zum Ein- und Ausgang des Seminars zu nutzen, sondern auch als Zwischenelement, als Überleitung und als Quiz, um die Aufmerksamkeit der Teilnehmer zu binden.

Wie der komfortable Einsatz von Fragebögen schon vermuten lässt, wird Ihnen auch bei der Evaluation einige Arbeit abgenommen. So können Sie selbst auswählen, ob Sie die Fragebögen direkt am Ende des Moduls oder erst zusammen mit den anderen Materialien in der Follow-up-Mail versenden möchten. Zwar sind die grundlegenden Fragen, die Ihnen zur Auswahl stehen, vorformuliert, allerdings können Sie auch abschließend eine offene Frage wählen, in der die Teilnehmer noch einmal genauer auf Ihre Kritikpunkte eingehen können.

Da das gesamte Training aufgezeichnet werden kann, haben Sie nach dem E-Training die Möglichkeit, eine Selbstanalyse durchzuführen. Unser Tipp: Nutzen Sie diese!

Dass das Programm sehr am Nutzer ausgelegt und entwickelt worden ist, lässt sich an den verschiedenen Tipps und Support-Seiten des Programms erkennen, in denen beispielsweise Ratschläge für die Erstellung von PowerPoint-Präsentationen und den Einsatz der eigenen Stimme zu finden sind. Auch wann und wie Sie Material am effektivsten für den Lernprozess einsetzen, wird hier angemerkt. Über Checklisten gehen Sie sicher, dass nichts in der Vorbereitung vergessen wurde. Die Beschreibung des Programms führt Sie unter anderem auch in die Verwendung von Mikrofonen und Telefonen ein und beschreibt das Moderieren von Diskussionen und Chats per Auswahlfenster.

Das Programm ist übersichtlich gestaltet, doch sollten Sie für eine sichere Handhabung mit dem System vertraut sein. Auch hier gilt: Je besser Sie vorbereitet sind, desto weniger Patzer können im Training passieren. Nutzen Sie die Vorteile des Online-Trainings und spielen Sie Ihr gesamtes Training einmal durch. Bitten Sie einen Kollegen oder Freund, als Teilnehmer an dem Probemodul teilzunehmen. Auch hier lässt sich die Aufzeichnungsfunktion nutzen.

Auf das E-Training selbst lassen sich die meisten Regeln wie „Handy ausschalten“ aus den herkömmlichen Seminaren übertragen. Ebenso empfehlen wir, klare Gesprächs- und Kommunikationsregeln zu vereinbaren.

Wahrscheinlich stellt nicht nur für Sie das Online-Seminar ein neues Umfeld dar. Daher ist es wichtig, auch Ihre Teilnehmer mit allen nötigen Informationen zum Ablauf zu versorgen und gegebenenfalls wieder per Eingriff auf deren Bildschirm weitere Hinweise zu geben.

Ein Nachtteil des Trainings im Online-Format ist und bleibt natürlich, dass wir die anderen Beteiligten nicht immer alle sehen und verstehen, was sie gerade tun. Darum bedarf es hier mehr Erklärung, warum beispielsweise gerade eine Pause stattfindet und ähnliches. Andererseits erinnert Sie das System über eine bestimmte Messskala, wie stark sich die einzelnen Teilnehmer beteiligen und verweist Sie so darauf, wann es Zeit wird, Teilnehmer wieder einmal „aufzuwecken".

Fazit E-Trainings

Sie können elektronische Trainingsformate einerseits als eigenes Programm nutzen oder als Zwischenstopp/Zwischenetappe eines herkömmlichen Trainings. Auch am Ende oder zur Verlängerung als Follow-up-Modul eines Trainings-Programms ist dieses Format hilfreich. Hier gibt es auch weitere Online-Anbieter, die verschiedene Programme zur Unterstützung des Trainings auf elektronischer Basis zur Verfügung stellen. Die systematische Teilnehmererfassung und die Evaluation von Maßnahmen über solche Programme nimmt Ihnen viel Arbeit ab.

Wir setzen solche Insturmente derzeit ausschließlich in Form des „Blended-Learnings" ein. Das heißt, wir kombinieren Präsenz-Seminare mit Online-Einheiten, zum Beispiel für eine Follow-up-Einheit. Sicherlich werden auch Sie einen Weg finden, solche modernen Instrumente in Ihr Leistungs-Portfolio zu integrieren.

5.3 Die Lernorte

Auch die Nähe zum Arbeitsplatz bei einem Training hat eine große Bedeutung. Ein Training kann innerhalb oder außerhalb der Arbeitszeit stattfinden. Eine weitere Möglichkeit ist eine Maßnahme, die in großer inhaltlicher oder räumlicher Nähe zum Arbeitsplatz steht.

Die drei unterschiedlichen Lernorte sollen im Folgenden vorgestellt werden.

Training-On-the-Job

Im Rahmen von On-the-Job-Maßnahmen haben wir in der Vergangenheit oft den Part übernommen, die Parteien mit ihren neuen Lernsituationen vertraut zu machen und gegebenenfalls Vorurteile gegenüber dem Partner abzubauen. So haben wir beispielsweise bei einem mittelständischen Unternehmen, welches das Thema Wissenssicherung umgesetzt hat, die Gruppe der bald in den Ruhestand gehenden Fachkräfte und die jungen Nachfolger mit kommunikativen Grundsätzen vertraut gemacht, die die Vorurteile gegenüber dem jeweils anderen abbauen halfen und das gegenseitige Verständnis erhöhten. Dabei haben wir die Zusammenarbeit am Arbeitsplatz immer wieder mit sogenannten **„Shadow"-Tagen** unterstützt. Wir sind stundenweise zu den Wissenspartnern an den Arbeitsplatz gekommen, haben sie bei ihrer Zusammenarbeit begleitet und ihnen Feedback gegeben. Weiterhin fanden im Rahmen dieses Projekts regelmäßige strukturierte Gruppencoaching-Situationen statt, während derer der Fortgang der Wissenssicherung reflektiert und analysiert wurde.

Training-Off-the-Job

Training-Off-the-Job bezieht sich auf die Vermittlung von Inhalten außerhalb des Arbeitsplatzes und der damit verknüpften Arbeitsinhalte. Vor allem Fort- und Weiterbildungen sind eine Form des Training-Off-the-Job. Es geht hier vor allem um die Vermittlung neuer Lerninhalte.

Für uns spiegelt sich diese Vorgehensweise beispielsweise bei der Durchführung unseres LSP-Leadership-Programm® wieder. Die jungen und auch die etablierten Führungskräfte, die an diesem Programm teilnehmen, erhalten von uns in den unterschiedlichen Modulen Wissen zu den verschiedenen Facetten des Themas „Führen". Dabei kann gerade bei den jüngeren oder angehenden Führungskräften nicht jeder Lerninhalt sofort in die Praxis umgesetzt werden. Doch das Wissen um bestimmte Zusammenhänge lässt diese Teilnehmer sicher und gelassen in ihre jeweilige Führungszukunft blicken und hilft ihnen, sich bereits jetzt für ihre künftigen Aufgaben zu qualifizieren.

Training-Near-the-Job

Eine Art Kompromiss aus den beiden vorherigen Trainingsvarianten stellt das Training-Near-the-Job dar. Das Training findet zwar nicht während der eigentlichen Arbeitszeit statt, wie das Training-On-the-Job, aber es steht in großer inhaltlicher Nähe zum Arbeitsplatz, da auf konkrete Probleme oder Fragestellungen der Arbeitsaufgaben eingegangen wird.

Auch hier wieder ein – wie wir finden – schönes Beispiel aus unserer Trainingspraxis: Ein Unternehmen, dass sich in einem intensiven Veränderungsprozess befand, hatte uns gebeten, einen Ansatz zu finden, wie in den einzelnen Unternehmensbereichen dieser Change-Prozess erfolgreich umgesetzt sowie die Kommunikation über die einzelnen Bereiche hinweg zielgerichtet durchgeführt werden konnte. Dabei sollte bei den Mitarbeitern der unterschiedlichen Hierarchieebenen Vertrauen geschaffen werden, diesen Prozess erfolgreich abzuschließen.

Wir empfahlen dem Unternehmen, in dieser Situation eine Gruppe von Change-Begleitern zu qualifizieren, die aus Mitarbeitern der verschiedenen Bereiche bestand, und verschiedene Hierarchieebenen abdeckte. Diese Gruppe erhielt eine Qualifizierung zum Change-Begleiter, um die anstehenden Arbeiten für das erfolgreiche Durchlaufen des Change-Prozesses zu unterstützen. Nach dieser Qualifizierungseinheit von vier mal zwei Tagen traf sich die Gruppe in regelmäßigen Abständen, um sich über die Entwicklungen in ihren jeweiligen Bereichen auszutauschen und über weitere Maßnahmen nachzudenken. Diese erst alle zwei, dann alle drei bis vier Monate stattfindenden Meetings wurden von uns moderiert. Das Ergebnis eines jeden Meetings war eine Maßnahmenübersicht für den Zeitraum bis zum nächsten Meeting sowie die Festlegung einer für die Umsetzung der jeweiligen Maßnahme verantwortlichen Person. Auf diese Weise erhielt der Change-Prozess des Unternehmens eine Struktur, die – unabhängig von der Unternehmensleitung – für eine kontinuierliche Entwicklung des Prozesses sorgte und den jeweiligen Status sowie den Fortschritt in den einzelnen Bereichen aufdeckte.

5.4 Die passende Methoden- und Medienauswahl

Um ein Training interessant und abwechslungsreich zu gestalten, gilt es, neben den passenden Methoden auch die geeigneten Medien auszuwählen. Doch was bedeutet eigentlich „geeignet"? Für uns ist es hier wichtig, den Blick des Trainers auf seine Teilnehmer zu schärfen und zu erkennen, welche Methoden und Medien deren Lernerfolg bestmöglichst befördern können.

Dabei ist es für Trainer vor allem hilfreich, auf die unterschiedlichen Lerntypen zu achten, für diese passend den Trainingsstoff zu vermitteln und auf diese Weise die gesteckten Lernziele zu erreichen.

So haben wir es im Rahmen unserer Tätigkeit als Dozenten an einer privaten Hochschule in Hamburg auch mit jungen Medienbetriebswirten zu tun. Diese Studenten haben einen ganz anderen Lernrhythmus und Aufmerksamkeitsmodus als andere Teilnehmergruppen. Wir haben hier die höchste Aufmerksamkeit und somit den größten Lernerfolg, wenn wir mit vielen visuellen Medien (Youtube-Videos, Audio-Elemente etc.) und interaktiven Methoden (Lern-Stationen, Rollenspiele etc.) den Lerninhalt überraschend vermitteln.

Anders sieht es da bei Führungskräfteprogrammen für Unternehmen aus, deren Teilnehmer mehr oder weniger zum ersten Mal an einer Weiterbildung teilnehmen und im Durchschnitt um die 50 Jahre alt sind. Arbeiten wir bei dieser Klientel mit zu viel Medieneinsatz, haben wir die Erfahrung gemacht, dass das Gefühl entsteht, nicht ausreichend Lernstoff vermittelt bekommen zu haben. Hier ist die Form der Schulung am weitesten verbreitet. Der Trainer stellt also die Lerninhalte vor und unterlegt diese vielleicht mit kleinen Praxisbeispielen und nutzt außer PowerPoint oder dem Flipchart vielleicht noch ab und zu ein anderes Medium.

5.4.1 Drei grundlegende Lerntypen

Es gibt unterschiedliche Einteilungen in Lerntypen, die sich an den bevorzugten Lernformen orientieren oder an den bevorzugten Sinnen, über die Lernstoff aufgenommen wird.

Wir empfehlen hier die Differenzierung von drei grundlegenden Lerntypen:

Der visuelle Lerntyp

Dem visuellen Lerntyp fällt es leicht, sich Inhalte zu merken, wenn er diese in grafischer bzw. bildlicher Form präsentiert bekommt. **Er lernt durch das Lesen von Informationen und das Beobachten von Handlungsabläufen.** Vertreter des visuellen Lerntyps haben eine hohe Konzentrationsfähigkeit und planen gerne. Sie zeigen außerdem eine hohe Aufnahmebereitschaft und sind meist sehr gut organisiert. Alles hat bei ihnen einen bestimmten Ort, da sie sich gerne ein Bild von ihrer Umgebung machen und über entsprechend im Gehirn gespeicherte Bilder ihr Wissen abrufen. Das führt dazu, dass dieser Lerntyp für eine gute Lernatmosphäre eine anschauliche Struktur und Organisation benötigt. Diese Lerntypen treffen Sie im Training unter den Teilnehmern an, die sich eher auf die Position des Zuschauens und Beobachtens zurückziehen.

Identifikation des Lerntyps im Training: Vielfach lässt die Art und Weise der Sprache auf einen bestimmten Lerntyp schließen. So hat der visuelle Lerntyp den „Durchblick", wenn er etwas verstanden hat und findet Erklärungen „einleuchtend". Wenn nicht, muss er den Stoff noch einmal näher „betrachten".

Hilfreiche Methoden: Visuell orientierte Teilnehmer aktivieren Sie, indem Sie Lehrvorträge mit Gesten und Zeichnungen veranschaulichen, für ein ansprechendes Lernumfeld mit Übungen sorgen, sowie Metaphern und Gedankenreisen einsetzen, die die Lerninhalte in Bildern darstellen.

Tipp: Geben Sie im Rahmen Ihrer Vorbereitung einfach einmal zentrale Begriffe in eine Bildsuchmaschine ein (z.B. die Bildsuche bei www.google.de) und überlegen Sie, welche der mannigfaltigen „Bildideen" Sie gegebenenfalls weiterverfolgen möchten.

Hilfreiche Medien für diesen Lerntypen: Bilder, Filme, Flipcharts, Lernlandkarten, Diagramme, Handouts

Der auditive Lerntyp

Dieser Lerntyp nimmt den Lernstoff am besten über sein Gehör auf. So sind für seinen Lernerfolg **mündliche Darstellungen und Erklärungen** von großer Bedeutung, und er kann solcherart vermittelte Inhalte gut verarbeiten. Personen, die diesem Lerntypen entsprechen, sind meist sehr gesellig, überaus kommunikationsfreudig und lieben Diskussionen in der Gruppe. Auffällig ist ebenfalls, dass sie den Stoff verbal verarbeiten, etwa in Gesprächen und Diskussionen. Es kann sogar sein, dass sie die Lippen beim Denken bewegen.

Identifikation des Lerntyps im Training: In der Kommunikation agieren Vertreter des auditiven Lerntyps eher dominant, sie unterbrechen andere oder möchten gerne das letzte Wort haben. Hin und wieder lassen sich in ihrem Sprechen rhythmische Muster erkennen. Außerdem zeigen sie oftmals ein besonderes Faible für Sprüche und Redewendungen. Seine Sprachverwendung kann auch über diesen Lerntyp Aufschluss geben: So hören sich für ihn Erklärungen „stimmig" an, er kann sich einen „Reim auf etwas machen" oder Informationen „klingen zutreffend".

Hilfreiche Methoden: Um diesen Lerntyp im Training zu fördern, greifen Sie auf Lehrformen wie Vorträge oder Diskussionen zurück. Geben Sie im Training auch Raum für das laute Sprechen von Texten bzw. bieten Sie das Lösen von mündlichen Aufgaben an. Der auditive Lerntyp speichert Informationen gerne nacheinander in der Reihenfolge ihres Auftretens ab. Gestalten Sie deshalb den Lernstoff übersichtlich und in einer eindeutigen Gliederung, nummerieren Aufgaben und Übungen und führen Sie schrittweise einer Lösung zu.

Tipp: Stellen Sie häufig Fragen zu den Lerninhalten. So binden Sie den Lernenden gut in die Trainingssituation ein und geben ihm die Gelegenheit, den neuen Lerninhalt sofort verbal zu verarbeiten.

Hilfreiche Medien für diesen Lerntyp: Lernkassetten/DVDs, Handouts und Flipcharts, die den Lernstoff in kleine Einheiten portionieren und die einzelnen Schritte oder Lektionen durchnummerieren.

Der kinästhetische Lerntyp

Der Kinästhet unter den Lerntypen verarbeitet neue Informationen am besten durch hautnahes Erleben und Spüren. Er erinnert sich ausgezeichnet an Informationen, die er durch Bewegung, Handeln und Fühlen aufgenommen hat. **So hat das eigenständige Tun eine zentrale Bedeutung** für diesen Lerntyp. Ihm reicht es nicht aus, sich allein durch Zusehen oder Zuhören Inhalte anzueignen. Er sollte im Training vielmehr immer wieder die Möglichkeit haben, sich zu bewegen oder den Lernstoff auch über passende Gesten und Mimik aufnehmen zu können.

Identifikation des Lerntyps im Training: Erklärungen „begreift" er, sie „fühlen" sich richtig an. Themen „erkundet" er und „erarbeitet" sie sich. So will dieser Lerntyp unmittelbar am Lernprozess beteiligt sein und durch das sogenannte „learning by doing" eigenständige Erfahrungen sammeln.

Hilfreiche Medien: Halten Sie ein vielfältiges Repertoire an didaktischen Mitteln, Requisiten, Symbolen, Zeichen und Farben und zum Lernstoff passenden Gegenständen bereit. Wie Sie den Beschreibungen der oben genannten Lerntypen entnehmen können, beeinflusst die Art und Weise der Wahrnehmung stark das individuelle Erinnern.

Tipp: Richten Sie Ihre Trainingskonzepte so aus, dass die Teilnehmer die Möglichkeit erhalten, die Trainingsinhalte buchstäblich mit allen Sinnen zu erleben. Dann erzielen Sie die besten Lernerfolge.

Hilfreiche Methoden: Lebendige Vorträge oder Gespräche motivieren diesen Lerntyp zum Mitdenken. Aber auch in das Training eingebettete Assoziationen,

Geschichten, Experimente und Rollenspiele/Improvisationen regen sein Lernen an.

Generell und für alle Lerntypen gilt:

Der Mensch behält von dem, was er
- **liest** 10 Prozent,
- **hört** 20 Prozent,
- **sieht** 30 Prozent,
- **sieht und hört** 70 Prozent,
- **selbst tut** 90 Prozent.

Je mehr Sinne wir also mit Informationen füttern, desto besser. Während dem einen Teilnehmer eine Darstellung auf dem Flip-Chart hilft (visueller Lerntyp), reicht dem anderen der Vortrag (auditiver Lerntyp). Der Dritte hingegen lernt am besten über das Fühlen (kinästhetischer Lerntyp), in dem er z.B. selbst etwas anschreibt.

Tipp: Behalten Sie mit einer Liste oder Ihrem Trainerleitfaden im Blick, welche Möglichkeiten der Methoden- und Mediennutzung Ihnen bei einem Training zur Verfügung stehen und welche Lerntypen Sie damit konkret „bedienen" können.

5.4.2 Gedanken zur Medienauswahl

Mit den drei Lerntypen „im Sinn", bieten wir Ihnen nun einen Überblick über die verschiedenen Arten von Medien.
- Dabei meinen wir mit **Medien** die auditiven, visuellen oder audiovisuellen Mittel, die als Unterstützung der Kommunikationsprozesse zwischen Trainer und Teilnehmer dienen (vgl. Kellner, 2007).
- Bei **Multimedia** hingegen kommen mehrere Mittel zum Einsatz. Das multimediale Programm läuft immer interaktiv ab.

Hilfreiche Medien aus dem E-Learning-Bereich im Überblick

Für die Trainer, für die sich der Bereich des E-Learnings noch nicht komplett erschlossen hat, bieten wir hier eine kleine Übersicht über die gängigen Medien.

Insgesamt lassen sich in Bezug auf die Lernsoftware, die für E-Learnings zur Verfügung steht, fünf verschiedene Typen unterscheiden, die hier kurz vorgestellt werden sollen (vgl. Kauffeld, 2010).
- Unter **Drill-and-Practice-Software** versteht man Programme, mit deren Hilfe man Wissen oder auch Fertigkeiten einüben kann. Hierbei geht es lediglich um das Üben durch Wiederholung. Ein Beispiel für ein Drill-and-Practice Programm wäre ein Vokabeltrainer. Häufig werden die Programme auch in Spielform dargeboten.

- **Tutorien** sind so gestaltet, dass sie den Nutzer Schritt für Schritt durch das Training führen. Hierbei können unterschiedliche Arten der Präsentation genutzt werden, wie Grafiken, Texte etc. Es gibt unterschiedliche Einheiten, nach denen jeweils eine kurze Überprüfung des Wissens stattfindet. Teilweise können Tutorien auch so konzipiert sein, dass sie sich genau nach dem Fortschritt und Interesse des Nutzers richten, sogenannte „verzweigte Tutorien".
- Bei **Hypertext-** bzw. **Hypermedia-Anwendungen** handelt es sich um elektronische Lexika. Der Nutzer sucht sich selbst die für ihn interessanten Themen heraus und findet immer wieder Querverweise zu anderen verwandten Begriffen. Bei Hypermedia-Anwendungen gibt es zusätzlich zum Text auch noch Ton- und Bildsequenzen.
- In **Simulationen** kann der Nutzer bestimmte Situationen aus der realen Welt in simulierten Szenarien nachspielen. Das Programm wiederum reagiert auf die Eingaben bzw. Reaktionen des Nutzers.
- Das **Game-based-Learning** versucht dem Nutzer bestimmte Themen anhand von Spielen näherzubringen. Gute Programme sind so konzipiert, dass der Nutzer über dem Spielen vollkommen die Zeit vergisst und ganz in das Spielszenario eintaucht. Dieses Phänomen trägt zum Lernfortschritt bei, da eine Ermüdung nicht so schnell einsetzt und der Nutzer mit Spaß neues Wissen erwirbt.

Blended Learning ist eine Verknüpfung aus der Form des E-Learnings und traditionellen Präsenzveranstaltungen. Die Teilnehmer bearbeiten die Trainingsinhalte mithilfe eines Programms und haben trotzdem die Möglichkeit, sich bei Präsenzveranstaltungen auszutauschen. Diese **Kombination aus E-Learning und Präsenzveranstaltungen** ermöglicht den Teilnehmern einen abwechslungsreichen und interaktiven Lernprozess.

Es gibt verschiedene Möglichkeiten, die vielen unterschiedlichen Medien, die einem Trainer zur Verfügung stehen, in Kategorien einzuteilen. Wählen Sie Ihre Medien nach folgenden Maßgaben:

Die Nähe zur (Arbeits-)Wirklichkeit Ihrer Teilnehmer

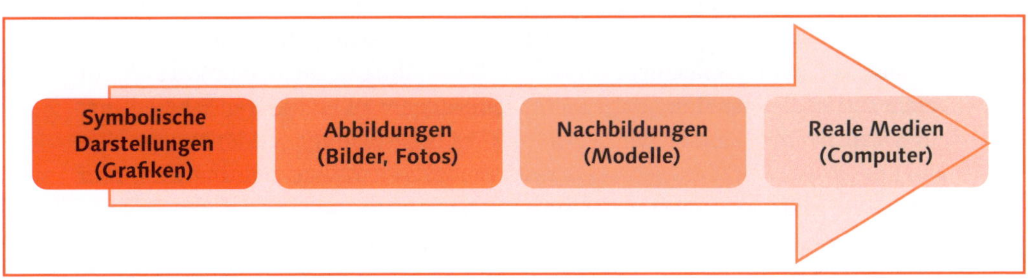

Funktion im Training

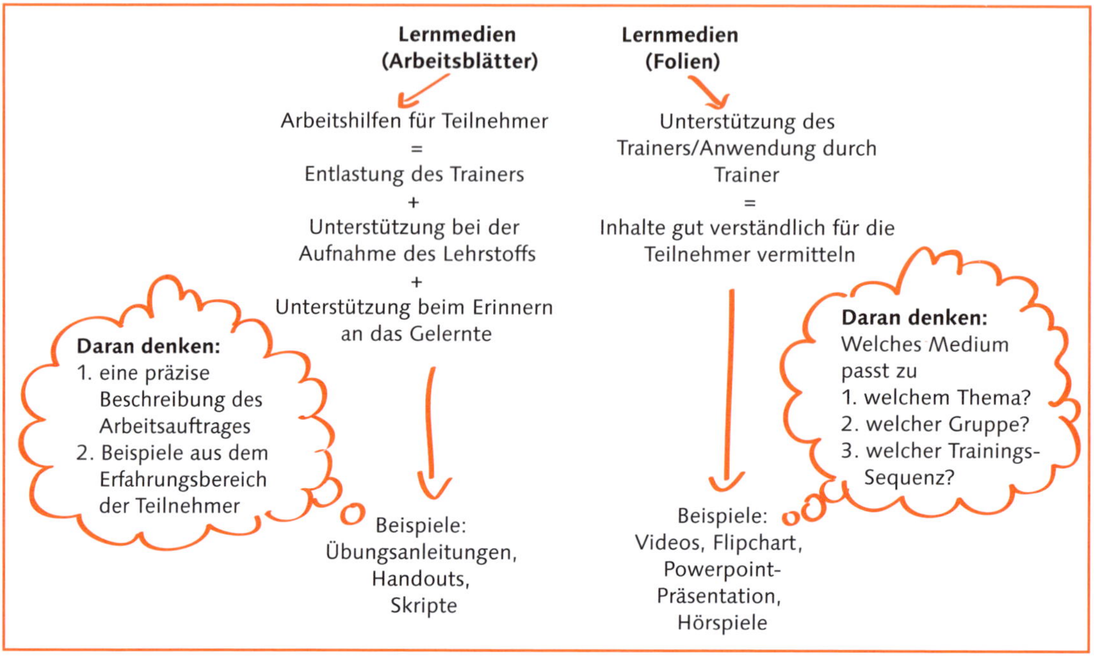

Auch hier gilt für uns: Der Mix macht's! Arbeiten Sie mit einer für Ihr Training passenden Vielfalt an Medien im Training und achten Sie darauf, nicht des guten zu viel dabei zu haben.

5.4.3 Gedanken zur Methodenauswahl

Wie genau wir Inhalte in den verschiedenen Schritten darstellen, vermitteln, gemeinsam oder einzeln erarbeiten, hängt nicht nur von Thema, Lernziel und den gegebenen Raum- und Zeitvorgaben ab, sondern ist oft auch eine Frage der Präferenz des Trainers oder des Klienten.

Da das Gewohnte so viel einfacher erscheint und uns Sicherheit gibt, laufen wir Gefahr, über die Jahre nur wenige verschiedene Methoden anzuwenden und verlieren die Vielfalt der Möglichkeiten aus dem Blick. Um dem vorzubeugen oder sich die Auswahl an Methoden noch einmal ins Gedächtnis zu rufen, lohnt es sich, ein wenig Zeit in die Erstellung einer Methodenübersicht zu investieren. Ist diese erst einmal vorhanden, können wir sie bei jeder Trainingsplanung wieder hervorholen und uns ganz genau überlegen, welche Methode das jeweilige Training am besten unterstützt und zum Trainingsziel führt.

Die gängigsten Methoden

- Direct Teaching / Lehrgespräch
- Gespräch in Form von Trainer-Abfrage und Gruppen-Zuruf
- Diskussion in der ganzen Gruppe
- Einzelarbeit
- Partnerarbeit/-interview
- Verschiedene Gruppenkonstellationen
- Rollenspiele
- Erfahrungsmethode

Der Lernerfolg steigert sich mit zunehmender Integration der Teilnehmer. Dementsprechend ist er zunächst, beispielsweise beim Direct Teaching, relativ gering. Gibt der Teilnehmer jedoch das Gelernte in der Gruppenarbeit weiter oder reflektiert es in der Diskussion, steigert sich der Lernerfolg. **Die höchste Lernausbeute wird bei der Anwendung im Praxisbezug erzielt.**

Tipp: Da sich die Teilnehmer gerade im Rahmen aktivierender und lernfördernder Methoden immer aus ihrer Komfortzone herausbewegen müssen und oft zurückschrecken, je mehr sie hier jeweils integriert werden, ist es wichtig, eine Atmosphäre des Vertrauens zu schaffen!

Das vermittelt Ihren Teilnehmern Sicherheit:

- Bei der Anleitung beispielsweise eines Rollenspiels einen zum Umfeld der Teilnehmer passenden Begriff verwenden.
- Eine genaue Anweisung bieten (mündlich und schriftlich), was konkret bei einer Übung von den Teilnehmern erwartet wird.
- Bei Video-Feedback darauf achten, dass keiner der Teilnehmer bloßgestellt wird. Also nicht: *„Was war schlecht?“*, sondern: *„Mein Tipp für die Zukunft ist ...“*

Welche Methode nun die Richtige ist, hängt also von vielen Faktoren ab, es hat sich jedoch gezeigt, dass gerade der Methoden-Mix die Konzentration der Teilnehmer unterstützt und Langeweile gar nicht erst aufkommen lässt. Weitere Methoden-Ideen finden Sie in dem Buch *„Erfolgreich Trainings und Seminare gestalten“* (Nowotny und Tantau, 2012).

5.4.4 Lernstrategien bewusst machen

Innerhalb der unterschiedlichen Methoden können verschiedene Lernstrategien angewandt und verfolgt werden (vgl. Kellner, 2007). Dabei unterscheiden wir folgende Lernstrategien:

Lernstrategien

Informations-vermittlung	Inhalte und Informationen werden den Teilnehmern dargestellt und mit ihnen behandelt, bis sie den Inhalt nachvollzogen und verstanden haben.
förderung	Die Teilnehmer erhalten Hilfestellung und Anstöße bei der Ideensammlung, und es werden gemeinsam Lösungen entwickelt.
Kreativitäts-Modell-Lernen	Zielsituation oder -verhalten werden vorgeführt oder beschrieben und von den Teilnehmern kopiert. Dann wird solange geübt, bis sie fest im Verhaltensrepertoire der Teilnehmer verankert, also zu gewohnten Handlungen geworden sind.
Prozesslernen	Gemeinsam mit den Teilnehmern werden Strukturen der Unternehmensrealität identifiziert und mit zuvor angeeigneten Konzepten verknüpft. Dabei lernen die Teilnehmer, Zusammenhänge und zentrale Prozesse selbstständig zu erfassen und die daraus erwachsenen Erkenntnisse für ihr eigenes Handeln zu nutzen.
Problem-erarbeitung	Problemsituationen werden erfasst und mit den Teilnehmern genauer analysiert. Auf dieser Grundlage können nun Ideen für Lösungen gesammelt und ausgearbeitet werden.

Im Training zu den Grundlagen der Kommunikation beispielsweise wenden wir diese Lernstrategien an verschiedenen Stellen in Kombination mit unterschiedlichen Trainingsmethoden an.

Um das Modell „Die vier Seiten einer Nachricht“ nach Schulz von Thun darzustellen, sollen zunächst die entsprechenden Informationen vermittelt werden und das Direct Teaching kommt zum Tragen.

Im Rahmen des gemeinsamen Sammelns von Ideen für Antworten in Beispielsituationen wenden wir für die Diskussion in der Gruppe die Kreativitätsförderung an.

Das Lernen am Modell wird häufig durch den Trainer selbst ermöglicht, wenn dieser sich als Vorbild verhält und sehr differenziert auf Fragen antwortet und dabei bewusst Missverständnisse verhindert.

In wirklichkeitsnahen Rollenspiel-Übungen können die gelernten Inhalte noch einmal stärker mit der beruflichen Wirklichkeit verknüpft werden. Hier findet dann Prozesslernen statt, und zentrale Abläufe und Vorgehensweisen werden verinnerlicht.

Bespricht man aktuell vorliegende Kommunikationsprobleme in einer Gruppenarbeit und entwickelt in der Folge neue Lösungen, findet eine Problemerarbeitung statt.

Die Lernstrategien werden im Rahmen der unterschiedlichsten Trainingsmethoden wirksam. Es ist bei der Methodenauswahl sinnvoll, sich zu vergegenwärtigen, welche Lernstrategie wie wirkt und wie sie sich innerhalb der gewählten Methode gewissermaßen „entfalten“ kann.

5.4.5 Lernerfolg durch guten Einstieg und Wiederholungen

Haben Sie den passenden Methoden-Medien-Mix zusammengestellt, sollten Sie in der Feinkonzeption jeder Sequenz auch den richtigen Einstieg vorbereiten. Damit stellen Sie sicher, dass Ihnen jeder Teilnehmer folgt und den Sinn der jeweiligen Sequenz für das Training verstanden hat.

Der ideale Einstieg gibt den Teilnehmern Antwort auf das Warum, Was, Wie und Wozu einer Sequenz. Wir verdeutlichen also den Sinn der Sequenz, beschreiben die Inhalte und die Methoden und erläutern, welche Möglichkeiten sich damit für den Teilnehmer ergeben. Dies ist ein wichtiger Vorbereitungsaspekt, weil die Teilnehmer vor jeder Sequenz einen neuen Motivationsschub brauchen.

5.5 Eingangstests der Startvoraussetzungen

In der Trainingspraxis interessiert Sie als Trainer vor allem das „Wissen, Wollen und Können“ Ihrer Teilnehmenden (vgl. Kellner, 2007). Was bedeutet dies nun eigentlich in Bezug auf die zugegebenermaßen abstrakten Konzepte „Qualifikation“ und „Kompetenz“?

Wichtig ist hier zunächst die Abgrenzung der Begriffe Qualifikation und Kompetenz voneinander. Während die Qualifikation eine eher formal zu verstehende Größe ist, die klassisch an der Universität oder in der beruflichen Ausbildung erworben wird, können Kompetenzen auch jederzeit außerhalb der klassischen Berufsbildung, wie zum Beispiel in der beruflichen Sozialisation, erworben werden. Die Betrachtung von Kompetenzen hat in den vergangenen Jahren einen deutlichen Bedeutungszuwachs erfahren, da sich diese leichter durch Maßnahmen der betrieblichen Bildung beeinflussen lassen und erfolgsrelevanter sind als so manche „Formalqualifikation“.

Die Literatur liefert eine Reihe von unterschiedlichen Systematisierungen von Kompetenzen, so zum Beispiel die Unterscheidung von „Kern- oder Schlüsselkompetenzen“ sowie die Differenzierung von „Allgemeinkompetenzen“ zum einen und „Spezialkompetenzen“ zum anderen. Die meisten gängigen Instrumente verzichten dabei auf die Erfassung von Spezialkompetenzen und fokussieren auf die Allgemeinkompetenzen.

Gerade die Spezialkompetenzen sind jedoch häufig entscheidend, da sie in Seminaren neben bestimmten allgemeinen Kompetenzfeldern (Teamfähigkeit, Ausdrucksfähigkeit etc.) für den späteren beruflichen Werdegang ausgebildet werden können. Wer etwa ein Verhandlungstraining absolviert, sollte später in der Lage sein, ganz konkrete Gesprächsstrategien zu verfolgen und nicht nur seine Formulierungsfähigkeit verbessern. *„Wenn Kompetenzen entwickelt werden sollen, genügt es nicht, einfach nur mit Annahmen und Einschätzungen zu arbeiten“* meint hierzu Kellner (2007) und schlägt daher eine systematische Erfassung der Startkompetenzen vor.

Die systematische Erfassung des Eingangsverhaltens bzw. des Vorwissens der Teilnehmer zum Trainingsthema hat nach unserer Beobachtung bei Trainern nur eine geringe oder gar keine Bedeutung und findet somit nur sehr selten statt. Dies wird vielfach durchaus damit erklärt, dass man im Training ja schließlich nicht in der Schule sei und der Trainierende sich hier auf seine Erfahrung und seine persönliche Einschätzung verlassen können sollte. Zudem sei ja gewährleistet, dass am Ende jeder „den Stoff“ beherrsche. Auch erscheint vielen Trainern dieser Eingangstest wenig praktikabel zu sein: *„Da habe ich ja nur noch mehr Arbeit!“* Wahrscheinlich sind dies jedoch häufig eher Ausreden, denn tatsächlich haben viele Trainer keine passende Vorstellung davon, wie sie das Erfassen der Ausgangsqualifikation in ihren Planungsprozess einbauen können und denken, dass sie hier eine Vielzahl von psychologischen Testinstrumenten zum Einsatz bringen müssten.

Im Bereich der Sprachtrainings ist man hier schon viel weiter. Ein Eingangstest der eigenen Sprachkenntnisse ist bei den etablierten Sprachschulen selbstverständlich. Und das auch völlig zu Recht – oder würden Sie als versierter „English speaker“ gerne mit Kollegen zusammen lernen, denen die Vokabeln für eine einfache Begrüßungssequenz fehlen?

Folgende Methoden und Instrumente bieten sich für die Erfassung der Startvoraussetzungen an:

5.5.1 Wissens-Fragebogen

Im Rahmen von Trainings zu Social Skills kann beispielsweise ermittelt werden, welche überprüfbaren Erfahrungen mit dem jeweiligen Thema bereits vorliegen. Der Erfahrungs- und Wissens-Fragebogen erhebt also etwa, an welchen Weiterbildungsmaßnahmen der Teilnehmer bereits teilgenommen hat, wie häufig er sich in realen Situationen im Arbeitsalltag befindet, die das Trainingsthema betreffen (z.B. Verhandlungs- und Gesprächsführung) und wie ausgeprägt sein Wissen zu entsprechenden zentralen Begriffen oder Konzepten ist.

Dies bietet zwar nur ein grobes Vehikel, da lediglich das Wissen zu dem jeweiligen Thema erfasst wird und nicht der Grad des Könnens. Doch gelingt es Ihnen, sich mit diesem Wissen passender auf die Teilnehmer im Training einzustellen.

Wenn Sie über ein einfaches Abtesten des Vorwissens und der Abfrage der Vorerfahrungen hinausgehen möchten, stehen Ihnen vor allem drei Instrumente zur Verfügung, die hier weiterhelfen können (vgl. Kellner, 2007):

5.5.2 Know-how-Interview

Im Know-how-Interview werden **Problematiken aus der täglichen Praxis** geschildert, die nur dann richtig behandelt werden können, wenn die Teilnehmenden auch über die erforderliche Praxiserfahrung verfügen. Alternativ können problematische Szenarien auch in Fragebögen beschrieben und dann schriftlich gelöst werden.

Wir empfehlen Ihnen, gerade für Social Skill-Trainings, einen Fragebogen, der sowohl anhand von Situationsbeschreibungen das konkrete handlungsrelevante Know-how der Teilnehmer abfragt als darüber hinaus auch die inhaltliche Auseinandersetzung mit dem Trainingsthema beinhaltet.

Interessant ist es übrigens, die eingangs gestellten Fragen nach zentralen Begriffen und Konzepten im Anschluss an das Training noch einmal zu stellen – und hier kommen wir dann auch schon gleich in den Bereich der Evaluation, ein Thema, welches uns in Kapitel 6 „Auswertung" noch näher beschäftigen wird.

5.5.3 Verhaltensbeobachtung

Die Verhaltensbeobachtung bedarf eines gut ausgearbeiteten Kategoriensystems und damit einer guten Vorbereitung. An diesen Kategorien orientieren Sie sich als Trainer, wenn Sie **das konkrete Verhalten der Teilnehmenden im Vorfeld der Maßnahme beobachten,** notieren und somit beschreibbar machen. Die Möglichkeit der Verhaltensbeobachtung ist gegeben, wenn Sie zum Beispiel im Rahmen einer Teamentwicklungsmaßnahme vor der eigentlichen Trainingseinheit einen „Schatten-Tag" im Unternehmen verbringen, also die Teilnehmer bei ihrer täglichen Arbeit begleiten.

Da diese Art des „Eingangstests" zeit- sowie kostenintensiv ist, wird er von Unternehmen eher selten angefragt, zumal er ja auch einen „Eingriff" ins tägliche Arbeiten darstellt. Allerdings, einmal durchgeführt, entpuppt sich diese Methode als „Turbo" unter den Eingangstests.

5.5.4 Praxissimulation

Bei der Praxissimulation handelt es sich um kurze Videosequenzen, die den Teilnehmenden einzeln vorgespielt werden und zu denen sie ihre individuelle Reaktion über Mikrofon oder per Maus eingeben können. Häufig werden Praxissimulationen genutzt, um zu sehen, ob Teilnehmer auch unter Zeitdruck erfolgreich Entscheidungen treffen können. Natürlich ist hier durch die Notwendigkeit, vorab entsprechende Videosequenzen zu konzipieren und zu produzieren, ein recht hoher Vorbereitungsaufwand gegeben. Die Ergebnisse einer solchen Praxissimulation können sich jedoch sehen lassen!

Machen Sie hier doch einfach einmal den ersten Schritt und halten Sie, bezogen auf ein konkretes Trainingsprojekt, Ihre Ideen für die Erfassung der Eingangsvoraussetzungen fest:

- Meine wichtigsten Begriffe für den Wissens-Fragebogen
- Meine maßgebenden Konzepte für den Wissens-Fragebogen
- Meine Szenen für das Know-how-Interview
- Meine Kategorien für die Verhaltensbeobachtung
- Meine Ideen für die Praxissimulation

5.6 Follow-up-Support

Der Praxistransfer schlägt die Brücke zwischen dem Training und dem beruflichen Alltag. Soll das Training nachhaltig wirksam sein, müssen die Teilnehmer immer wieder an das Gelernte und Erkannte erinnert werden, um neue Verhaltensweisen und Strategien dauerhaft im Alltag verankern zu können. Design und Ausgestaltung eines kompletten Follow-up-Programms unterstützen diesen Prozess.

5.6.1 Grundlegende Gedanken zum Praxistransfer

Viele Unternehmen erwarten von den Trainern bzw. Seminaranbietern Checklisten und Methoden, die von den Teilnehmenden selbst angewandt werden können. Im Kern geht es darum, dass eine neue Situation mithilfe des im Training erworbenen Verhaltens oder der neu aufgebauten Kompetenzen erfolgreich bewältigt werden kann. Wie lässt sich also dieser Praxistransfer bestmöglich absichern?

Eine gute Bedarfserfassung (vgl. Kapitel 3) ist hierbei grundlegend. Darüber hinaus empfiehlt es sich, dem 80/20-Prinzip zu folgen. Achtzig Prozent der Zeit sollten für das eigentliche Training von Fertigkeiten und Fähigkeiten vorgesehen werden und nur zwanzig Prozent aus dem sogenannten „Trainer-Input" bestehen, also kurzen Vortragssequenzen, einem kurz und knackig erklärten Modell oder einem überzeugenden Video. Wird dieses Prinzip missachtet, so ist der Trainer fortwährend am Zug, die Teilnehmenden lehnen sich zurück, sind irgendwann gelangweilt und bauen keine neuen Kompetenzen auf!

Nur 20 Prozent der Zeit dienen dem Trainer-Input – 80 Prozent der Zeit dienen dem Erwerb von Fähigkeiten und Fertigkeiten!

Wenn es sich um einen ganz besonders gut motivierten Teilnehmerkreis handelt, kann die Informationsvermittlung auch komplett im Vorfeld erfolgen; mittels Büchern, CDs, Skripten oder Studienheften. Für den durchschnittlich im Training zu erwartenden Teilnehmer ist dieses Vorgehen jedoch in der Regel nicht geeignet, weil es viele Mitarbeiter in ihrer Selbstorganisation überfordert.

Sollte der Trainer davon ausgehen, dass die Teilnehmer die entsprechenden Medien vor dem Training bearbeitet haben, diese hierfür jedoch keine Zeit gefunden haben, sollte er dringend über einen Plan B verfügen, da es sonst zu einer wechselseitigen Frustration kommen kann (der Trainer ist enttäuscht, dass die Teilnehmer sich nicht vorbereitet haben, die Teilnehmer sind verunsichert, da sie den Trainererwartungen nicht entsprechen können), die den Erfolg des Trainings gefährdet.

5.6.2 Erfolgsfaktor „Selbstregulationskompetenz"

Um diesen Schwierigkeiten vorzubeugen, ist es wichtig, die Selbstregulationskompetenz der Teilnehmer passend einzuschätzen, also einzuschätzen, wie wahrscheinlich es ist, dass sich die Teilnehmer vor, zwischen und nach dem Training selbst organisieren und das zur Verfügung gestellte Material nutzen, um sich die Lerninhalte selbstständig zu erarbeiten.

Diese Selbstregulationskompetenz setzt mindestens sieben wichtige Teilkompetenzen voraus, über welche die Teilnehmer verfügen müssen, um erfolgreich selbstständig lernen zu können (vgl. Pickl, 2004):

- **Selbstbeobachtungskompetenz:** Welche Bedingungen müssen für mich erfüllt sein, damit ich selbstständig lerne?
- **Bedingungsanalysekompetenz:** Welches emotionale Umfeld brauche ich, damit ich selbstständig lerne?
- **Konditionales Strategiewissen:** Welche Lernsituation muss für mich gegeben sein, um selbstständig zu lernen?
- **Strategiehandlungskompetenz:** Welche Rahmenbedingungen muss ich aktiv gestalten, damit ich selbstständig lernen kann?
- **Bewertungskompetenz:** Welches Wissen ist für mich wichtig, damit ich selbstständig lerne?
- **Modifikationskompetenz:** Wie kann ich den Lerninhalt so aufbereiten, dass ich selbstständig lerne?
- **Zielsetzungskompetenz:** Was möchte ich mit dem neuen Wissen erreichen?

Wenn dem Training vorhergehende Gespräche mit dem Auftraggeber oder/und den Teilnehmern sowie ein Eingangstest vermuten lassen, dass die Selbstregulationskompetenz der Teilnehmer wenig ausgeprägt ist, empfehlen wir, sich nicht darauf zu verlassen, dass sie das Seminar entsprechend vorbereiten. Auch wenn dies für das eigentliche Training Zeit sparen könnte: Richten Sie Ihre Bemühungen lieber gleich zu Beginn des Seminars darauf aus, die Teilnehmer für den Transfer zu motivieren! Nur wenn Sie die Inhalte und Strategien zielgruppengerecht vermitteln und einüben, wird es gelingen, diese mit dem Vorwissen und den Erwartungen der Teilnehmenden eng zu verzahnen. Nur wenn die Teilnehmer sicher in der Anwendung sind und sich davon einen hohen subjektiven Nutzen versprechen, werden sie in der Regel die neu erworbenen Strategien und Kompetenzen in ihrer Arbeitspraxis auch umsetzen.

5.6.3 Erinnern und Anstoßen

Der letzte Punkt auf Ihrem Trainerleitfaden sollte nicht der letzte Punkt sein, an dem Sie mit Ihren Teilnehmern in Kontakt treten. Wirksames Training geht über das „Training" an sich hinaus und hält an. Es ist noch kein Fußballer nur im Training Profi geworden. Auf die Praxis in der Spielsituation kommt es an. Genauso verhält es sich auch mit der Mitarbeiterweiterbildung. Bleiben Mitarbeiter nach dem Training ganz auf sich allein gestellt und erhalten keine Gelegenheit zu Reflexion und Wiederholung, schleicht sich schnell und unbemerkt wieder altes, nicht zielführendes Verhalten am Arbeitsplatz ein. Um dem vorzubeugen, bedarf es einer festen Zusammenarbeit zwischen Trainer, Teilnehmern und an dieser Stelle vor allem auch dem Auftragsunternehmen.

In vielen Teilen dieses Buchs haben wir uns auf den Bereich „Off-the-Job-Lernen" im futureformat® Lern-Performance-Modell bezogen. Wie aber bereits in Kapitel 1 beschrieben, hat der Trainer weitere Möglichkeiten, den Lernerfolg zu unterstützen. Wo es viele Facetten gibt, kommt jedoch auch schnell Verwirrung auf. Daher möchten wir Ihnen an dieser Stelle erst einmal das bereits recht gängige Follow-Up-Modul vorstellen, das in den Bereich „Erinnern und Anstoßen" unseres Lern-Modells einzuordnen ist. Anschließend gehen wir auf die Mitarbeitergespräche in diesem Teilbereich ein und zeigen Handlungsmöglichkeiten des Trainers im Bereich der „On-the-Job-Challenge" und der „On-the-Job-Experience" auf.

Sicherheit bei der Umsetzung für die Teilnehmenden

Der Follow-up-Support und auch schon die Möglichkeit der weiteren Unterstützung nach dem Training bieten dem Teilnehmer generell mehr Sicherheit bei der Umsetzung. Außerdem wird ihm die Angst genommen, Erwartungen, die nach dem Training an ihn gestellt werden, nicht gerecht zu werden. Für die eher an Herausforderungen interessierten Teilnehmer ergeben sich so auch zusätzliche Anreize.

Zeit und Aufwand in die Konzeption und Durchführung eines Follow-up-Programmes zu investieren, scheint auf den ersten Blick wenig attraktiv für Trainer. Da Nachfolgemodule meist weniger Stunden umfassen, die dem Auftraggeber gegenüber geltend gemacht werden können, übersehen viele Trainer die Bedeutung von Follow-up-Programmen.

Ihre Beziehung zum Auftraggeber

Wir möchten Ihnen an dieser Stelle bewusst machen, dass Follow-up-Module den Lernerfolg maßgeblich befördern und damit auch eine Determinante für die Kundenbeziehung sind. Denn das Interesse des Auftraggebers liegt nicht darin, seine

Mitarbeiter mit möglichst vielen Trainings zu füttern, sondern die Grundlage für einen effektiveren Arbeitsablauf und mehr Erfolg zu sichern.

Ob ein Trainer wieder gebucht wird, hängt folglich davon ab, ob der Lerntransfer in die Praxis gelingt.

Die Lernkurve sollte auf das gesamte Unternehmen übertragbar sein und somit auch Veränderungen für dieses bringen.

Da sich viele Auftraggeber bei der Planung der Mitarbeiterentwicklung nicht bewusst sind, welche Trainingssequenzen wie auf den Lernerfolg wirken, stehen wir als Trainingsunternehmen vor der Herausforderung, die Zweifel des Unternehmens an einem Follow-up-Programm aus dem Weg zu räumen. Hier ist es an Ihnen, auch Ihrem Auftraggeber darzulegen, dass die Investition in die Mitarbeiterentwicklung nur dann den maximalen Effekt erzielen kann, wenn nach dem herkömmlichen Training eine Betreuung unter Einbezug des Arbeitsplatzes stattfindet. Hat der Kunde zugestimmt, den nachhaltigen Erfolg des Trainings zeitlich und finanziell zu unterstützen, sollte in Absprache mit ihm der Follow-up-Support geplant und umgesetzt werden.

Follow-up – Was kann ich als Trainer hier leisten?

Um die Umsetzung des Gelernten zu garantieren und eine Ergebnisverbesserung zu erzielen, bedarf es nicht nur einer Auffrischung der behandelten Themen, sondern auch eines fortlaufenden Lernens und der Reflexion. Da die entsprechenden Module in den Arbeitsalltag integriert werden sollten, können Sie als Trainer in der Regel nur einen Teil des Follow-up-Programmes übernehmen. Gerade bei der Verinnerlichung und Umsetzung der Trainingsinhalte bedarf es nicht nur einer Interaktion zwischen Trainer und Teilnehmer. Idealerweise ist auch der Vorgesetzte des Teilnehmenden einbezogen. Warum?

Vorgesetzte als Lernverstärker einsetzen

Vorgesetzte können als Lernverstärker fungieren und die im Training angestoßenen Lernprozesse unterstützen, indem sie beispielsweise ihre Mitarbeiter bei zuvor entworfenen Aufgabenstellungen anleiten. Als Trainer verstärken Sie die Motivation, wenn rund um das Seminar entsprechende Gespräche stattfinden. Manch Vorgesetzter ist hiermit nun auch wieder überfordert, aber auch dafür können vorformulierte Fragesammlungen oder Checklisten als „kleine Helfer in der Not" bereitgestellt werden.

5.6.4 Gestaltung eines Follow-up-Programmes

Neben dem Angebot einer weiteren Trainingssequenz zur Auffrischung oder auch der Möglichkeit, bei Fragen den Trainer im Nachhinein zu kontaktieren, taucht ein umfangreicher Follow-up-Support noch weiter in die tatsächliche Arbeitssituation des Teilnehmers ein. Diese Sequenz bringt mehrere positive Effekte für die Mitarbeiter mit sich:

- Erfolgsreflexion (Der Teilnehmer wird sich seines Seminarerfolgs bewusst.)
- Rückblick auf Vertrautes
- Positives Gruppenerlebnis, dass mit Spaß verbunden ist
- Im Vergleich zu den Anforderungen des Arbeitsalltags leichte Übungen

Mitarbeiterspezifisch oder auch für eine bestimmte Mitarbeitergruppe gemeinsam können dabei die folgenden Maßnahmen ausgewählt und kombiniert werden (ergänzen Sie die Liste gerne mit eigenen Trainingsideen):

- Training on-the-job
- Weitere Trainings off-the-job
- Coachingelemente, z.B.
  - Mentorenprogramme
  - Reflektionssitzungen mit Vorgesetzten oder Kollegen
- Sonstiges

Da der Trainer meist als Außenstehender einen objektiveren Blick auf Prozesse und Strukturen im Unternehmen hat, ist das Follow-up-Modul eine **Möglichkeit, das Niveau der Umsetzung zu überprüfen und gegebenenfalls Auffrischungen und neue Trainings zu implementieren.** Die Umsetzung der Trainingsinhalte im Arbeitsalltag wird idealerweise durch eine Auffrischung der Themen, eine Fortführung des Lernprozesses und die kontinuierliche Ermutigung durch die Vorgesetzten garantiert, die neuen Verhaltensweisen einzusetzen.

Bei der Konzeption des Follow-up-Supports ist es immer hilfreich, erst einmal eine Übersicht zu entwerfen. So wird ersichtlich, zu welchen Maßnahmen das Unternehmen bereit ist, welche strukturellen Gegebenheiten im Unternehmen vorliegen und welche technischen Optionen bestehen.

Denkbare Anknüpfungspunkte sind hier unter anderem:

- Mögliche on-the-job-Trainings
- Durchgeführte on-the-job-Trainings
- Bereits durchgeführtes Coaching
- Bereits durchgeführtes Mentoring
- Firmeninterne Coaches
- Firmeninterne Mentoren
- Bereits erstellte Pläne zur Mitarbeiterentwicklung
- E-Learning-Programme

Überlegen Sie einmal unter Betrachtung Ihrer Trainerkompetenz, wie Ihr Set-up aussehen könnte: Wie können Sie die Grundformen für sich wirksam konzipieren?

- Schritt 1: Überlegen Sie, für welches Training Sie ein Follow-Up gestalten möchten.
- Schritt 2: Welche Methoden könnten Sie in diesem Modell anwenden?:

Wie genau Sie ein Follow-up-Modul gestalten, wird von vielen Faktoren bestimmt. Zu allererst ist natürlich der Inhalt des vorangegangen Trainings von Bedeutung. Hatte das Training beispielsweise das Thema „Verkaufstechniken", sieht das Follow-up-Programm natürlich anders aus als zu einem „Konfliktmanagementtraining". Außerdem sollten Sie im Rahmen der Konzeption eines Follow-up-Programmes immer beachten, wie die Integration in den Arbeitsprozess möglich wird.

Bei dem Entwurf Ihres Follow-up-Programms können Sie Ihrer Kreativität freien Lauf lassen. Damit Sie Ihre Ideen ordnen, kategorisieren, auswählen und weiterentwickeln können, hilft Ihnen der folgende Follow-up-Bauplan weiter:

Zeit: Umfang und Abstände

Als Faustformel können Sie sich merken, dass **auf einen Trainingstag idealerweise zwei Stunden Follow-up-Sequenz** folgen. Die Sequenzen sollten in etwa im Monatsabstand stattfinden. Das komplette Follow-up-Programm könnte unter anderem auf drei, sechs oder neun Monate und gegebenenfalls auch als Jahreskonzept ausgelegt werden.

Medieneinsatz: Fotoprotokoll, Videos etc.

Schon das **Fotoprotokoll,** das den Teilnehmern im Nachhinein zugesandt wird, ist Teil eines Follow-up-Konzeptes, da es der Auffrischung behandelter Themen dient.

Mit **Fragebögen,** die von Teilnehmern und möglicherweise auch von Vorgesetzten ausgefüllt werden, können der Lernerfolg gemessen und Schwierigkeiten erfasst werden. Des Weiteren regen sie die Teilnehmer noch einmal dazu an, ihr eigenes Verhalten und die Umsetzung zu reflektieren.

Videos, die im Training selbst aufgenommen wurden, können als Grundlage für die Analyse von Gruppen dienen.

Auch die **Nutzung eines Webspaces,** in den die Materialien des Trainings hochgeladen werden, ruft Gelerntes in Erinnerung und bietet eine Übersicht der Inhalte.

Zusätzlich können **Diskussionsforen im Intranet** den Austausch über trainingsrelevante Situationen erleichtern. Hier kann auch ein Quiz stattfinden. Beispielsweise ruft ein „Elfmeterschießen" immer viel Begeisterung unter den Teilnehmern hervor. Hier denken sich Gruppen trainingsbezogene Fragen aus, die von anderen beantwortet werden müssen und jeweils einen Treffer pro richtige Antwort ergeben. Da das ganz online stattfinden kann, gibt es die Möglichkeit, die Seite visuell wie ein Fußballfeld zu gestalten.

Die Technik macht es außerdem möglich, die Nachhaltigkeit des Trainings durch **computersimulierte Situationen und Lernaufgaben** zu verbessern. Einen ersten Schritt zu dieser Technik stellt das **Webinar** dar, durch welches das Seminar fortgeführt werden kann. Videos sowie Podcasts dienen hier als didaktische Mittel.

Noch werden diese Innovationen wenig genutzt, da nur große Unternehmen die Möglichkeiten haben, ein individuell für sie konzipiertes Programm zu entwickeln. Der technische Fortschritt lässt jedoch vermuten, dass zukünftig die Integration von Computerprogrammen in der Personalentwicklung gängig wird.

Formate: Besprechungsgruppen, Coaching, Wochenaufgaben

Verschiedene Formate erlauben es darüber hinaus, die Lernentwicklung durch Austausch, eine gemeinsame Betrachtung und Zielsetzung zu unterstützen. Ob der Trainer dabei als Moderator in einer wöchentlichen Reflexionsitzung agiert, mit den Teilnehmern in coachingähnlichen Sequenzen weitere Schritte erarbeitet oder nur gelegentlich in die Mitarbeitergespräche mit den Vorgesetzten integriert wird, ist ebenfalls Gestaltungsspielraum.

Eine weitere Möglichkeit, den Lernprozess zu verlängern, sind wöchentliche „Hausaufgaben“, die den Teilnehmern gestellt werden und den Transfer in die Praxis unterstützen. Stellen Sie den Teilnehmern konkrete Aufgaben, die sie im Arbeitsalltag umsetzen sollen oder lassen Sie die Teilnehmer selbst Situationen beschreiben, in denen sie ihr neues Wissen und ihre neuen Kenntnisse umsetzen konnten.

5.6.5 Gestaltungsbeispiel für den Follow-up-Support

Die oben genannten Beispiele sind nur ein kleiner Ausschnitt aus dem Spektrum der Möglichkeiten. Welche Sie für Ihr nächstes Training wählen, ist ganz Ihnen selbst überlassen. Wichtig ist nur, dass dabei nicht das Ziel Ihres Trainereinsatzes aus dem Blickfeld gerät, nämlich eine Umsetzung der Trainingsinhalte zu garantieren und damit einhergehend die Ergebnisse des Teilnehmers und des gesamten Unternehmens zu verbessern. An dieser Stelle möchten wir Ihnen bewusst keine Standardprogramme vorsetzen, da diese nicht dem Zweck entsprechen, ein individuell konzipiertes Programm zu gestalten. Ihre Zeitersparnis würde zu Lasten des Trainingserfolges führen.

Das folgende Beispiel möchte Ihnen veranschaulichen, welche Gestalt ein Trainings-Follow-up annehmen kann. Wir haben dieses Programm bereits erfolgreich in einer Produktionsabteilung durchgeführt.

Das ursprüngliche zweitägige Training fand als Outdoor-Format in einem Wald statt. Auch der Abteilungsleiter nahm an dem Training teil. Die durchgeführten Methoden und Gruppenaufgaben, die der Stärkung des Teamgefühls dienten, aber auch Gruppendynamiken und versteckte Konflikte offenbarten, wurden per Videokamera aufgezeichnet.

In der Abendveranstaltung „Cafe Zukunft" wurden Ziele für die weitere Zusammenarbeit formuliert. Daraus entstand eine Leitlinie, Ehrlichkeit, Respekt und Vertrauen gegenüber sich selbst und anderen walten zu lassen.

Den ersten Schritt der Nachbereitung stellte das Fotoprotokoll dar, das die wichtigsten Momente und Ergebnisse des Wochenendes noch einmal zusammenfasste. Auf diese Weise reaktivierten wir noch einmal die Erinnerungen und Gefühle der Teilnehmer vom Trainingswochenende.

Im Abstand von einem Monat folgten dann fünf Follow-up-Module, in denen wir den Teilnehmern noch einmal Videoausschnitte des Trainings präsentierten. Jedes dieser Module umfasste 60 Minuten. Damit gewährleisteten wir visuelle und auditive Erinnerungen. Das Videomaterial wurde dann in einer Gruppenarbeit auf bestimmte Fragestellungen hin analysiert. Eine dieser Fragestellungen lautete: „Welche Gruppendynamiken sind in unserem Verhalten erkennbar?" Die hier identifizierten Verhaltensweisen wurden dann mit der aktuellen Ist-Situation verglichen. So wurden die bereits bewirkten Veränderungen ersichtlich und es zeigten sich noch offene Verbesserungspotenziale.

In Kleingruppen wurden dann weitere Maßnahmen für das Unternehmen formuliert. Die Ergebnisse wurden der ganzen Gruppe präsentiert und gemeinsam Ideen für die Umsetzung im Unternehmen entwickelt.

Unser beschriebener Follow-up-Support beinhaltete also folgende Punkte:

- *Auffrischung der Trainingsinhalte*
- *Analyse der Ausgangssituation vor dem Training*
- *Zwischenergebnisse und Bewertung der aktuellen Situation*
- *Ziele und Maßnahmen für die Zukunft.*

Der Einbezug der Führungskraft gewährleistete in unserem Follow-up eine Betrachtung aus allen Perspektiven.

5.6.6 Die Bedeutung von Sensibilisierungs- und Reflexions-Gesprächen

Das Follow-Up-Modul findet zwar außerhalb der Arbeitsstätte statt, sollte aber dennoch separat von dem Bereich „Off-the-Job-Lernen" in unserem futureformat® Lern-Performance-Modell betrachtet werden. Es ist vielmehr ein Instrument des Trainings der Kategorie „Erinnern und Anstoßen". Zu dieser Kategorie gehört als Einflussvariable auf Unternehmensseite unter anderem das Mitarbeitergespräch. Der Grund, das Mitarbeitergespräch hier einzuordnen, liegt darin, dass es Anstöße gibt, die Erinnerung anregt, Inhalte fokussiert und den Lernprozess in den Mittelpunkt rückt. Diese Methode zur Unterstützung des Mitarbeiters im Lernprozess wird oft unterschätzt. Und zuweilen auch verwechselt. Mit der Floskel *„Und, alles gut gelaufen im Seminar?"*, die Atmosphäre im Training kurz anzusprechen, wird das Ziel dieser Methode nicht wirklich erreicht. Soll das Gespräch tatsächlich einen Effekt auf den Lerntransfer haben, benötigt es eine gute Struktur und klare Ziele.

Wir unterscheiden zwischen Sensibilisierungs-Gespräch vor und Reflexions-Gespräch nach der Maßnahme, die mit der dazwischen geschalteten Trainingsmaßnahme einen Dreischritt bilden.

- Das **Sensibilisierungs-Gespräch** findet ein bis zwei Wochen vor der Trainingsmaßnahme statt. Hier werden der Inhalt des Trainings schon einmal in das Blickfeld des Mitarbeiters gerückt und seine derzeitigen Fähigkeiten und Ziele erfasst. Wir sensibilisieren ihn für das Trainingsthema, motivieren ihn, sich mit dem Thema auseinanderzusetzen und Erwartungen zu entwickeln.
- Nachdem die Maßnahme stattgefunden hat, wird mit dem Mitarbeiter im Gespräch das Training reflektiert, idealerweise ein bis zwei Wochen nach dem Training. Dieses **Reflexions-Gespräch** bietet Gelegenheit, Veränderungen in den Fähigkeiten und Zielen des Mitarbeiters aufzunehmen sowie weitere Schritte zu planen. Das Hauptziel dieses Gespräches sollte nicht alleine darin bestehen, die Zufriedenheit des Mitarbeiters mit der Maßnahme zu erfassen. Das ist zwar wichtig, reicht aber alleine nicht aus, um Verhalten längerfristig zu verändern!

Halten Vorgesetzter und/oder Mitarbeiter die Teilnahme an einem weiteren Seminar, Training oder Coaching für sinnvoll und gibt es hier eine entsprechende Absprache und Freigabe, so sollte dann im Vorfeld dieser Anschlussmaßnahme wieder als erster Schritt ein dem Seminar zeitlich vorgeschaltetes Sensibilierungs-Gespräch stattfinden.

Auch wenn Sensibilierungs- und Reflexions-Gespräch weitestgehend in der Verantwortung des Unternehmens liegen, können Sie als Trainer hier Unterstützung bieten. Die Führungskräfte erhalten von Ihnen beispielsweise einen Gesprächsleitfaden oder eine Checkliste für diese Mitarbeitergespräche.

Nachstehend erhalten Sie von uns entwickelte Checklisten, mit denen Sie Führungskräften eine Unterstützung bieten können:

Sensibilisierungs-Gespräch vor der Maßnahme

- Sind die vorhandenen Fähigkeiten des Mitarbeiters geklärt?
- Weiß der Mitarbeiter, welche neuen Fähigkeiten von ihm erwartet werden?
- Sind die Einsatzfelder für das neu zu Lernende umrissen?

- Hat der Mitarbeiter Ziele für die Verhaltensänderung benannt?
- Woran kann erkannt werden, dass die Ziele erreicht wurden?
- Ist formuliert, welche Unterstützung der Mitarbeiter bei der Umsetzung benötigt?
- Hat sich der Mitarbeiter bereits mit den Themen auseinandergesetzt?

Reflexions-Gespräch wenige Tage nach dem Training

- Wurde der Gesamteindruck des Mitarbeiters vom Training erfasst?
- Hat er seine Empfindung zum Inhalt und den Methoden beschrieben?
- Gab es einen passenden Praxisbezug?
- Hat sich der Mitarbeiter über den Trainer geäußert?
- Wurden die Erwartungen des Mitarbeiters erfüllt?
- Hat der Mitarbeiter neue Ziele für sich entwickelt und formuliert?
- Ist festgehalten, welche Unterstützung er bei der Zielerreichung benötigt?
- Sieht der Mitarbeiter nächste Schritte?
- Sind neue Maßnahmen anzudenken?

Reflexions-Gespräch einen Monat nach dem Training

- Wurden die bereits gegangen Schritte des Mitarbeiters erfasst?
- Wurde damit verbunden eine Veränderung erkannt?
- Sind Probleme und Hindernisse diskutiert worden?
- Wurde meine Unterstützung reflektiert?
- Wurden nächste Schritte (auf kurzer und langer Sicht) formuliert?
- Gibt es einen Plan zur Aufrechterhaltung des Lerntransfers?
- Hat der Mitarbeiter eine Gesamteinschätzung der Maßnahme abgegeben?
- Wurde seine Zufriedenheit erfasst?

Die Mitarbeitergespräche haben enormen Nutzen für die Motivation des Mitarbeiters, das Gelernte am Arbeitsplatz anzuwenden, umzusetzen und vielleicht sogar weiterzuentwickeln.

5.6.7 „On-the-Job Experience"

Wie oben bereits angemerkt, möchten wir Ihnen neben dem „Erinnern und Anstoßen" die beiden Bereiche „On-the-Job-Experience" und „On-the-Job-Challenge" vorstellen. Ersterer überträgt vor allem den Teilnehmern selbst viel Verantwortung für ihr Lernen und erfordert eine hohe Lernbereitschaft. Diese kann mit den folgenden Tools unterstützt werden:

- Kollegiales Coaching
- Einrichtung von Qualitätszirkeln

Kollegiales Coaching

Eine Variante aus diesem Bereich ist die kollegiale Beratung bzw. kollegiales Coaching. Dies ist eine Methode, bei der die Teilnehmer **in der Gruppe eigenständig Gelerntes auf Beispielsituationen anwenden.**

Es werden verschiedene Rollen vergeben, so ist unter anderem bei jeder Sitzung ein anderer Teilnehmer der Moderator, der Formales klärt und für den korrekten Ablauf sorgt. Einer der Teilnehmer, der sogenannte „Fallgeber", bringt eine Situation oder einen Fall aus seinem tatsächlichen Berufsalltag ein. Diesen stellt er der Gruppe vor und beantwortet Verständnisfragen. Die Gruppe formuliert Hypothesen und Lösungsvorschläge, die der Fallgeber, der das Problem eingebracht hat, anschließend mit weiteren Informationen und Anmerkungen ergänzt. Daraufhin entscheiden sich die Gruppenmitglieder, zu welchem Vorgehen sie dem Fallgeber raten würden. Auf der Grundlage dieser Ergebnisse trifft er eine Entscheidung für sein weiteres Vorgehen und stellt diese vor. Abschließend wird noch einmal in der Gruppe diskutiert, wie das Zusammenkommen, die Falldiskussion und die Entscheidung empfunden wurden.

Beispiel für ein kollegiales Coaching

Ablauf	Wer spricht?		
	Fallgeber	Gruppe	Moderator
Einführungssequenz: Klärung des Vorgehens, Rollenaufteilung, Formales			spricht
Fallvorstellung durch den Fallgeber, ggf. auch mit Skizze am Flipchart	spricht allein	hört zu	ggf. Rückmeldung zum Ablauf
Die Gruppe stellt objektive Verständnisfragen	antwortet	fragt	ggf. Rückmeldung zum Ablauf
Die Gruppe diskutiert und formuliert Hypothesen und Vorschläge	schweigt	berät sich	ggf. Rückmeldung zum Ablauf

Der Fallgeber ergänzt die Diskussionsergebnisse durch weitere Informationen und Anmerkungen	komplettiert	hört zu	ggf. Rückmeldung zum Ablauf
Jedes Gruppenmitglied stellt eigene Lösungsvorschläge oder Lösungsideen vor	hört zu, notiert Wichtiges	spricht	ggf. Rückmeldung zum Ablauf
Fallgeber verdeutlicht seine Entscheidung an einem Handlungsplan und beschreibt seine Empfindungen auf dem Weg dahin	stellt Entscheidung vor	hört zu	ggf. Rückmeldung zum Ablauf
Formales für die Zukunft wird geklärt, ggf. gemeinsame Reflexion	Absprachen / Reflexion	Absprachen / Reflexion	spricht / Reflexion

Bei Gruppen, die mit diesem Vorgehen noch keine Erfahrungen gesammelt haben, sollten Sie als Trainer zu Beginn der Maßnahme das Handwerkszeug vermitteln und in den ersten Sequenzen die Moderatorenrolle übernehmen und den Prozess im Blick haben. Je mehr Sicherheit die Gruppe mit der Methode hat, desto weniger ist Ihre Unterstützung notwendig, sodass sie allein erfolgreich weiterarbeiten kann.

Einrichtung von Qualitätszirkeln

Während beim kollegialen Coaching jeweils ein bestimmtes Anliegen von einem Teilnehmer als „Fallgeber" eingebracht wird, stehen bei anderen Methoden etwas weiter gefasste Themen im Mittelpunkt. Ein bekanntes Beispiel aus der Automobilbranche ist der Qualitätszirkel. Hier werden Qualitätsthemen in der Gruppe diskutiert. Ziel ist es, das in der Gruppe vorhandene Ideen- und Wissenspotenzial zu nutzen, die Erfahrungen einzelner weiterzugeben und die Verantwortungsbereitschaft für Qualitäts- und Optimierungsfragen bei jedem einzelnen Mitarbeiter zu stärken. Die Resultate sind extrem überzeugend, da die Methode dicht an der Produktion selbst angelegt ist und auf diese Weise sehr konkrete Verbesserungen diskutiert und dann auch umgesetzt werden können.

Diese Vorgehensweise lässt sich auch auf den Trainingsbereich übertragen und bezieht sich dann grundsätzlich auf Prozess- oder Performancethemen des Unternehmens. Die genaue Vorgehensweise ist dabei gestaltbar.

Unser hier folgendes Praxisbeispiel bezieht sich auf ein Produktionsunternehmen, das sich zum Ziel gesetzt hatte, eine Gruppe von Mitarbeitern noch erfolgreicher in Präsentationssituationen zu machen.

Praxisbeispiel Qualitätszirkel

Unser Ansprechpartner stellte uns dar, dass die Mitglieder dieser Gruppe bereits erfolgreich Präsentationstrainings durchlaufen hätten, doch in unterschiedlichen Präsentationssituationen der eine oder andere aus dieser Gruppe nicht so professionell handeln würde, wie seine Trainingserfahrungen auf diesem Gebiet erwarten ließen. Einzelcoachings dieser Personen waren nicht angedacht, da die Gruppenmitglieder auch voneinander lernen sollten. Wichtig war außerdem, sie auf dem Weg zu einem selbstständig durchzuführenden kontinuierlichen Verbesserungsprozess zu diesem Thema zu begleiten.

Zu Beginn der Maßnahme führten wir Spiel- und Feedback-Regeln ein, die dem Ablauf der einzelnen Veranstaltungen eine Struktur gaben. Dann frischten die Teilnehmer in dieser ersten Veranstaltung ihr theoretisches Wissen zum Thema an sogenannten „Think-Stations" auf (siehe Kap. 5.7.3 Kommuniktionstraining). So „aufgeschlaut" entstanden dann im Rahmen dieser Veranstaltung durch den guten Input der Teilnehmenden zu jedem Themenbereich Lernlandkarten, die bei den weiteren Veranstaltungen im Raum aufgehängt wurden. So wurden die Teilnehmer kontinuierlich an die wichtigen theoretischen Inhalte zum Thema erinnert, ohne dass hier regelmäßig Wiederholungen stattfinden mussten.

Die weiteren Veranstaltungen fanden nun immer im Vorfeld von anstehenden Präsentationen bei Kunden statt, bei denen der jeweilige Mitarbeiter seine bereits vorbereitete Präsentation vorstellte. Die Struktur der einzelnen Veranstaltungen stellte sich wie folgt dar:

Vor seiner Präsentation stellte der präsentierende Mitarbeiter in einem kurzen Abriss die Kundensituation dar.

Während seiner Präsentation machten sich die anderen Gruppenmitglieder auf vorgefertigten Feedback-Bögen Notizen. Dabei wurden sowohl die fachlichen Inhalte als auch die persönliche Präsenz des Vortragenden berücksichtigt.

Im Anschluss an die Präsentation übernahmen die Gruppenmitglieder die Rolle des Kunden und stellten entsprechende Fragen.

Daran anschließend erhielt der Präsentierende sein Feedback. Die Feedback-Bögen erhielt der Feedbacknehmer für seine Unterlagen ausgehändigt. Bei einzelnen Veranstaltungen wurde auch eine Videoaufzeichnung durchgeführt, die jedoch nicht in der Gruppe ausgewertet wurde. Zusammen mit dem jeweiligen Feedback hat jeder Feedbacknehmer sich dieses für sich allein betrachtet.

Nach der sechsten Veranstaltung mit uns als Trainer/Moderator war die Gruppe so vertraut mit dem Vorgehen, dass sie diese Zirkel allein weiterführen konnte.

Nun sind Sie an der Reihe. Überlegen Sie einmal, wie Sie solch einen Qualitätszirkel planen würden. Die folgenden Fragen unterstützen Sie dabei:

- Welche konkreten Themen könnten im Mittelpunkt stehen?
- Wie könnten die einzelnen Sequenzen zu diesem Thema ablaufen?

5.6.8 „On-the-Job-Challenge"

Der dritte Bereich, der den Lernerfolg im Anschluss an die eigentliche Trainingsmaßnahme unterstützt, ist die „On-the-Job-Challenge". Bei diesem Vorgehen werden die Teilnehmer im Arbeitsalltag durch Führungskräfte oder Mentoren in bestimmten Projekten und Aufgaben angeleitet, um so den Lerntransfer zu unterstützen. Auch dieses Element liegt zum größten Teil in der Hand des Unternehmens, doch ist Ihr Fachwissen hinsichtlich der Konzeption von entsprechenden Weiterbildungsmaßnahmen hilfreich.

Die notwendigen Aufaben bzw. Schritte:

- Abstimmung der Inhalte der Trainingsmaßnahme und der anschließenden Begleitmaßnahmen mit den Führungskräften im Unternehmen
- Vermittlung von hilfreichen Kommunikationswerkzeugen für die erfolgreiche Kommunikation zwischen Führungskraft und Mitarbeitern
- Vermittlung von Werkzeugen für die erfolgreiche Motivation von Mitarbeitern

Diese Überlegungen leiten das Abstimmungsgespräch mit Ihrem Auftraggeber.

- Welche Aufgaben / Projekte würden sich als On-the-Job-Challenge eignen?
- Wie werden Mitarbeiter für die Projektarbeit motiviert, bzw. wie kann ich als Trainer Führungskräfte bei der Motivation ihrer Mitarbeiter unterstützen?
- Was müssen wir bei der Konzeption noch berücksichtigen (Ziele, Entwicklungen des Unternehmens etc.)?

5.7 Beispiele für Trainerleitfäden

Anhand beispielhafter Trainerleitfäden für ein- bis dreitägige Trainings zu den Themen „Zeitmanagement“, „Präsentation“ und „Grundlagen der Kommunikation“ möchten wir Ihnen veranschaulichen, wie sich Trainingsinhalte über die Länge des Trainings entwickeln können. Dafür haben wir aus unserer Trainingspraxis Leitfäden aufgenommen, deren Inhalten Sie nun die aus Ihrer Sicht wichtigen und passenden Lernziele, Medien und Methoden zuordnen können. Auf diese Weise erhalten Sie ganz individuelle Trainerleitfäden, die Sie künftig nutzen können.

5.7.1 Beispiele für Trainerleitfäden zum Thema „Zeit- und Selbstmanagement“

Tag 1: Zeitmanagement

Haben Sie für das Thema Zeit- und Selbstmanagement lediglich einen Tag zur Verfügung, empfiehlt es sich – gerade wenn Sie mit einer Gruppe zusammenarbeiten, die hier geringe Vorkenntnisse aufweist – sich auf die handwerkliche Seite dieses Themas zu beschränken und die Werkzeuge des Zeitmanagements vorzustellen.

Zeit	Inhalt	Lernziel	Methode	Medium
09:00 – 09:30	Begrüßung • Vorstellung • Agenda • Erwartungen	...	...	...

09:30 – 10:30	Vier Lebensbereiche • eigene Erfahrungen mit Thema • Herausforderungen in meinem Leben • Wie viel Zeit (Prozent) widme ich den einzelnen Bereichen? Ist-Soll-Abgleich			
10:30 – 10:45	Pause			
10:45 – 11:30	Meine beruflichen Aktivitäten strukturieren • ALPEN-Methode			
11:30 – 12:30	Priorisieren und Entscheidungen treffen • Pareto • ABC-Analyse – Rezepte gegen C-Aufgaben			
12:30 – 13:30	Mittagspause			
13:30 – 14:15	Priorisieren und Entscheidungen treffen (Fortsetzung) • Eisenhower Delegation			
14:15 – 14:30	Pause			
14:15 – 15:00	Zeitfresser • Ursachen • Selbst-Test • Analyse			
15:00 – 16:30	Make it real – Meine konkrete Planung • Bio-Rhythmus • allgemeines Wochenraster (+ Zeitbudget Ist-Soll) • spezifische Wochenplanung (5 – 10 Tage)			
16:30 – 17:00	Seminar-Rückblick / Abschluss bei eintägigem Seminar inkl. Evaluation			

Tag 2: Selbstmanagement

Je mehr Zeit Sie für ein Training zu diesem Thema zur Verfügung haben, desto mehr Raum können Sie den einzelnen Einstellungen der Teilnehmer zu diesem Thema geben. Was zu tieferen Erkenntnissen und künftig einem bewussteren und erfolgreicheren Umgang mit der zur Verfügung stehenden Zeit führen kann.

Zeit	Inhalt	Lernziel	Methode	Medium
09:00 – 09:30	Morgenrunde • Begrüßung • Blick auf den gestrigen Tag • Blick auf heute	…	…	…
09:30 – 10:00	Balance your Life • Work-Life-Balance • negative Spirale der Ziellosigkeit			
10:00 – 10:30	Lebensphasen • Lebensphasen identifizieren (vergangene und künftige)			
10:30 – 10:45	Pause			
10:45 – 11:45	Werte und Motivation • eigene Werte identifizieren • Lebensphasen und jeweilige Werte • Werterfüllung			
11:45 – 12:30	Wünsche / Ziele • Wünsche der Lebensphasen • Ziele der Lebensphasen			
12:30 – 13:30	Mittagspause			
13:30 – 14:30	Ziele definieren • aus Wünschen Ziele formulieren • SMARTe Ziele			
14:30 – 14:45	Pause			

14:45 – 15:30	Stressmanagement • Ursachen • Maßnahmen			
15:30 – 16:15	Reflexion / Blick in die Zukunft • Aufgaben / Gewichtung • Tätigkeiten / Strategie • delegieren • bisherige Planung überdenken • Bio-Rhythmus berücksichtigen • Werte / Zeitmanagement			
16:15 – 17.00	Seminar-Rückblick / Abschluss bei zweitägigem Seminar inkl. Evaluation			

Tag 3: Zeit- und Selbstmanagement

Stehen Ihnen drei Trainingstage zur Verfügung, können Sie über das reine handwerkliche Umgehen mit der Zeit und ersten Ansätzen zum Selbstmanagement auch an der Entwicklung der Einstellung der Teilnehmer arbeiten und Coachingelemente in das Training aufnehmen. Die Teilnehmer haben über die Zeit der Zusammenarbeit Vertrauen zu Ihnen und Ihrem Vorgehen aufgebaut und lassen sich nun eher auf Übungen ein, die einen Blick auf ihre Persönlichkeit bieten.

Diese Verschränkung von Trainings- und Coachingelementen empfinden wir als sehr hilfreich, da es auf diese Weise bei den Teilnehmern nicht nur zu einer Verhaltensänderung, sondern auch zu einer Entwicklung der Persönlichkeit kommen kann.

Zeit	Inhalt	Lernziel	Methode	Medium
09:00 – 09:30	Morgenrunde • Begrüßung • Blick auf den gestrigen Tag • Blick auf heute	…	…	…
09:30 – 10:00	Persönlichkeitstyp und Selbstmanagement (z.B. nach Riemann-Schley) • Stärken / Stolpersteine • eigenes Profil			

10:00 – 10:30	Walt Disney Strategie • innere Widerstände			
10:30 – 10:45	Pause			
10:45 – 11:30	Inneres Team • innere Einstellung			
11:30 – 12:30	Resümee zum Vormittag • wichtig, hilfreich • künftige Vorgehensweise			
12:30 – 13:30	Mittagspause			
13:30 – 14:30	Entspannung versus Aktivierung • Methoden			
14:30 – 14:45	Pause			
14:45 – 15:15	Zukunftsreise • Ziele sinnspezifisch erlebbar machen			
15:15 – 16:15	Reflexion / Blick in die Zukunft • meine Ziele • mein Selbstmanagement			
16:15 – 17.00	Seminar-Rückblick, Abschluss Evaluation			

5.7.2 Trainerleitfäden für Trainings zum Thema „Präsentationstechniken“

Tag 1: Präsentationstraining

Sollten Sie für ein Präsentationstraining nur einen Tag zur Verfügung haben, empfehlen wir, auch die im Training zu vermittelnden Inhalte als Teilnehmer-Präsentationen durchzuführen.

Eine mögliche Vorgehensweise: Die Teilnehmer erarbeiten sich die Inhalte zum Training in Kleingruppen und präsentieren die Ergebnisse der gesamten Gruppe. Hier erhalten sie von der Gruppe Feedback. Dadurch kann das Training einen lebendigen Workshop-Charakter erhalten.

Zeit	Inhalt	Lern-ziel	Me-thode	Medi-um
09:00 – 09:30	Begrüßung • Vorstellung Trainer • Agenda • Erwartungen • Feedback geben und nehmen	...	...	...
09:30 – 10:30	Vorstellung der Teilnehmer • erste Präsentationserfahrung			
10:30 – 10:45	Pause			
10:45 – 11:15	Lampenfieber/Stress • Ursache • Maßnahmen			
11:15 – 11:45	Visualisierung in der Präsentation • Regeln • Auswahl der Medien/Medieneinsatz			
11:45 – 12:30	Aufbau, Gliederung, Argumentation • Präsentationen und Anlässe • Aufbau einer Präsentation • Nutzenargumentation			
12:30 – 13:30	Mittagspause			
13:30 – 14:30	Präsentationsstil entwickeln • Stegreifreden			
14:30 – 14:45	Pause			
14:45 – 15:15	Vorbereitung einer Präsentation • Zielgruppe • Ablauf			
15:15 – 16:30	Präsentationsstil entwickeln • individuelles Thema präsentieren • Feedback von Trainer/Teilnehmern • Tipps zur Körpersprache			

16:30 – 17:00	Seminarrückblick / Abschluss bei eintägigem Seminar inkl. Evaluation			

Tag 2: Präsentationstraining

Zwei Tage sind für ein Präsentationstraining ein üblicher Umfang. In diesem Rahmen können sowohl theoretische Inhalte vermittelt als auch erste Verhaltensänderungen bewirkt werden.

Zeit	Inhalt	Lern-ziel	Me-thode	Medi-um
09:00 – 09:30	Morgenrunde • Begrüßung • Blick auf den gestrigen Tag • Blick auf heute	...	...	...
09:30 – 10:00	Rhetorische Stilmittel • Übersicht • Anwendung			
10:00 – 10:45	Zusammenfassung der Theorie Tag 1 und 2 • Vier Verständlichkeitsmacher			
10:45 – 11:00	Pause			
11:00 – 11:45	Körpersprache • Mimik, Stimme, Stand, Haltung, Gestik, Bewegung			
11:45 – 12:30	Vorbereitung der Kurz-Präsentationen zum Video-Feedback • mitgebrachte Präsentationen abschließend begutachten oder • Präsentationen erstellen			
12:30 – 13:30	Mittagspause			
13:30 – 14:30	Präsentationen mit Videofeedback, Teil 1 • Live-Situation • Feedback-Struktur			

14:30 – 14:45	Pause			
14:45 – 16:00	Präsentationen mit Videofeedback,, Teil 2 • Live-Situation • Feedback-Struktur			
16:00 – 16:30	Fazit Videopräsentationen, Teil 1 • eigene Erkenntnisse			
16:30 – 17:00	Seminar-Rückblick / Abschluss bei zweitägigem Seminar inkl. Evaluation			

Tag 3: Präsentationstraining

Stehen Ihnen für ein Präsentationstraining drei Tage zur Verfügung, haben Sie die Möglichkeit, intensiv die Präsenz des einzelnen Teilnehmers zu entwickeln. Auch hier empfehlen wir – wie beim dritten Tag des „Zeit- und Selbstmanagement"-Trainings – den Einbau von Coachingelementen, die Schwächen in der Präsenz reduzieren helfen.

Zeit	Inhalt	Lern-ziel	Me-thode	Medi-um
09:00 – 09:30	Morgenrunde • Begrüßung • Blick auf den gestrigen Tag • Blick auf heute	…	…	…
09:30 – 10:00	Schwierige Situationen • Umgang mit Fragen, Einwänden • schwierige Teilnehmer • Faden verloren			
10:00 – 10:45	Körpersprache, Teil 2 • Glaubwürdigkeit und Überzeugungskraft			
10:45 – 11:00	Pause			
11:00 – 11:45	Effektive Sprachmuster • Anwendung • Wirkung			

11:45 – 12:30	Vorbereitung der Kurz-Präsentationen zum Video-Feedback • mitgebrachte Präsentationen abschließend begutachten oder • Präsentationen erstellen			
12:30 – 13:30	Mittagspause			
13:30 – 14:30	Präsentationen mit Videofeedback, Teil 3 • Live-Situation • Feedback-Struktur			
14:30 – 14:45	Pause			
14:45 – 16:00	Präsentationen mit Videofeedback, Teil 4 • Live-Situation • Feedback-Struktur			
16:00 – 16:30	Fazit Videopräsentationen, Teil 2 • eigene Erkenntnisse			
16:30 – 17:00	Seminar-Rückblick / Abschluss bei dreitägigem Seminar inkl. Evaluation			

5.7.3 Trainerleitfäden für Trainings zum Thema „Grundlagen der Kommunikation"

Tag 1: Kommunikationstraining

Steht Ihnen für ein Kommunikationstraining lediglich ein Tag zur Verfügung, können Sie auch hier – wie beim Präsentationstraining – die im Training zu vermittelnden Inhalte in Kleingruppen erarbeiten lassen und so dem Training eine Workshop-Seite hinzufügen.

Eine mögliche Vorgehensweise: Bestimmte Trainingsinhalte werden als Think-Stations mit Pinnwand/Flipchart und Stühlen im Raum arrangiert. Die Gruppe verteilt sich auf diese einzelnen Stationen und erarbeitet sich die einzelnen Themen mit entsprechenden Arbeitspapieren und Anleitung. Nach einer festgelegten Arbeitszeit rückt jede Gruppe eine Station weiter. Diese Vorgehensweise ist dem Ansatz der Workshop-Methode „World Café" entliehen. Daran anschließend kommt es in Live-Übungen zur praktischen Umsetzung des Gelernten.

Zeit	Inhalt	Lern-ziel	Me-thode	Medi-um
09:00 – 09:30	Begrüßung • Vorstellung Trainer • Agenda • Erwartungen	...	...	...
09:30 – 10:30	Kommunikation – Einführung • Kommunikationsanlässe • Hürden • individuelle Stärken / Schwächen			
10:30 – 10:45	Pause			
10:45 – 11:15	Eisberg-Modell – Sach- und Beziehungsebene in Gesprächen • Inhalt • Körpersprache • Pacing und Leading			
11:15 – 11:45	4 Seiten einer Nachricht • Nachrichten senden • Nachrichten empfangen			
11:45 – 12:30	Aktives Zuhören • Innere Einstellung zu meinem Gegenüber • Phasen des aktiven Zuhörens			
12:30 – 13:30	Mittagspause			
13:30 – 14:30	Ich und Du-Botschaften • Bezug zu den Modellen des Vormittags			
14:30 – 14:45	Pause			
14:45 – 15:30	Transaktionsanalyse • Inhalt • Anwendung			

15:30 – 16:30	Kommunikationssituationen erfolgreich gestalten • Entwicklung des individuellen Kommunikationsstils			
16:30 – 17:00	Seminar-Rückblick / Abschluss bei eintägigem Seminar inkl. Evaluation			

Tag 2: Grundlagen der Kommunikation

Zwei Tage sind für ein Kommunikationstraining ein gebräuchlicher Umfang. In diesem Rahmen können sowohl theoretische Inhalte vermittelt als auch erste Verhaltensänderungen erkannt werden.

Zeit	Inhalt	Lern-ziel	Me-thode	Medi-um
09:00 – 09:30	Morgenrunde • Begrüßung • Blick auf den gestrigen Tag • Blick auf heute	…	…	…
09:30 – 10:00	Strukturierte Gesprächsvorbereitung • Leitfaden			
10:00 – 10:45	Allgemeine Struktur für Gespräche • allgemeiner Leitfaden • Nutzenargumentation			
10:45 – 11:00	Pause			
11:00 – 12:30	Rhetorische Stilmittel • Übersicht • Anwendung			
12:30 – 13:30	Mittagspause			
13:30 – 14:30	Körpersprache • Glaubwürdigkeit und Überzeugungskraft			
14:30 – 14:45	Pause			

14:45 – 16:00	Konkrete Kommunikationsanlässe • Mitarbeitergespräch • Kritik-Gespräch			
16:00 – 16:30	Konkrete Kommunikationsanlässe • Zielvereinbarung			
16:30 – 17:00	Seminar – Rückblick / Abschluss bei zweitägigem Seminar inkl. Evaluation			

Tag 3: Kommunikationstraining

Haben Sie für ein Kommunikationstraining drei Tage Zeit, haben Sie die Möglichkeit, die kommunikative Kompetenz des einzelnen Teilnehmers zu entwickeln. Coachingelemente können Sie dabei unterstützen, Schwierigkeiten bei einzelnen Gesprächstypen zu ergründen und zu beseitigen.

Zeit	Inhalt	Lern-ziel	Me-thode	Medi-um
09:00 – 09:30	Morgenrunde • Begrüßung • Blick auf den gestrigen Tag • Blick auf heute	...	...	...
09:30 – 10:00	Effektive Sprachmuster • Anwendung • Wirkung			
10:00 – 10:30	Persönlichkeitstypen • Rieman-Thoman-Modell • Struktur und Inhalt			
10:30 – 10:45	Pause			
10:45 – 12:30	Spezielle Kommunikationsanlässe • Konfliktgespräche • Struktur und Inhalt			
12:30 – 13:30	Mittagspause			

13:30 – 14:30	Gesprächsführung mit Videofeedback • Live-Situation • Feedback-Struktur			
14:30 – 14:45	Pause			
14:45 – 16:30	Gesprächsführung mit Videofeedback • Live-Situation • Feedback-Struktur			
16:30 – 17:00	Seminar-Rückblick / Abschluss bei dreitägigem Seminar inkl. Evaluation			

5.8 Arbeiten mit Learn-Loops

Zusätzlich zum Trainerleitfaden gibt es noch weitere Möglichkeiten, die Planung Ihrer Seminare und Trainings mit einer Feinstruktur auszustatten und dies auch noch übersichtlich darzustellen. Natürlich bietet der herkömmliche Trainerleitfaden einen hohen Grad an Übersichtlichkeit. Allerdings nur, wenn er nicht zu detailliert ist. Und genau das ist die Krux: Wenn Sie viele Details im Vorgehen in den Trainerleitfaden aufnehmen, haben Sie diese zwar immerhin verschriftlicht, allerdings verliert Ihr Leitfaden immer mehr an Übersichtlichkeit.

Wer dss vermeiden und dennoch bestimmte Ablaufdetails festhalten und zusätzlich einen besseren Bezug zum Lernprozess der Teilnehmer integrieren möchte, sollte ergänzend auf weitere Gestaltungsmöglichkeiten zurückgreifen. Eine Darstellungsmethode, welche auch der Teilnehmer-Perspektive gerecht wird, ist der sogenannte „Lern-Loop", den der klassische Trainerleitfaden in der Regel nicht bietet. Ein Lern-Loop besteht aus folgenden Schritten:

- Hinführung zum Thema
- Zielformulierung
- Theoretisches Modell
- Übungen und Anwendungen
- Reflexion
- Ausblick

Darüber hinaus empfiehlt es sich, für sich selbst den „Rahmen der Sequenz" in einem eigenen Ast zu fixieren.

Der Lern-Loop ist dann abgeschlossen, wenn das Gelernte dazu führt, dass sich die Annahmen des Lernenden zum Thema verändern (vgl. Argyris und Schön, 2008). Dieser Lern-Loop wird dann **„Single-Loop"** genannt. Das Lernen bildet also eine Schleife zu den Annahmen.

Bei einem **„Double-Loop“** bildet sich eine zweite Schleife, in der sich nicht nur die Annahmen, sondern ebenso die Werte des Lernenden zum Thema verändern. Das Lernen findet also auf einer höheren Stufe statt, wobei nicht immer das Ziel ist, einen „Double-Loop“ hervorzurufen. Lernen kann auch nur auf die Veränderung der Annahmen abzielen.

Wir bei futureformat® arbeiten dabei gern mit Mindmaps, diese erstellen wir mit einer entsprechenden Software (Mindjet), sodass es einfacher ist, sie zu bearbeiten und zu verändern. Zu jedem inhaltlichen Themenschwerpunkt eines Trainings kann dann ergänzend zum Trainerleitfaden eine solche Mind-Map erstellt werden.

Wir haben Ihnen einmal beispielhaft eine Mind-Map zu einem Lern-Loop für ein Kommunikationstraining zum Thema „Vier Seiten einer Nachricht“ erstellt.

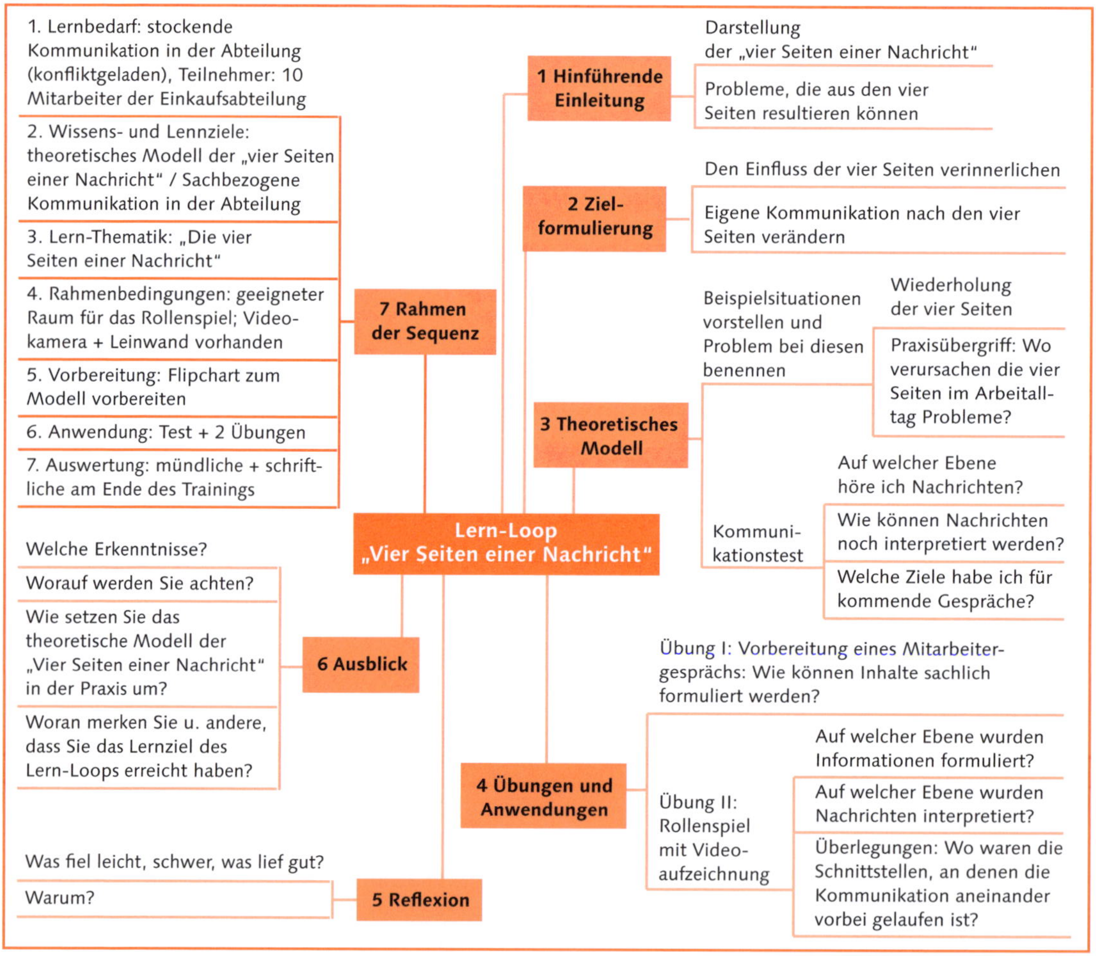

Lern-Loop Mind-Map für ein Kommunikationstraining „Vier Seiten einer Nachricht“

Im ersten Arm führen wir in der Mind-Map die Formalia, sowie den Lernbedarf und die Lernziele auf. Die Schleife des Lern-Loops bildet dann der Einleitungs-Arm. In diesem Abschnitt werden grob das Thema und die Problemstellung des Themas vorgestellt. Anschließend werden gemeinsam mit der Gruppe Lernziele formuliert. Dies zeigt der zweite Arm. Der dritte Arm zeigt das theoretische Modell der „Vier Seiten einer Nachricht“. Hier wird die Theorie noch einmal vertieft und dargestellt, wo das Problem der „Vier Seiten einer Nachricht“ (vgl. Schulz von Thun, 2001) in der Arbeitspraxis auftritt. Außerdem ist in unserem Beispiel ein Kommunikationstest angedacht.

Die Schleife des Lern-Loops führt weiter über den Übungs- und Anwendungsteil, bei dem die Theorie in Rollenspielen zur Geltung kommen soll und das Gelernte direkt zur Anwendung kommt. Anhand der Videoaufzeichnung kann der Lerntransfer direkt bewertet und weitere Ausbaufähigkeiten aufgezeigt werden. Der Reflexions-Arm in der Mind-Map steht für die Evaluation der Sequenz. Zur Bedeutung von Evaluation im Training können Sie weiteres im nächsten Kapitel lesen. Anschließend findet ein Ausblick auf die zukünftige Umsetzung des Gelernten statt, was den Bogen zum Abschluss des Lern-Loops bildet. Lernen im Sinne einer Transformation bisheriger Annahmen („Single-Loop“) oder Werte („Double-Loop“) kann auf diese Weise für die Teilnehmer in Bezug auf alle Themenfelder des Trainings immer wieder neu stattfinden!

Nach diesem Schlaufenmodell lässt sich annähernd jede Trainingssequenz darstellen und in der Praxis zu einem hohen Lerntransfer führen. Sehr erfahrene Trainer benötigen diese Strukturunterstützung oft nicht mehr, sondern haben den „Lern-Loop“ bereits in ihre Trainingsdurchführung implizit integriert. Aber auch für solche Trainer ist es grundsätzlich hilfreich, auf einen ausformulierten Lern-Loop zurückgreifen zu können, an dem sie selbst überprüfen und verorten können, an welcher Stelle des Lern-Loops ihrer Teilnehmer sie sich gerade befinden.

Tipp: Damit Sie direkt in Ihrem nächsten Training Lern-Loops in Ihre Struktur einbauen können, erstellen Sie doch einfach neben dem Trainerleitfaden zu für Sie wichtigen oder neuen Themenfeldern zusätzlich ein oder zwei Lern-Loop-Strukturen. Orientieren Sie sich dazu gerne an unserem Beispiel und formulieren Sie für Ihre Sequenzen jeweils die 6 bzw. 7 Schritte zur Darstellung Ihrer Vorgehensweise im jeweiligen Lern-Loop.

5.9 Formate – 360-Grad-Kurz-Check:

Das Kapitel Formate liefert nicht nur einen Überblick über die möglichen Trainingsformen hinsichtlich Zeit und Raum, sondern ebenso eine Beschreibung der Faktoren, die das Lernen beeinflussen. Außerdem haben wir in diesem Kapitel Möglichkeiten aufgezeigt, ein Training im Vorfeld zu strukturieren. Wie in den beiden vorangegangenen Kapiteln, möchten wir diesen Abschnitt mit einer zusammenfassenden Darstellung abschließen.

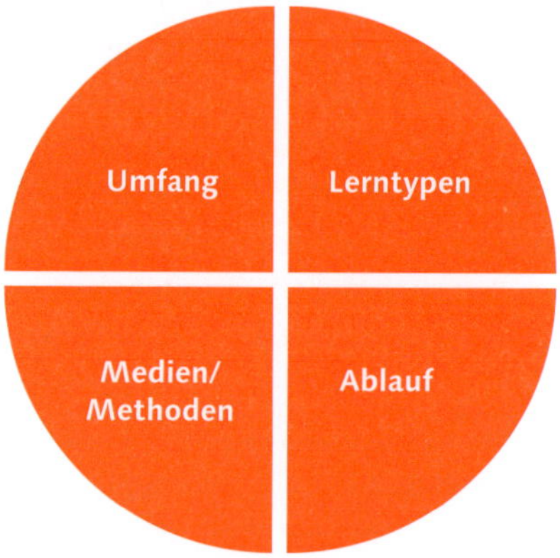

Wie eine Torte setzt sich der Bereich um die Formate also auf den Teilstücken Umfang, Lerntypen, Medien und Ablauf zusammen. Sollten Sie gerade vor der Überlegung stehen, welches Format geeignet ist und wie es strukturiert werden kann, stellen Sie sich am besten wieder einmal die Frage: „Habe ich tatsächlich an alles gedacht?" Nutzen Sie auch die folgenden Fragen, um sich selbst zu überprüfen.

360-Grad-Kurz-Check zu den Formaten

Umfang:

- Welches Budget steht zur Verfügung?
- In welchem Zeitrahmen soll das Training ablaufen?
- In welcher Verbindung steht das Training zur Arbeitstätigkeit?
- In welchem beruflichen Stadium befinden sich die Teilnehmer?

Lerntypen:

- Wie finde ich heraus, welchen Lerntyp der einzelne Teilnehmer vertritt?
- Wie kann ich mein Training an die verschiedenen Lerntypen angepasst gestalten?
- Was sollte ich generell im Training hinsichtlich verschiedener Lerntypen beachten?
- Was ist speziell bei dieser Maßnahme hinsichtlich der Lerntypen zu beachten?

Medien / Methoden:

- Welche Medien nutze ich bei welcher Qualifizierungsmaßnahme?
- Welches Medium wirkt wie bei welchem Lerntyp?
- Wie kann ich die Methoden lerntypgerecht einsetzen?
- Wie können die Medien und Methoden erfolgreich kombiniert werden?

Ablauf:

- Welche Trainingsinhalte möchte ich in den Ablaufplan aufnehmen?
- Welche Bedeutung haben die einzelnen Trainingssequenzen?
- Wie strukturiere ich die einzelnen Trainingstage?
- Welche Medien / Methoden unterstützen den Ablauf meines Trainings hilfreich?

6 Die Trainingsauswertung – Von der Evaluation zur Programmadaption

„Eine neue Idee wird in der ersten Phase belächelt, in der zweiten Phase bekämpft, in der dritten Phase waren alle immer schon begeistert von ihr."
Arthur Schopenhauer

Für die Auswertung eines gut geplanten Trainings bzw. Seminars sind fünf Elemente erforderlich:

Grundlegende Planungsschritte für die Trainingsauswertung	
1. Evaluation:	Wie lautet die Evaluationsstrategie? Welche Evaluationstiefe wird angestrebt? Welche Aufgaben übernehmen Trainingsunternehmen, Unternehmen und eingesetzter Trainer?
2. Reflexion:	Welche Reflexionsebenen sind für den Trainer wünschenswert oder notwendig? Wie lassen sich diese Reflexionsprozesse in das Training sowie in die begleitenden Supportprozesse einbeziehen?
3. Revision:	Wie können Unternehmen für das Training bzw. Seminar sinnvolle Veränderungen in ihrer Vorgehensweise ableiten? Wie lassen sich diese konkret umsetzen?
4. Ergebnisbetrachtung:	Wie lassen sich für Trainings und Seminare der ROI („Return-on-Investment") sowie der VOI („Value-of-Investment") bestimmen? Welche Vorgehensweisen sind empfehlenswert?
5. Programmadaption:	Wie können die grundlegenden Seminarinhalte und Programmbestandteile systematisch optimiert und à jour gehalten werden?

Die Auswertung eines Trainings oder Seminars folgt je nach Erkenntnisinteresse ganz unterschiedlichen Grundstrategien. Die auszuwählenden Auswertungstools orientieren sich dabei am Auswertungsbedarf. Bevor wir uns dann mit den üblichen Vorgehensweisen bei der Trainings- bzw. Seminarevaluation beschäftigen, werden wir uns noch mit der Frage beschäftigen, was ein Trainer ganz konkret im Seminar tun kann, um hier schon mehr über die Wirkung des Seminars oder Trainings auf die Teilnehmer zu erfahren.

6.1 Evaluation

Jedes Unternehmen steuert normalerweise die eigenen Aktivitäten so, dass insbesondere die kostenintensiven Bereiche, auch „Cost Center" genannt, bei minimaler Kostenstruktur einen maximalen Beitrag zum Unternehmenserfolg leisten. Lässt sich dies nicht darstellen, so ist es nur eine Frage der Zeit, bis der Sparstift angesetzt wird.

Der Bereich der betrieblichen Weiterbildung schien über viele Jahre und Jahrzehnte von dieser Betrachtungsweise ausgenommen zu sein. Der „gute Wille“ vonseiten des Trainers, eine Maßnahme anzubieten und vonseiten des Mitarbeiters, an einer Maßnahme teilnehmen zu wollen, schien hier für viele Unternehmen ausreichend zu sein, Weiterbildungsmaßnahmen zu genehmigen.

Ganz anders stellt sich die Herausforderung heute dar: Jede Investition muss geeignet sein, die Organisation oder Teile davon auf eine neue, bessere Ebene zu heben. Würde ein Unternehmen in eine neue IT-Infrastruktur, in eine neue Telefonanlage, in neue Gebäude, in neue Maschinen etc. investieren, wenn es nicht wüsste, dass dies zu einer Optimierung der Leistung oder einer Verbesserung der Zusammenarbeit beiträgt? Wohl kaum!

Wenn ein Unternehmen z.B. ein Verhandlungstraining für den Einkauf konzipieren lässt, hat dies normalerweise damit zu tun, in der Vergangenheit gehäuft suboptimale Verhandlungsergebnisse erzielt zu haben bzw. von Lieferanten aus Mangel an Professionalität einiger Mitarbeiter ausgetrickst worden zu sein.

Auf der ersten Ebene, der **Ebene der Konzeptprüfung,** geht es also darum, zu untersuchen, **ob ein bestimmtes Trainingsformat überhaupt geeignet ist, diese notwendigen Veränderungen auf den Weg zu bringen.** Bei einem großen Automobilzulieferer hatten wir beispielsweise die Aufgabe, telefonische Verhandlungen mit nicht immer einfachen Gesprächspartnern „nachzuschulen“. Hier hatte es in der Vergangenheit auf der Businessseite zwar einen klaren, sichtbaren Bedarf gegeben, dieser konnte jedoch von den internen Trainern nicht gedeckt werden. Sie wollten lieber klassische Verhandlungstrainings durchführen und verfügten nicht über die passenden Konzepte, um Verhandlungstrainings am Telefon erfolgreich aufzusetzen.

Die Evaluationen der Einzelmaßnahmen führten zu einer optimierten Konzeption und Vorgehensweise und in der Folge zu sehr zufriedenen Seminarteilnehmern. Da das Unternehmen sich einem sehr starkem Wettbewerb und Kostendruck ausgesetzt fühlte, konnten die Teilnehmenden ihre neuen Kenntnisse und Kompetenzen sehr gezielt einsetzen.

Was genau ist eine Evaluation?

Das obige Praxisbeispiel zeigt, dass es im betrieblichen Fort- und Weiterbildungsbereich nicht allein darum geht, überhaupt irgendwelche Trainings anzubieten. Maßnahmen, die gezielt am Bedarf des Unternehmens und der Teilnehmer ausgerichtet sind, sind hier gefragt. Diese möchten wir durch Wissens- und Erfahrungszuwachs innerhalb von Kundenprojekten, aber auch darüber hinaus ausbauen.

Jedes Unternehmen, das über eine eigene Weiterbildungsabteilung verfügt, hat sein ganz eigenes Vorgehen, wenn es um die Evaluation von Trainings und Seminaren geht. Bislang existiert kein übergreifender Standard, wie es das z.B. für den Bereich Rohstoffe oder Lebensmittel gibt.

Wir gehen üblicherweise nach folgendem Schema vor:

- Rückmeldungen der Teilnehmer (vor, während und nach dem Training)
- Selbstreflektion des Trainers (Gespräche, Stimmungsbericht)
- Rückmeldungen vom und an den Auftraggeber
- Gegebenenfalls Anpassung des zugrunde liegenden Konzepts
- Gegebenenfalls Wechsel des durchführenden Trainers

Darüber hinaus arbeiten wir mit unseren Aufraggebern an einer Verbesserung der Rahmenbedingungen und ziehen aus gemachten Erfahrungen die manchmal notwendigen Konsequenzen. Manch guter Trainer harmoniert eben zum Beispiel auch nicht mit jeder Zielgruppe, und wenn sich dies anhand unserer Instrumente und auch anhand der Rückmeldungen abzeichnet, dann tendieren wir dazu, die Aufgaben an einen anderen, in diesem Fall passenderen Trainer zu übertragen. Der Kurfürst von Brandenburg „Fritz der Große" hatte es für sich einmal so formuliert: *„Erfahrungen nützen gar nichts, wenn man keine Lehren daraus zieht."*

Aber was ist denn nun ein allgemein hilfreiches Verständnis von Evaluation? Es gibt zahlreiche Definitionen. Manch einer versteht unter Evaluation die systematische Erhebung und Auswertung von Daten. Das allerdings wollen auch Wissenschaft und Marktforschung. Die folgende Definition ist hier etwas präziser: *„Evaluation hat das Ziel, Handeln zu bewerten, zu legitimieren, über es zu entscheiden, Wirkungen zu messen und Verbesserungen hervorzubringen"* (König und König, 2005). Oder noch etwas anders: *„Im Idealfall ist Evaluation ein kontinuierlicher Prozess, der vom ersten Kontakt, über die Konzeptentwicklung, dem Training bis zur Endauswertung stattfindet, um den Erfolg des Trainings zu optimieren"* (König und König, 2005).

Wenn wir die Aussagen aus der Wissenschaft und unsere Erfahrungen aus der Praxis zusammenfügen, ist Evaluation für uns als Trainingsunternehmen ein strukturierter Prozess, der im Sinne einer kontinuierlichen Verbesserung die Qualität unserer Maßnahmen für unsere Kunden sichert und weiterentwickelt.

6.1.1 Evaluations-Tools während einer Maßnahme

Das Trainerleben ist nicht immer einfach und es gibt Momente, wo Sie als Trainer nicht ganz sicher sind, ob Sie mit Ihrem Angebot, mit Ihrer ganz besonderen Herangehensweise auch tatsächlich den Nerv Ihres Publikums getroffen haben. Was können Sie tun?

In der Praxis gibt es zwei Möglichkeiten:

- Variante 1: Augen zu und durch – morgen ist auch noch ein Tag! Auch wenn ich diese Gruppe nicht erreicht habe, so kommt bestimmt bald die nächste Chance.
- Variante 2: Es ist nie zu spät für einen Kurswechsel! Wenn es so sein sollte, dass ich die Gruppe nicht erreiche, will ich es wissen, sodass ich gegensteuern kann.

Variante 1 entspricht dem „Prinzip Hoffnung“ und ist bekanntlich des Kaufmanns Tod. Mal abgesehen davon, dass Sie als Trainer natürlich auch übersensibel sein könnten, und „die Nachtigall dort trapsen hören“, wo sie gar nicht ist, würden wir vermuten, dass Sie sich mit der Variante 1 auf kurz oder lang selbst ins „Aus“ befördern. Was tragisch wäre, da Sie vielleicht gar nicht wissen warum!

Daher empfehlen wir dringend Variante 2. Versuchen Sie möglichst bald und möglichst klar zu verstehen, was Ihre Teilnehmer schätzen und womit diese nicht zufrieden sind. Um hier nicht in einer unangenehmen Disputation zu enden, sollten Sie sich die ein oder andere **On-Spot-Methode** aneignen, mit der Sie auch während des Seminars spontan, strukturiert und konstruktiv erfahren und erfassen können, woran es gerade hakt.

Mehrpunktabfrage mit der Evaluations-Zielscheibe

Immer wieder stehen wir vor der Frage, wann welches Instrument einzusetzen ist, um die Qualität eines Trainings zu messen. Es gibt viele verschiedene und kreative Methoden, beispielsweise noch im Training eine Stimmungsabfrage durchzuführen. Eine schöne Möglichkeit bietet unter anderem die „Mehrpunkt-Abfrage“ (Wilbers, 2012). Hier können beispielsweise vier Themenfelder vom Trainer abgefragt werden. Jedem Thema wird auf einer aufgezeichneten Zielscheibe ein Viertel zugeteilt. Mithilfe von Klebepunkten können die Teilnehmer nun ihre Bewertung abgeben. Je näher die Klebepunkte im jeweiligen Feld in der Mitte der Scheibe liegen, desto besser ist ihre Bewertung. Die Themen sollten präzise formuliert werden (etwa: Moderation der Gruppendiskussion) und zusätzlich noch einmal genauer besprochen werden, bevor die Bewertung stattfindet. So können Missverständnisse, darüber, was genau gemeint ist, aus dem Weg geräumt werden.

Individualfeedback mit dem Fünf-Finger-Feedback

Nicht weniger kreativ als die Zielscheibe zur Meinungsabfrage ist die Bewertung mit Fingern, die auch als „Fünf-Finger-Feedback“ bezeichnet wird (vgl. Wilbers, 2012). Dabei wird jedem Finger an der Hand eine bestimmte Bedeutung beigemessen, wie etwa „Erwartungen vollkommen erfüllt“ für den Daumen oder „stellenweise Veränderungsbedarf“ für den Zeigefinger. Die Bewertung kann dann direkt abgefragt werden oder Sie bitten die Teilnehmer, zusätzlich ihre Einschätzung auf der entsprechenden Abbildung einer Hand festzuhalten.

Hier ein Beispiel:

Wie erfolgreich war Ihr Vormittag? Das können Sie an einer Hand ablesen.

- Daumen: **Denkergebnis:** Welche neuen Erkenntnisse hat Ihnen der Vormittag gebracht?
- Zeigefinger: **Zielerreichung:** Was haben Sie getan, um Ihren Zielen näher zu kommen?
- Mittelfinger: **Mentalität:** Wie war Ihre Stimmung heute Vormittag?
- Ringfinger: **Ratgeber:** Womit haben Sie heute anderen geholfen?
- Kleiner Finger: **Körper:** Was haben Sie für Ihre Gesundheit und Ihren Körper getan?

Kollegiale Hospitation

Evaluation beschränkt sich nicht nur auf Teilnehmer und Trainer. Oft werden wichtige Merkmale des Trainings nicht wahrgenommen oder durch Sympathieaspekte verdeckt, wenn man selbst Beteiligter ist. Ein außenstehender Beobachter hingegen ist unvoreingenommener und kann auch die Gruppendynamik besser erfassen. Für die Beobachterrollen eignen sich sehr gut **Kollegen oder auch Freunde und Bekannte, die selbst mit dem Trainingsfeld vertraut sind.** Es sollte jedoch nicht vergessen werden, dass diese Personen keine „Bewertung", sondern eben nur eine „subjektive" Außenansicht in Form eines Feedbacks weitergeben werden.

Die Methode der kollegialen Hospitation nutzen wir, um neue Trainer in unsere Konzepte einzuführen oder um Trainingskonzepte weiterzuentwickeln. Eine gern gewählte Aufgabe für Hospitanten ist neben einem schriftlichen Feedback zur Veranstaltung auch die Anfertigung eines eigenen Trainerleitfadens, denn dies zwingt den Hospitanten dazu, den Verlauf aktiv zu verfolgen und die Ziele der einzelnen Sequenzen festzuhalten und zu reflektieren. Auch die Fragestellung: *„Was macht den Trainer besonders erfolgreich?"* kann bei einem guten Training dazu führen, dass Sie als Hospitant ganz besonders genau hinschauen und sich von einem solchen „Role-Modell" in Ihrer eigenen Trainerpersönlichkeit inspirieren lassen.

Teilnehmende Beobachtung

Neben der kollegialen Hospitation ist auch eine teilnehmende Beobachtung denkbar. Sowohl die Beobachtung von außen als auch von innen haben ihre Vor- und Nachteile. Eine außenstehende Person ist weniger beeinflusst durch das Vorgeschehen und hat eine Distanz zu den Teilnehmern. Genau diese Distanz kann andererseits jedoch auch dazu führen, dass der Beobachter bestimmte Gruppenprozesse nicht versteht und Abläufe falsch erfasst werden. Diese Gefahr besteht weniger bei einer beteiligten Beobachtung. Hier liegt die Schwierigkeit darin, zwischen den Rollen des Teilnehmers und des Beobachters zu wechseln. Da beide Formen der Beobachtung verzerrte Ergebnisse hervorbringen können, bitten Sie am besten eine Person, die im Beobachten von Gruppenprozessen erfahren ist.

Neben der Problematik der Verzerrung ergibt sich noch die Frage, wie und ob wir den Beobachter der Teilnehmergruppe gegenüber vorstellen. Eine verdeckte

Beobachtung ist deshalb problematisch, weil möglicherweise nicht alle Teilnehmer mit der Beobachtung einverstanden sind. Stellen wir den Beobachter aber als solchen vor, kann es passieren, dass sich das Verhalten der Teilnehmer verändert.

Für eine solche Beobachtung werden spezielle Vorgehensweisen empfohlen (vgl. Wilbers, 2012). Zuerst einmal sollte festgelegt werden, welcher Bereich des Trainings untersucht werden soll, also beispielsweise, ob der Trainingseinstieg genügend auf die Teilnehmermotivation ausgelegt ist und alle relevanten Aspekte angesprochen werden (vgl. Kap. 4). Auch die abschließende Besprechung sollte nicht als Beschuss des bewerteten Trainers organisiert werden, sondern als sachorientierte Besprechung etwaiger kritischer Punkte und als Wegweiser in die Zukunft dienen, indem auch Veränderungs- und Verbesserungsmöglichkeiten des Trainers bzw. der Trainingskonzeption besprochen werden.

Da wir immer wieder auch Trainer im Rahmen unserer dvct-Gutachtertätigkeit zertifizieren, sind uns diese Beobachtungsszenarien bekannt. Wir wissen auch, dass eine zusätzliche Beobachtung für viele Trainerinnen und Trainer Stress erzeugt. Es zeigt sich jedoch immer wieder, dass die Trainer sehr von diesem kollegialen Feedback profitieren. Stellen wir unbewusste Muster fest, die ohne die gutachterliche Be-„gut"-Achtung möglicherweise verborgen geblieben wären, ist dem Trainer künftig noch mehr Erfolg bei seiner Tätigkeit sicher.

6.1.2 Evaluations-Tools nach einer Maßnahme

futureformat DGME® hat von Beginn an jedes Training, jeden Workshop und jedes Coaching evaluiert. Und zwar stets mit einem einseitigen Evaluationsbogen auf Papier, in welchem sowohl quantitativ als auch qualitativ die Trainerleistung und die Zufriedenheit mit dem Training im Ganzen erfasst wurde. Viele Unternehmen arbeiten ebenfalls mit einseitigen Evaluationsbögen, die am Ende zumeist vom Trainer selbst ausgegeben werden, um dann, z.B. über die Hauspost, zur Personalabteilung befördert zu werden. In der Regel werden die Ergebnisse dem Trainingsinstitut sowie den internen Entscheidern zur Verfügung gestellt, sodass diese im Zusammenspiel mit dem Trainingsunternehmen die Qualität der Seminare verbessern können.

Erhebungsinstrument Fragebogen

Der Fragebogen als Instrument fällt in den Bereich des „Individualfeedbacks" (vgl. Wilbers, 2012), er wird also vom Teilnehmer selbst ausgefüllt. Er bietet den Vorteil, dass Sie die Ergebnisse gleich in schriftlicher Form vorliegen haben. Wie Sie den Fragebogen aufbauen, sollten Sie jedoch gut überlegen.

Die wichtigste Unterscheidung von Fragen ist die in offene und geschlossene Fragen.

- **Geschlossene Fragen** bieten den Teilnehmern mehrere Antwortmöglichkeiten, von denen sie ein oder mehrere auswählen können. Diese Frageform liefert in kurzer Zeit eindeutige Ergebnisse. Dementsprechend ist auch die Auswertung relativ einfach und schnell. Kein Wunder, dass diese Frageform gerne zur Evaluation verwendet wird. So weit so gut! Aber wo liegen die Schwachstellen dieser Frageform?

  Sobald wir einer Frage verschiedene Antwortausprägungen zuordnen, schränken wir die Vielfalt der möglichen Antworten ein. Für Fragen wie etwa das Alter des Teilnehmers ist dies eher unproblematisch. Wenn jedoch subjektive Empfindungen oder Einschätzungen abgefragt werden, tun sich andere Probleme auf. Sobald Sie mögliche Antworten für den Fragebogen entwickeln, ist die Frage bereits von Ihrer eigenen Vermutung belastet. Dies spiegelt sich auch darin wider, dass der Teilnehmer die Antwort nicht mehr selbst formulieren kann. Wie oft saßen wir schon selbst einmal vor einem Fragebogen und haben festgestellt, dass keine der Antwortmöglichkeiten auf uns zutrifft. Außerdem ist nicht gesichert, dass die Frage richtig verstanden wurde. Deshalb sollte genau überlegt werden, ob sich die geschlossene Frage eignet.
- Anders ist dies bei der **offenen Frage.** Bei dieser Frageform kann der Teilnehmer in einem Fließtext oder mit Stichpunkten antworten. Der Vorteil dieser Methode ist einerseits, jeden Teilnehmer in seinen ganz eigenen Worten antworten zu lassen und keinen Problembereich übersehen zu haben. Im Gegensatz zur geschlossenen Frage haben Teilnehmer bei dieser Variante nämlich auch die Möglichkeit, Aspekte anzusprechen, die bei geschlossenen Fragen völlig außen vor geblieben wären, jedoch wichtig für die Evaluation sind. Die Schattenseite dieser Frageform ist jedem bekannt, der schon einmal einen offenen Fragebogen ausgewertet hat: Es ist schwierig, die wirklich wichtigen Informationen für die Fragestellung herauszufiltern. Außerdem lassen sich die Antworten verschiedener Teilnehmer nur schwer miteinander vergleichen.

Je nachdem, wo Ihr Schwerpunkt für die Evaluation liegt, sollten die Fragen offen oder geschlossen formuliert werden. Es ist auch möglich, die verschiedenen Frageformen zu mischen (vgl. Reischmann, 2012). Die Gefahr besteht hierbei darin, dass es zu viele Fragen zum Ankreuzen gibt, welche dann den Fokus des Teilnehmers beeinflussen.

Eine Möglichkeit, Fragen aufzulockern, sind außerdem **halboffene Fragen.** Dabei können die Teilnehmer die zur Auswahl stehenden Antwortmöglichkeiten noch um individuelle Eindrücke, Meinungen und Wünsche ergänzen, indem beispielsweise die Kategorien „Sonstiges“ oder „und zwar ...“ angehängt werden. Falls Ihnen die Erstellung des Fragebogens schwerfällt, gibt es auch die Möglichkeit, auf spezielle Programme zurückzugreifen. So stellt zum Beispiel die Website www.grafstat.de Programme dieser Art zur Verfügung.

Hier eine kurze Checkliste, mit der Sie überprüfen können, was ein Evaluationsinstrument leisten soll:

- Gleichermaßen qualitative als auch quantitative Elemente überprüfen
- Klare Einordnung, ob im Seminar die Ziele erreicht wurden
- Falls die Ziele nicht erreicht wurden, die Ursache hierfür ersichtlich machen
- Ergebnisse innerhalb von 24 Stunden liefern

Formulieren Sie Ihre eigenen Kriterien bzw. Leistungskennzahlen für Ihr Instrument, am besten bezogen auf ein ganz konkretes Kundenprojekt.

Hier ein Beispiel für einen möglichen Fragebogen:

Feedbackbogen für das Seminar ...

Bitte kreuzen Sie Ihre Bewertung an. Wie beurteilen Sie ...	☺		😐		☹
Seminarablauf	❑	❑	❑	❑	❑
Inhalt	❑	❑	❑	❑	❑
Umsetzbarkeit für Ihre Arbeit	❑	❑	❑	❑	❑
Lernklima	❑	❑	❑	❑	❑
Gestaltung	❑	❑	❑	❑	❑
Arbeitsunterlagen	❑	❑	❑	❑	❑
Organisation	❑	❑	❑	❑	❑
Trainer	❑	❑	❑	❑	❑
Gesamteindruck	❑	❑	❑	❑	❑
Bemerkungen:					

Hatten Sie Vorkenntnisse zum Thema der Veranstaltung?	keine	wenige	einige	viele
	❑	❑	❑	❑
Welche nützlichen Ideen hat Ihnen das Training vermittelt?				
Welche wertvollen Punkte gab es für Sie?				
Was hat Ihnen besonders gut gefallen?				

Was haben Sie vermisst?			
Auf welche Inhalte kann verzichtet werden?			
Weitere Anregungen für künftige Weiterbildungsmaßnahmen:			
Die für das Seminar angesetzte Zeit war...	zu kurz	genau richtig	zu lang
	❑	❑	❑
Die Menge der zu behandelnden Themen war ...	zu wenig	genau richtig	zu viel
	❑	❑	❑
Die Zeit für Nachfragen und Diskussionen war ...	zu kurz	genau richtig	zu lang
	❑	❑	❑

Befragung kurz nach dem Training und nach einem längeren Zeitraum

Eine schriftliche Befragung, die sowohl die kurzfristige als auch langfristige Wirkung eines Trainings berücksichtigt, dient auch dazu, mit dem Kunden weiterhin im Gespräch zu bleiben und den Blick des Teilnehmenden auf diese Maßnahme beizubehalten.

Diese Befragung muss gar nicht so umfangeich sein, sondern kann sich auf einige offene Fragen beschränken (vgl. König und König, 2005):

1. Welcher Einsatz wurde geleistet (zeitlich und finanziell)?
2. Wie zufrieden waren die Teilnehmer mit der Veranstaltung?
3. Was wurde durch das Training erreicht in Bezug auf die im Vorfeld definierten Ziele?
4. Woran können Sie am Arbeitsplatz erkennen, dass das Training erfolgreich war?
5. Was konnte von den trainierten Inhalten am Arbeitsplatz innerhalb eines Monats / von sechs Monaten umgesetzt werden?
6. Ergaben sich durch die Trainingsziele die erhofften Vorteile am Arbeitsplatz?
7. Rechtfertigen diese Vorteile den erbrachten zeitlichen und finanziellen Aufwand?

Die Fragen 1 bis 3 können direkt nach Trainingsende beantwortet werden. Die Fragen 4 bis 6 erst nach einer gewissen Zeit. Frage 7 bedarf der näheren Betrachtung, z.B. Kosteneinsparung, Reduktion von Fehlern, Missverständnissen oder Konflikten, Steigerungen der Effektivität oder der Qualität, erhöhte Kundenzufriedenheit, verbesserte Produkte, höherer Absatz etc. All dies ist gegen die Trainingskosten und den Arbeitsausfall aufzurechnen.

Jedoch gibt es darüber hinaus bei guten Trainings weitere Effekte, die häufig nicht systematisch erfasst werden: gestiegene Motivation des Einzelnen, bessere Zusammenarbeit im Team, Verbesserung der Grundstimmung, geringere Fluktuation, da der Arbeitgeber als attraktiv erlebt wird.

Evaluationsinstrument persönliche Befragung

Neben dem Fragebogen lässt sich das Feedback der Teilnehmer natürlich auch mündlich in einem direkten Interview einholen. Hier sollten Sie wieder einmal abwägen, welche Methode den größeren Nutzen für Ihre Fragestellung bietet. Wie schon erwähnt, ist ein großer Vorteil des Fragebogens die gleichzeitige schriftliche Fixierung. Ein Interview hingegen muss gleichzeitig protokolliert oder anhand von Audioaufzeichnungen nachträglich transkribiert werden. Anders als bei der schriftlichen Befragung ist der Interviewer also sowohl an der Befragung als auch an der Verschriftlichung beteiligt. Dementsprechend ist diese Methode mit mehr Zeit- und auch Kostenaufwand verbunden.

Das freie und spontane Sprechen im Interview hat ebenfalls Nach- aber auch Vorteile. Zwar sind die Antworten möglicherweise unüberlegter, andererseits prägen genau diese Eigenschaften die Ehrlichkeit der Antwort. Auch ist es möglich, als Interviewer direkt auf interessante Aspekte einzugehen und diese zu hinterfragen. Nicht vergessen werden sollte allerdings, dass jeder Befrager, sei es der Trainer selbst oder eine außenstehende Person, durch sein Auftreten, seine Sprache und sein Vorgehen unbewusst auf die Teilnehmer einwirkt, was grundsätzlich auch das Ergebnis verzerren könnte.

Entscheiden Sie sich für die Befragung per Interview, sollten Sie in jedem Fall sicherstellen, dass der Interviewer Erfahrung hat und weiß, wie er die Effekte seiner Person möglichst klein hält. Natürlich gibt es auch im Interview verschiedene Strukturierungsgrade. Werden nur einzelne Fragen schnell abgearbeitet, ohne auf die Antworten näher einzugehen, liegt ein sehr strukturiertes Interview vor. Möchten Sie hingegen genauere Informationen aus Ihren Teilnehmern herauskitzeln, bietet sich ein narratives Interview an, da dies im Kern wie ein normales Gespräch aufgebaut ist (vgl. Reischmann, 2012).

Transferevaluation in Form eines 360-Grad-Feedbacks

Eine der umfangreichsten, aussagekräftigsten aber auch aufwendigsten Evaluationsmethoden im Trainingsbereich ist das sogenannte 360-Grad-Feedback. Selbsteinschätzungen und Feedbacks des Trainers und auch der Teilnehmenden werden hier systematisch mit Beobachtungen und Einschätzungen der Vorgesetzten, Kunden, Kollegen und ggf. Mitarbeiter ergänzt.

Mit dieser Methode können vor allem der **Lernerfolg und der Transfer in die Praxis erfasst werden.** Neben den Feedbacks von bis zu vier unterschiedlichen Personengruppen werden hier im Idealfall sowohl quantitative als auch qualitative Erhebungsmethoden verwendet. Da nach dem Training erst einmal Zeit ins Land geht, bis den bei einem solchen Feedbackprozess beteiligten Personen veränderte Verhaltensweisen auffallen, kann dieses Feedback auch erst nach einem bestimmten Zeitraum nach dem Training eine Verhaltensänderung nachweisen.

Wird ein Erhebungsverfahren implementiert, bei dem es **zwei Messpunkte** gibt, z.B. ein oder zwei Monate vor dem Training oder Programm und sechs oder acht Monate nach dem Training oder Programm, dann können sehr präzise Aussagen über Verhaltensänderungen und – auf aggregierter Ebene – auch Aussagen über die Stärken und Schwachstellen eines Trainingsprogramms getroffen werden.

Da diese Trainingsevaluation nicht nur Zeit, sondern auch Geld beansprucht, wird sie nicht nur in der Praxis, sondern sogar zum Teil in der Literatur als zu kosten- und zeitintensiv abgetan. Für große Firmen, die ein nachhaltiges Weiterbildungsprogramm implementieren möchten, ist nach unserer Ansicht die 360-Grad-Analyse sechs bis acht Monate nach der jeweiligen Maßnahme jedoch eine ernsthafte Überlegung wert.

Mit Freude haben wir im Rahmen eines Gesprächs mit einem Personaler vor einiger Zeit erfahren, dass zwei jüngere Führungskräfte des Unternehmens, die zwei Jahre zuvor an einem unserer offenen zweitägigen Führungstrainings teilgenommen hatten, bei einer internen 360-Grad-Analyse mit am besten abgeschnitten hatten. Die Wertschätzung dieses Seminars durch den Personalleiter spiegelte sich dann in der Formulierung: *„Da muss dann wohl doch so einiges hängen geblieben sein!"*

6.1.3 Evaluation als Erfolgsmessung – Das Vier-Stufen-Modell nach Kirkpatrick

Evaluation ist kein einfaches Unterfangen und bringt wenig Resultate, wenn sie nicht strukturiert und mit einem bestimmten Ziel durchgeführt wird. Kirkpatrick (1976) hat ein Evaluationsmodell entwickelt, das vier aufeinander aufbauende, aber separat zu erhebende Stufen der Evaluation unterscheidet. Erst wenn auf der obersten Stufe ein optimales Ergebnis erzielt wird, kann von einem tatsächlich erfolgreichen Training gesprochen werden.

- Die erste Ebene bildet dabei die **Reaktion der Teilnehmer.** Der Teilnehmer kann zum Beispiel zufrieden mit dem Seminar sein und mit einem guten Gefühl nach Hause gehen.
- Das **Lernen** an sich bildet die zweite Stufe. Damit sind die Wissensanreicherung sowie die Aneignung neuer Fähigkeiten und Kompetenzen gemeint. Ob dieses Lernen stattfindet, lässt sich meist schon im Training direkt oder im Anschluss erfassen, zum Beispiel mit einem Wissenstest.
- Damit ist jedoch noch nicht gesichert, dass sich das Gelernte auch auf den Arbeitsalltag auswirkt, dort angewandt und Teil der Routine wird. Ob dieser Prozess stattgefunden hat, kann nach Kirkpatrick erst einige Zeit, z.B. zwei oder drei Monate nach dem Training erfasst werden und bildet mit dem Punkt **Verhalten** Stufe drei.
- Schließlich können sich auf einer vierten Stufe tatsächlich faktische Veränderungen einstellen und sich somit ein **Ergebnis** verändern. Ein Teilnehmer könnte zum

Beispiel seine Zeit besser nutzen und dann auf einer persönlichen Ebene in weniger Zeit mehr schaffen, oder auf der Ebene des Unternehmens gibt es weniger Krankentage und gleichzeitig einen höheren Gewinn, auch hier ist unterm Strich das Ergebnis ein besseres.

Dabei ist die spannende Frage: Welche persönliche Entwicklung hat der Teilnehmer durchlaufen, beziehungsweise, wie hat sich die Performance des Unternehmens aufgrund der Trainingsmaßnahme verändert? Und lässt sich dieses Ergebnis auch tatsächlich kausal auf die entsprechende Maßnahme zurückführen?

Das Ergebnis auf dieser Stufe wird daher im Zeitablauf als letztes erfasst. Das Modell nach Kirkpatrick lässt sich also wie folgt darstellen:

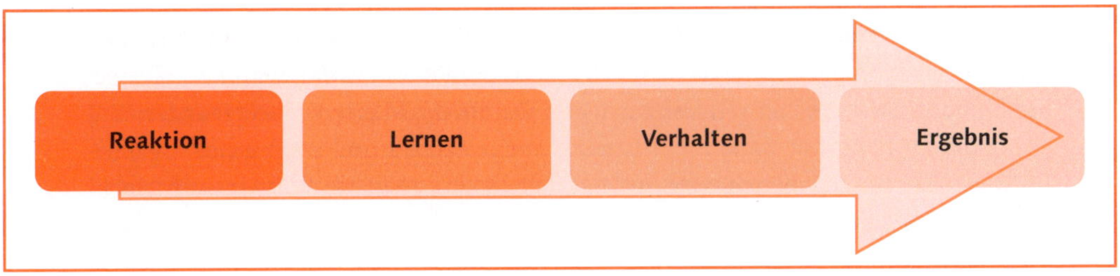

Kirkpatrick im futureformat® Lern-Performance Modell

Fällt Ihnen hier bereits etwas auf? Das Modell zeichnet eine Teilnehmerentwicklung auf, die Sie auch in unserem futureformat® Lern-Performance-Modell wiederfinden können. Das Modell von Kirkpatrick stellt den Lernfluss des Teilnehmers dar.

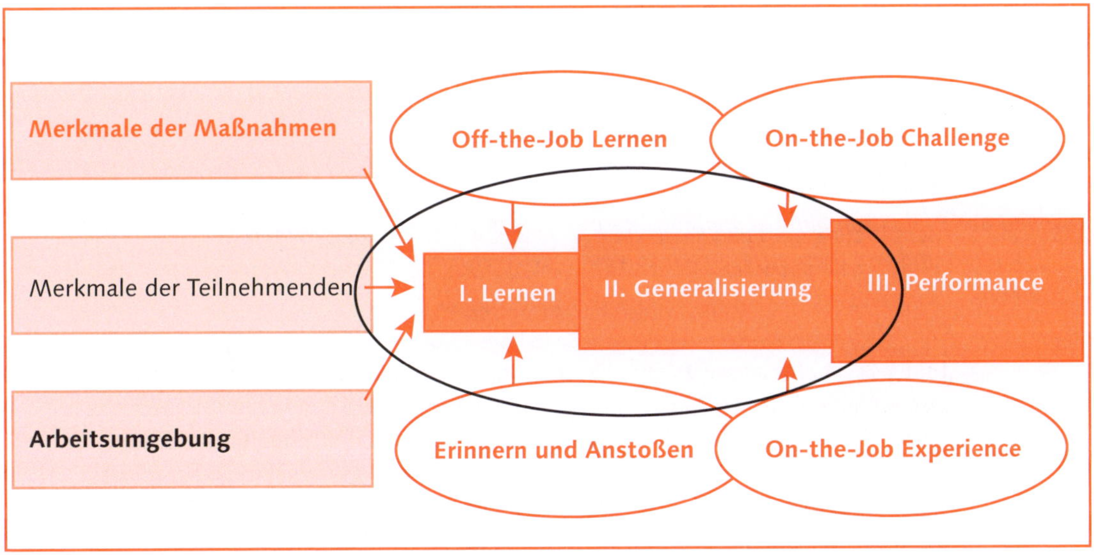

Das schwarze Oval zeigt, wo Kirkpatrick seine Evaluation ansetzt – nämlich genau beim Teilnehmer selbst. Was in unserem Modell das Lernen ist, sind im Stufen-Modell die „Reaktion" sowie das „Lernen". Mit der Generalisierung ist auch bei uns das Verhalten des Mitarbeiters im täglichen Arbeitsleben nach dem Absolvieren des Trainings oder Seminares gemeint. Das Ergebnis auf der vierten Stufe bei Kirkpatrick ist gleichbedeutend mit der Performance in unserem Modell.

Nun stellt sich natürlich die Frage, was ist in unserem Modell anders und wo liegt der Bezug zur Evaluation?

Wenn wir uns die Bereiche des Stufenmodells einmal genauer ansehen, stellen wir fest, dass dessen Parameter relativ gut quantitativ überprüfbar sind. Hier wird geschaut, ob die Maßnahme Wirkung gezeigt hat. Dieses Ergebnis ist für den Teilnehmer, das Unternehmen aber auch für uns als Trainer von hoher Bedeutung. Stellen wir uns nun jedoch einmal den Fall vor, dass im Rahmen der Evaluation festgestellt wird, dass die Teilnehmer zufrieden waren, dass Lernen stattgefunden hat, aber das Ergebnis am Ende nicht stimmt. Wenn Stufe 1 und 2 ein gutes Ergebnis bringen, bei Stufe 4 jedoch ein Defizit auftritt, so könnten Sie dem Verdacht nachgehen, dass dann das Ergebnis an Stufe 3, also an der Verstetigung des gelernten Verhaltens, gescheitert sein könnte. Was ist zu tun, wenn z.B. sowohl die Zufriedenheitsabfrage als auch der Wissenstest nach dem Training positiv sind, eine 360-Grad-Analyse nach sechs Monaten aber keine Verhaltensänderung zeigt?

Alle Bereiche außerhalb der orangen Ellipse sind Stellschrauben zur Wirkverbesserung eines Trainings oder Seminars. Keiner dieser Bereiche ist zwingend eine fixe Größe! Zwar können Sie selbst nicht jede Stellgröße direkt beeinflussen, wohl aber kann das Unternehmen diese optimieren und Sie als Trainer können – eine gute Kundenbeziehung vorausgesetzt – hier sehr wichtige Impulse geben.

Was bedeutet das nun für die Trainings-Evaluation? Wenn ein Unternehmen oder ein Trainingsunternehmen ein Training auswertet, geschieht dies in der Regel nicht mit dem Ziel, das Training zukünftig abzulehnen oder festzustellen, auf welcher Ebene es nicht greift.

In der Evaluation geht es vielmehr darum, zu erfassen, welche Stellgrößen nicht optimal wirken und wie diese erfolgreich so verändert werden können, dass das Ergebnis optimiert wird.

In der Psychologie gibt es eine Debatte darum, wie viel Einfluss unsere Anlagen, also vor allem unsere Gene, und wie viel Einfluss unsere Umwelt auf unsere Entwicklung haben. Verfechter der „Anlage"-These sehen kaum einen Verhaltensspielraum des Individuums. Deswegen nennt man diese auch „Deterministen"; alles scheint vorab festgelegt zu sein. So wäre fast alles menschliche Verhalten biologisch vorbestimmt. Die Gegenthese hierzu ist, dass Menschen alles erlernen können, wenn Sie nur genügend Unterstützung bekommen und sie dies sehr motiviert anstreben.

Selbstverständlich ist es nicht möglich, zu sagen, welche dieser beiden Positionen zutreffend ist und vermutlich liegt die Wahrheit irgendwo in der Mitte. Für den Bereich der beruflichen Bildung und eine gezielte Personal- und Managemententwicklung ist es jedoch durchaus nützlich, anzunehmen, dass Menschen lern- und entwicklungsfähig sind. Denn nur so gelingt es, das Fenster der (Veränderungs-) Möglichkeiten möglichst weit aufzustoßen in der Hoffnung, dass entsprechende Angebote von den einzelnen dann auch genutzt werden.

6.2 Reflexion – An welchen Stellschrauben lässt sich aufseiten des Trainers drehen?

Ist ein Training beendet und halten Sie als Trainer die Feedbackbögen der Teilnehmer in Händen, beginnt die Phase der Reflexion. Blicken Sie zurück auf das im Training und über die Rückmeldung der Teilnehmer Erfahrene, dann stellen sich Ihnen zwei elementare Fragen:
- Was ist bei dem Training gut gelaufen?
- Wo gab es Schwierigkeiten?

Nutzen Sie hier gerne ein noch feineres Instrument der Reflexion und betrachten Sie Ihre einzelnen Kompetenzfelder genau. Beziehen Sie diese zwei Fragen auf Ihre Kompetenzfelder (vgl. Nowotny und Tantau, 2012) und betrachten Sie Ihre
- Feldkompetenz
- Fachlich-methodische Kompetenz
- Persönliche Kompetenz
- Sozial-kommunikative Kompetenz

Nur wenn Sie es schaffen, die weißen Flächen Ihrer Kommunikation kontinuierlich zu minimieren, werden Sie nachhaltig Ihren Erfolg als Trainer sichern!

Gerade wenn Sie im Unternehmenskontext tätig sind, ist es wichtig, in der Reflexionsphase zu schauen, in welchen Bereichen, die sich nicht auf den ersten Blick in ihrem Einflussfeld befinden, positive Entwicklungen herbeigeführt werden können.

Beispielsweise würden viele nicht vermuten, dass im Bereich „Merkmale der Teilnehmer" Einfluss genommen werden kann. Aber erinnern wir uns einmal an die messeähnlichen Weiterbildungstage zurück, die wir in Kapitel 2 dieses Buches beschrieben haben. Bevor auch nur der Auftrag genau geklärt war, konnten wir durch diese Maßnahme eine positive Grundhaltung zu Trainings und eine Bereitschaft zur Teilnahme verbreiten. Auch der Kontakt zum Teilnehmer im Vorfeld der weiteren Trainings kann so hilfreich beeinflusst werden. Mit der Frage, *„Waren Sie* *mit der Betreuung im Vorfeld zufrieden?"*, können Sie diese Faktoren beispielsweise durch eine einfache Abfrage im Evaluationsbogen zum Ende des Seminars auswerten.

Lassen Sie einmal Ihre Gedanken um dieses Thema kreisen und notieren Sie Ihre Ideen, wie Sie positiven Einfluss auf die Merkmale der Mitarbeiter nehmen können.

Die Arbeitsumgebung können wir als Trainer oder als Trainingsunternehmen leider kaum beeinflussen. Wir können jedoch nach der Bedarfsanalyse durch Auswertungsgespräche mit dem Auftragsunternehmen auch Wandel in diesem Bereich anstoßen. An unsere lieben Leser aus der Personalabteilung oder den Auftragsunternehmen selbst hier der kleine Hinweis: Nicht nur Training führt zum Ziel, auch das Umfeld, in dem Mitarbeiter sich täglich bewegen, sei es auf der Ebene des Raumes, des Arbeitsklimas oder der zeitlichen Strukturierung, hat enormen Einfluss auf die Performance!

Überlegen Sie auch hier, wie Sie darauf Einfluss nehmen können, dass sich das Arbeitsumfeld von Mitarbeitern, die Ihr Training besuchen, verbessert.

In den vorangegangen Kapiteln haben wir bereits zusammengetragen, welche Faktoren bei der Gestaltung eines Trainings oder Seminars von Bedeutung sind. Wenn Sie versuchen, diese beschriebenen Aspekte nun in Ihr Konzept aufzunehmen, machen Sie bereits einen großen Schritt und haben Einfluss auf die Merkmale der Maßnahmen.

Wie aber finden Sie nun heraus, ob Sie tatsächlich die richtigen Methoden und eine angemessene Struktur in Ihrem Seminar verwendet haben? Nun, im Einzelfall offenbart Ihnen dies die Evaluation und Ihre Reflexion.

Generell lohnt es, sich die moderne Forschung zu diesem Thema einmal anzusehen. Die Qualität von Weiterbildungsmaßnahmen zu bewerten ist zwar grundsätzlich kein einfaches Unterfangen, eine zweieinhalbjährige und sehr breit aufgestellte Studie des Bundesministeriums für Bildung und Forschung BMBF hat jedoch gezeigt, dass es eine große, aber eingrenzbare Zahl von Faktoren ist, welche die Qualität von Weiterbildungsangeboten bestimmen.

Für die Seminaranbieter lassen sich hiervon die folgenden Handlungsempfehlungen ableiten (vgl. Töpper, 2012):

- Wahren Sie größtmögliche Transparenz hinsichtlich der Inhalte, Ziele, Voraussetzungen und Wünsche der Teilnehmer.
- Die Motivation, Gründe und Ziele der Teilnehmenden beeinflussen die Ergebnisqualität.
- Die Weiterbildungsinhalte müssen mit den Zielen, Voraussetzungen und Wünschen der Teilnehmenden konform gehen.

- Die Gestaltung der Materialien hat einen hohen Stellenwert.
- Maßnahmen zur Sicherung der Nachhaltigkeit und des Praxistransfers sind hochgradig relevant.

Bemerkenswert sind die folgenden Empfehlungen für Trainer. So findet sich in der Studie beispielsweise der Satz: *„Im Training selbst scheint es förderlich zu sein, wenn der Trainer oder die Trainerin einen konkreten inhaltlichen Fahrplan vorbereitet hat, jedoch zudem in der Lage ist, sich voll auf die Bedürfnisse der Lernenden einzustellen. Dies bedeutet auch, im Extremfall komplett vom ursprünglichen Plan abzuweichen."*

Bemerkenswert ist dies insofern, da sich dies doch in erheblichem Maße mit den Erfahrungen der gelebten Trainerpraxis deckt. Nach dieser ist Vorbereitung zwar fast alles, die zielgruppenangemessene Anpassung und Ausgestaltung der Konzepte in der Realität stellt jedoch die Königsklasse dar. Nicht jeder „Dozent" oder „Referent" ist hierzu mental in der Lage, da das Selbstverständnis häufig ein anderes ist: der Trainer als wissender Lehrer, der seinen (noch) unwissenden Schülern das Wissen nach Plan eintrichtert.

Die Einflussgrößen lassen sich ebenfalls über die oben beschriebenen Erhebungsmethoden auswerten und optimieren. Als Trainingsunternehmen können Sie beispielsweise die Empfindung des Trainers nach dem Seminar erfassen. Wir fragen hier zum Beispiel immer einen **persönlichen „Stimmungsbericht" des Trainers zum Seminar** ab. Diese Erhebung können Sie auch mit einer Frage zu den Methoden im Fragebogen am Ende des Seminars kombinieren. Denn durch einen solchen „Stimmungsbericht" des Trainers lässt sich eine Aussage über die Grundstimmung treffen, die die Teilnehmerstimmen möglicherweise in ein anderes Licht rückt.

Da der Bereich der Merkmale der Maßnahmen relativ weit ist, können Sie die verschiedenen Bereiche clustern und zu jeder Kategorie eine eigene Evaluationsstrategie entwerfen. Wenn Sie sich noch einmal unseren Beispielfragebogen ansehen, stellen Sie fest, dass auch hier mehrere Aspekte der Maßnahme erfasst werden. Probieren Sie es gerne einmal probeweise nach Ihrem nächsten Training:

Wie werte ich die Merkmale der Maßnahme aus?

- Mit welchen Methoden erhebe ich die Qualität der Inhalte?
  Welche Optimierungsbereiche ergeben sich hier?
- Mit welchen Methoden erhebe ich die Angemessenheit der Methoden und Medien?
  Welche Optimierungsbereiche ergeben sich hier?
- Mit welchen Methoden erhebe ich die Nähe zur täglichen Arbeitssituation?
  Welche Optimierungsbereiche ergeben sich hier?

6.3 Revision – An welchen Stellschrauben lässt sich aufseiten des Unternehmens drehen?

Für Unternehmen stellt sich die Frage, ob die Kompetenzfelder des Trainers passend auf die Bedürfnisse des Unternehmens ausgerichtet sind. Auch hier empfehlen wir, die Zufriedenheit mit dem Trainer als Person, mit seiner Vorbereitung sowie seiner Durchführung im Fragebogen abzufragen.

Darüber hinaus werten Unternehmen natürlich ihre eingesetzten Instrumente aus und verfeinern dies zunehmend in einem **ganzheitlichen Bildungscontrolling,** das zum Beispiel nach Gehlich (1999) die folgenden Bereiche umfasst:

- Human Resource Accounting
- Investitionstheoretische Ansätze
- Effizienz / Effektivität
- Kostenanalytische Ansätze
- Ebenenkonzepte
- Phasenkonzepte
- Handlungsorientierte Ansätze
- Kennzahlenansatz

Auch wenn Sie sich jetzt, liebe Trainer, hier nicht wiederfinden, so können wir Sie doch beruhigen, denn die Aufgaben des Bildungscontrollings und Ihr Interesse als Trainer liegen weiter zusammen, als Sie vermutlich vermuten würden, wie das folgende Zitat aus eben dieser Quelle zeigt: *„Transfer wird durch unterschiedliche Bedingungen und Faktoren beeinflusst, die Planung und Steuerung von Transferförderung und -sicherung ist eine der vornehmsten Aufgaben von BC.“* (Gehlich, 1999). Und damit sind wir wieder bei dem Thema Nachhaltigkeit.

6.4 Ergebnisbetrachtung – viele Stellschrauben sind angezogen

Nun haben wir bereits viele Ideen zur Optimierung der Trainings gesammelt. Wenn wir diese so offen im Raum stehen lassen, ist die Gefahr groß, dass die Auswertung an manchen Stellen übergangen oder gar vergessen wird, eine Chance für mehr Nachhaltigkeit also verpasst wird. Beugen Sie dem vor und **strukturieren Sie schon vor Beginn der Maßnahme Ihre Evaluations-Instrumente.** So teilen wir am Ende des Trainings nicht mehrere Fragebögen aus, sondern einen einzigen, in dem wir die entsprechenden Fragen komprimieren.

Es ist hilfreich, alle geplanten Instrumente nach ihrem Einsatzzeitpunkt und ihrem Inhalt zu strukturieren. Dazu eignet sich der folgende Plan, in dem wir einmal für Sie erste Beispiele eingetragen haben:

Plan: Wann will ich was wodurch wissen?		
Erhebung	Erhebungsinstrument	Erhebungsgegenstand
Vor dem Training:	Motivationsschreiben	Wie gut ist die Betreuung im Trainingsvorfeld?
Im Training:	Fünf-Finger-Methode	Wie passend sind die Inhalte und Methoden?
Nach dem Training:		
Über das Off-the-Job-Lernen	Fragebogen, Zufriedenheitsabstimmung	Was muss bei der Formatwahl verbessert werden?
Über die Erinnerungen und Anstöße	Quiz	Sind die „Job-Aids" die geeigneten für die Teilnehmergruppe?
Über die On-the-Job-Challenge	Ergebnisse aus Projekten, Stimmungsabfrage	Ist die Unterweisung durch Mentoren effizient?
Über die On-the-Job-Experience	Vergleich der Protokolle	Findet eine Weiterentwicklung statt? Wo hakt es?

Natürlich lassen sich in allen Bereichen weitere Instrumente einfügen und weitere Aspekte erfassen. Was ist Ihnen wichtig bei der Evaluation?

6.5 Programmadaption

In diesem Kapitel wurde der Begriff „Evaluation" aus verschiedenen Perspektiven betrachtet. Vieles davon mag interessant, aber aufwendig klingen. Schrecken Sie deshalb nicht vor der Auswertung Ihres nächsten Seminars zurück. Es hat durchaus einen Grund, warum es so viele theoretische Ansätze zu diesem Bereich gibt, denn eine Evaluation ist für Sie als Trainer, für die Unternehmen, welche Sie beauftragen, und natürlich für die Teilnehmer sehr wichtig.

Darum lassen Sie uns noch einmal die Nutzenaspekte der Auswertung betrachten.

Nutzen für Trainer

- Der eigene Entwicklungsprozess wird reflektiert.
- Gezieltes „Nachsteuern" ist möglich.
- Die subjektive Wichtigkeit und Relevanz der eigenen Tätigkeit wird erhöht.
- Die Themen werden bei den Teilnehmern aufgefrischt, da die Inhalte noch einmal angesprochen und reflektiert werden.
- Die Wirksamkeit der Trainings und Seminare wird verbessert.
- Der persönliche Wachstumsprozess bekommt Impulse.

Nutzen für Trainingsanbieter

- Bessere Rückmeldungen an den Auftraggeber
- Identifikation von Stärken und Schwächen bei dem jeweiligen Trainer
- Etablierung eines Learning-Loops in der Spirale von Auftraggeber – Trainingsdienstleister – Trainer – Teilnehmende
- Evaluation als Werbemittel: „Unsere Trainings und Seminare sind nachhaltig!"

Oft zielt die Evaluation auch auf weitere Aspekte ab, die nicht immer als Haupterhebungsziel genannt werden, die aber dennoch von Nutzen sind:

- Motivation und Ansporn der Trainer und Teilnehmer, da Ergebnisse sichtbar werden
- Der sogenannte „Cooling-out-Effekt" (vgl. Kauffeld, 2010): Im Mittelpunkt der Aufmerksamkeit stehende und kritisierte Aspekte erhalten Zeitaufschub durch den Evaluationsprozess und verlieren an Explosivität.
- Überprüfung der Trainerleistung
- Verbesserungen werden angeregt.

Natürlich gibt es auch Trainingskonstellationen, bei denen Sie sich fragen sollten, ob Sie der oder die richtige sind. Mit welcher Zielgruppe kommen Sie gar nicht zurecht, und wo wissen Sie genau, dass Ihnen bestimmte Teilnehmer überhaupt nicht liegen? Je klarer Sie in der Beschreibung der für Ihre Trainer-Persönlichkeit geeigneten Gruppen werden, desto besser!

Und wenn Sie und auch das Unternehmen bzw. das Trainingsunternehmen, für das Sie arbeiten, der Ansicht sind, dass Sie im Kern der Richtige sind, und es nur einer Optimierung der Inhalte und Vorgehensweisen bedarf, dann ist es Zeit, konkret über Progammadaptionen nachzudenken.

Wir empfehlen in einem solchen Fall eine Kreativitätsmethode mit dem Namen „Scamper" (vgl. Scherer, 2007):

1. **S** ubstitute: Was kann ersetzt werden?
2. **C** ombine: Was kann miteinander verbunden werden?
3. **A** dd: Was kann hinzugefügt werden?
4. **M** odify: Was kann modifiziert (vergrößert / verkleinert) werden?
5. **P** ut to other uses: Welche Möglichkeiten gibt es, einzelne Inhalte / Elemente für andere Zwecke zu nutzen?
6. **E** liminate: Was kann gestrichen werden?
7. **R** earrange : Was kann in eine andere Reihenfolge gebracht werden?

Alles, was Sie tun müssen, ist, die sieben unterschiedlichen Fragen auf Ihr Training bzw. das Programm des Seminars zu beziehen, und schon haben Sie eine Vielzahl an neuen Möglichkeiten, dies zu optimieren!

6.6 Auswertung – 360-Grad-Kurz-Check

In diesem Kapitel haben wir die aus unserer Sicht wichtigen Teile zusammengestellt, die wissenswert und wichtig für den Bereich Auswertung sind. Damit auch ja nichts bei der Auswertung Ihres nächsten Trainings vergessen wird, können Sie im 360-Grad-Kurz-Check noch einmal die wichtigsten Bereiche betrachten und anhand der folgenden Fragen feststellen, ob alle Bereiche gut durchdacht wurden:

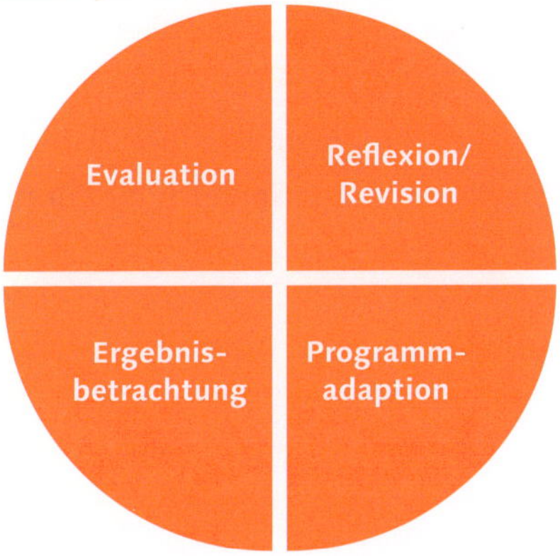

360-Grad-Kurz-Check zur Auswertung

Evaluation

- Welche Instrumente möchte ich einsetzen?
- Was sind die richtigen Inhalte / Fragen / Kriterien?
- Auf welchen Stufen wird mein Training evaluiert?
- Was kann ich direkt im Seminar tun, um zu erfahren, wo ich stehe?

Reflexion / Revision

- Wie gut passe ich zur Teilnehmergruppe? Was habe ich über mich gelernt?
- Welchen Schuh muss ich mir wie anziehen? Was kann ich nicht beeinflussen?
- Wo muss ich Vorbereitung / Durchführung / Nachbereitung verbessern?
- Welche Inhalte, Konzepte und Vorgehensweisen sind veränderungswürdig?

Ergebnisbetrachtung

- Hat sich das Seminar für das Unternehmen gelohnt? Was sind wohl Kriterien?
- Bin ich gemessen an meinen Ansprüchen zufrieden?
- Welche längerfristigen Ergebnisse können Teilnehmer erzielen?
- Welche Ergebnisse sind aus meiner Sicht erstrebenswert?

Programmadaption

- Was spricht für eine Programmadaption / Überarbeitung?
- In welchen Bereichen möchte ich Inhalte oder Vorgehensweisen ändern?
- Wer profitiert von meiner Programmadaption / Überarbeitung?
- Welche Systematik oder Methode kann ich hierfür nutzen?

7 Trainerkompetenzen – Moderne Trainer ticken anders

„Wer glaubt, etwas zu sein, hat aufgehört, etwas zu werden."
Sokrates

Die eigene Leistungsfähigkeit und die Fähigkeit, die eigenen Leistungen zu verkaufen, lässt sich als multiplikative Formel betrachten:

Leistungsfähigkeit x Verkaufsfähigkeit = Erfolg als Trainer

Ist die eigene Leistungsfähigkeit bei Null, können Sie als Trainer noch so gut versuchen, sich und Ihre Tätigkeit zu verkaufen, am Ende wird sich kein Erfolg einstellen. Ist Ihre Leistungsfähigkeit maximal, aber die Fähigkeit, dies auch darzustellen gleich Null, so werden Sie wiederum keinen Erfolg haben. Letztlich müssen Sie beides können und hierfür ist es wichtig, die eigenen Kompetenzen ehrlich und präzise zu reflektieren und die notwendigen Entwicklungsrichtungen zu präzisieren.

Auch sollten Sie Ihre Kompetenzen überzeugend auf den Punkt bringen und beschreiben können, inwieweit Sie sich als moderner Trainer von vielen anderen Trainern, die einfach nur das tun, was sie immer getan haben, unterscheiden.

In Bezug auf beide Aspekte ist es wichtig, dass Sie Dinge konkret machen und alle wichtigen Punkte und Gedanken aufschreiben. Nutzen Sie also die hierfür vorgesehenen Stellen dieses Buches für eine entsprechende Reflexion. Nur so werden Sie am Ende wirklichen und nachhaltigen Erfolg genießen können!

7.1 Zentrale Kompetenzfelder

Die Trainerkompetenz ist, anders als oft vermutet, nicht nur die bloße Fähigkeit, Informationen unterhaltsam darzustellen, sondern beinhaltet eine Vielfalt an Fähigkeiten, Fertigkeiten und Kenntnissen. Diese beziehen sich nicht nur auf angeborene Talente, sondern setzen sich aus erlerntem Hintergrundwissen, eingeübten Fähigkeiten und der Praxis zusammen.

Der von uns vor gut zehn Jahren gegründete Deutsche Verband für Coaching und Training e.V. hat dazu ein Kompetenzmodell aufgestellt. Dieses setzt sich aus den folgenden Kompetenzbereichen zusammen, die die Trainerkompetenz bestimmen:

- **Persönliche Kompetenz:** Die persönliche Kompetenz beinhaltet vor allem die Fähigkeit, das eigene Handeln zu reflektieren. Das Werte- und Normenkonstrukt des

Trainers lässt es außerdem zu, dass dieser sich auf die Teilnehmer im Seminar und die Auftraggeber individuell einlässt.

- **Handlungskompetenz:** An dieser Stelle geht die persönliche Kompetenz in die Handlungskompetenz über, die es ermöglicht, ein individuell gestaltetes Training durchzuführen. Die Handlungskompetenz garantiert, dass auch äußere Umstände und ihre Wirkung betrachtet werden.
- **Fachlich-methodische Kompetenzen:** Die fachlich-methodische Kompetenz beinhaltet das Handwerkszeug, die jeweiligen Lernziele über passende Methoden zu erreichen. Hier ist die Fähigkeit des Trainers gefragt, nicht nur ein geeignetes Seminar zu gestalten, sondern die Methoden auch kreativ umzusetzen.
- **Sozial-kommunikative Kompetenzen:** In diesem Zusammenhang ist er durch seine sozial-kommunikative Kompetenz auch fähig, die Kommunikation im Training so zu beeinflussen, dass dem Lernen ein guter Nährboden geliefert wird. Der Trainer geht dabei mit gutem Beispiel voran: Er ist unvoreingenommen, respektvoll und sachlich jedem Teilnehmer gegenüber. Konflikte kann er darüber hinaus durch seine analytischen Fähigkeiten schon vor der Eskalation abwenden.
- **Feldkompetenz:** Da Trainings meist auf eine bestimmte Branche hin ausgelegt sind, benötigt ein guter Trainer schließlich hinreichend Feldkompetenz. Das heißt, er kennt die Charakteristika der Arbeitsumgebung, der Branche, des Unternehmens und seiner Teilnehmer. So kann er sich ein klares Bild über Problemfelder und die damit einhergehenden Herausforderungen schaffen. Mit diesen Kenntnissen ist er in der Lage, sich entsprechend zu sensibilisieren, um die Trainingsinhalte auf diese Merkmale zuzuschneiden.

Nun, soweit die Sicht eines namhaften Berufsverbandes. Aber ist das schon alles?

7.2 Kompetenzen des modernen Trainers

Um wirklich herauszufiltern, was heute eine umfassende Trainerkompetenz ausmacht, möchten wir Ihnen im Folgenden eine differenzierte Sicht der am Markt gefragten Trainerkompetenzen an die Hand geben, wie wir sie in unserer täglichen Arbeit erleben. Vielleicht gibt Ihnen das ja den ein oder anderen Impuls, sich weiterzuentwickeln – wir würden uns darüber freuen!

7.2.1 Handlungskompetenz – Wie Sie wirksam werden

Das große Feld der Handlungskompetenz machen viele einzelne Kompetenzen aus, die ein Trainer beherrschen sollte, damit er seine Wirkung voll entfalten kann.

Schon zu Beginn einer Trainingsbuchung, lange bevor das Training überhaupt stattfindet, sind überlegte und gut durchdachte Schritte gefragt. Ein kompetenter Trainer führt eine umfangreiche und ausführliche Analyse der Auftraggeber, der

Teilnehmer und der aktuellen Situation des Unternehmens durch. Welche Punkte Sie genau beachten sollten, um Ihre **Analysekompetenz** zu entwickeln, finden Sie in diesem Buch unter anderem in Kapitel 3.2 Bedarfsanalyse und 3.5 Teilnehmeranalyse. Damit die Analyse professionell ablaufen kann und zielführende Erkenntnisse erbringt, müssen wir diese Erhebung ohne Vorurteile und ergebnisoffen angehen. Dazu müssen wir auch das jeweils angemessene Instrumentarium an Methoden kennen und anwenden können.

Ein weiterer Teilbereich der Handlungskompetenz ist die **Fähigkeit, ein Training zu konzipieren.** Um ein Training planen und entwickeln zu können, bedarf es einer grundsätzlich positiven Einstellung des Trainers zu Strukturen und zur Planung im Allgemeinen. Lehnt der Trainer prinzipiell eine längerfristige Planung ab und lässt die Dinge lieber auf sich zukommen, beziehungsweise hat er nicht das nötige Hintergrundwissen, um entsprechende Planungsschritte zu konzipieren, kann dies seine Handlungskompetenz einschränken. Sieht er jedoch die Vorteile seiner Zeitinvestition in die Planung, unterstützt dies seine Arbeit hilfreich. Ebenso unterstützt diese Kompetenz dabei, gemeinsam mit dem Auftraggeber wirksame Strategien zu entwickeln. Wie in Kapitel 4 beschrieben ist eine **enge Kooperation mit dem Auftraggeber** häufig zeitaufwendig und manchmal auch Nerven raubend. Wer jedoch mit seinem Training tatsächlich etwas erreichen möchte, sollte sich bewusst sein, dass nur unter Berücksichtigung der Gegebenheiten im jeweiligen Unternehmen eine Transfersicherung des Trainings möglich ist. Nehmen Sie den Mehraufwand in Kauf, es lohnt sich!

Wie bereits schon häufiger angemerkt, ist ein Training sinnlos, wenn die Teilnehmer keinen **Praxisbezug** geliefert bekommen. Schon in den Kapiteln 4 und 5 haben wir uns intensiver mit dem Thema „Transfer" beschäftigt. Aber was bedeutet das für Ihre Trainerkompetenz? Es ist gar nicht immer so einfach, erstens Praxisbeispiele für Trainingsthemen zu finden, mit denen sich die Teilnehmer auch noch identifizieren können und zweitens eine Methode zu erarbeiten, mit der Sie den Transfer des Gelernten in den Berufsalltag garantieren können.

Nehmen wir einmal unser Beispiel, die „Grundlagen der Kommunikation": Das Trainingsthema ist das Vier-Seiten-Modell einer Nachricht nach Schulz von Thun. Vom Trainer wird hier verlangt, je nach Anzahl der Teilnehmer, ihrem spezifischen Erkenntnisinteresse und ihrem speziellen Arbeitsumfeld interessante Übungssituationen zu kreieren (beispielsweise Verhandlungsführung vor dem Hintergrund einer bestimmten Aufgabenstellung) und eine Methode zu implementieren, welche die Teilnehmer darin unterstützt, sich im Arbeitsalltag immer wieder an das Modell zu erinnern und ihr eigenes Verhalten in diesem Themenfeld zu kontrollieren (z.B. über Reflexionsgruppen / Reflexionsaufgaben nach dem Training).

Wenn erst einmal ein Konzept steht, bedarf es gerade bei firmenspezifischen Trainings im Feld der Handlungskompetenzen auch der Fähigkeit, **die Umsetzung**

dieses Konzeptes zu managen. Der durch das Training angestoßene Wandel muss angeleitet, aufrecht erhalten, verteidigt und auch kontrolliert werden. Deshalb sollte der Trainer auch Wissen über Management- und Changetheorien mitbringen und Veränderungen als Herausforderungen ansehen.

In der Literatur wird hier auch häufig von **Prozesskompetenz** gesprochen, die die anderen Kompetenzbereiche teilweise miteinander verbindet und es dem Trainer erlaubt, vor dem Hintergrund der Analyse der Auftraggeber einerseits ein Training zu konzipieren und zu gestalten und es andererseits dann auch spontan „umzumodellieren", wenn dies erforderlich sein sollte.

7.2.2 Fachlich-methodische Kompetenz – Methoden vorbildlich einsetzen

Die fachlich-methodische Kompetenz nährt sich vor allem aus Erlerntem. Aber nicht jeder, der Kenntnisse der verschiedenen Methoden hat, kann diese auch erfolgreich anwenden. Hierfür ist Voraussetzung, dass der Trainer erkannt hat, welche Methode für welche Lernziele geeignet ist. Gerade der richtige Medien-Methoden-Mix kann dann erreicht werden, wenn der Trainer lernzielspezifisch plant. Wie so oft im Leben zeigen sich wahre Kompetenzen, aber eben auch Schwächen gerade in Extremsituationen. Meistern Sie auch unvorhergesehene Situationen souverän und können spontan mit eingeschränkten Mitteln Ihre Methoden verändern, zeugt das von einer fachlich-methodischen Kompetenz. Tipps, wie Sie Fauxpas während des Trainings durch eine gute Vorbereitung abwenden, finden Sie in Kapitel 4. Als Grundlage für eine fachlich-methodische Kompetenz dient dem Trainer also eine **initiative Haltung zu Veränderungen.**

Ein Indiz für die fachlich-methodische Kompetenz ist neben der Auswahl der Methoden und Medien auch die Gestaltung der Hilfsmittel. Aber keine Angst, wer kein Zeichen- oder Maltalent hat, ist nicht automatisch ungeeignet für den Trainerberuf. Es kommt vielmehr auf eine ideenreiche und kreative Umsetzung an. Ob ein zu Visualisierungszwecken ans Whiteboard gescribbeltes Gesicht eine krumme oder eine gerade Nase hat, ist gar nicht von Bedeutung. Begeisterung beim Teilnehmer lösen wir aus, wenn er merkt, dass hinter der Umsetzung ein Konzept steckt, das seine Motive, am Training teilzunehmen, befördert.

7.2.3 Sozial-kommunikative Kompetenz – Offen sein und zuhören können

Der nächste Kompetenzbereich, der sozial-kommunikative, setzt ein hohes Interesse an einer guten Kommunikation als Grundmotivation voraus. Nur wenn der Umgang auf einer respektvollen Ebene stattfindet, die nicht von alten oder tief sitzenden Konflikten belastet ist, kann effektiv zusammengearbeitet und können gemeinsam Ziele erreicht werden. Es ist nicht immer einfach, den Herd der Konflikte zu entdecken, aber wer versucht, die Kommunikation des ganzen Unternehmens zu verstehen, ist auf einem guten Weg. Lassen Sie sich nicht dazu verleiten, eine wertende Position einzunehmen, sondern bleiben Sie neutral gegenüber allen Beteiligten. Sowohl Sie als Trainer als auch der Kunde profitieren von einer Außenperspektive. Sehr wichtig ist an dieser Stelle auch Offenheit. Wenn Sie offen und ehrlich in den Trainingsprozess gehen, können Sie gleiches Verhalten auch von Ihrem Kunden erwarten.

Nicht ausgeschlossen ist, dass es direkt im Training zu Konflikten kommt. Diese sollten nicht unterdrückt oder übergangen werden, hier ist das passende Feingefühl des Trainers gefragt, das auch ein Spiegel seiner sozial-kommunikativen Kompetenz ist. Bringen Sie die Konfliktparteien auf eine Augenhöhe und versuchen Sie, Verständnis zwischen diesen aufzubauen. Niemand sollte im Training bloßgestellt werden, dies würde neben dem Selbstbewusstsein des betreffenden Teilnehmers auch Ihren Ruf als Trainer und die Akzeptanz von Personaltraining allgemein ankratzen. Ist die Fortführung eines Seminares aufgrund immer wieder störender einzelner Teilnehmer hingegen nicht möglich, sollten diese, wenn Einzelgespräche nicht fruchten, jedoch vom Training ausgeschlossen werden. Dieser Schritt ist notwendig, wenn sichergestellt werden soll, dass nicht die gesamte Gruppe unter der Störung leidet.

Unter den Kompetenzbereich des Sozial-Kommunikativen fällt auch die **Fähigkeit, zu leiten und zu führen.** Trainer sollten sich auf unterschiedliche Personen einlassen können. Dazu bildet die Sympathie zwischen Teilnehmer und Trainer eine wichtige Grundlage. Darüber hinaus besitzt ein kompetenter Trainer Verständnis und Kenntnisse der Lerntheorie. Einfluss nehmen dabei unter anderem Präsentation, Sprache und Moderation.

7.2.4 Dramaturgische Kompetenz – Auf das richtige „Timing" kommt es an

Ein kompetenter Trainer überfordert seine Teilnehmer bekanntlich nicht mit ausufernden Informationen, sondern weiß, wie er diese mit kurzen prägnanten Inputs „an die Angel" bekommt. Somit geht es also im Training und auch bei den Begleitmaßnahmen häufig um das richtige „Timing". Da dies etwas ist, was auch gute Regisseure oder Theatermacher beherrschen, möchten wir hier einmal von einer „dramaturgischen Kompetenz" sprechen.

7.2.5 Sprachliche Kompetenzen – Wie Sie Sprachspiele konstruktiv meistern

Wie bereits erwähnt, kann auch die Sprache individuell an die Teilnehmergruppe angepasst werden, sollte jedoch unabhängig von Status und Position der Gruppe stets einfach und anschaulich sein. Als rhetorisches Mittel dienen oft Vergleiche, hier können wir bewusst Beispiele wählen, die auf unsere Teilnehmergruppe zugeschnitten sind. Wieder einmal wird klar, was eine gute Teilnehmeranalyse und eine präzise Vorbereitung leisten können. Nur wer die „Besonderheiten" seiner Teilnehmer kennt, kann ihnen dabei helfen, ihre „wahren Potenziale" herauszuarbeiten und etwaigen Widerstand in Engagement zu verwandeln. Die Chinesen haben hier den folgenden Spruch: „*Menschen kennen nicht ihre Fehler, Ochsen nicht ihre Stärke*".

7.2.6 Moderationskompetenzen – „Wunderwaffe" bei gefährlicher Strömung

Auch bei der Moderation von Diskussionen und Entscheidungsprozessen kann uns diese Analyse weiterhelfen. Haben Sie Machtstrukturen, Eigenheiten und Problemfelder im Blick? Können Sie in der Anleitung der Gruppe verhindern, dass sich alte Rollenmuster einspielen? Sind Sie in der Lage, in der Diskussion gezielt eine sachliche und effektive Kommunikation zu fördern? Wer als Trainer die Kompetenz hat, Gruppendiskussionen effektiv zu steuern und zu moderieren, weiß auch um die Tragweite seiner Rolle. Der Trainer ist in aller Regel kein „Diskutant", sondern gewissermaßen der sprechende Kompass, welcher der Mannschaft hilft, das manchmal schlingernde Schiff auf Kurs zu halten.

Haben Sie das **Vertrauen und die Aufmerksamkeit der Teilnehmer** errungen, ist es wichtig und notwendig, dass Ihnen die damit einhergehende Verantwortung bewusst ist. Es sollte eine Selbstverständlichkeit sein, dass der Einfluss, den Sie auf Teilnehmer ausüben können, auf jeder Ebene der persönlichen Weiterentwicklung des Einzelnen, der Sache als solche sowie dem Miteinander der Gruppe nützt. Diese drei Wirkfelder positiv anzusprechen, ist nicht immer realistisch, und kein Trainer ist vollkommen. Das Positive daran ist, dass Sie sich hier stets weiterentwickeln, Neues entdecken und ausprobieren und immer wieder neue Herausforderungen finden können.

Tipp: Organisieren Sie den sozialen Austausch immer wieder neu!

Wer sozial-kommunikativ kompetent ist, zeichnet sich außerdem dadurch aus, dass er offen für Kritik ist und sich selbst weiterentwickeln möchte. Nicht nur die Selbstreflexion regt unseren Entwicklungsprozess an. Aus einer tief greifenden Evaluation können Sie nicht nur Verbesserungs- und Wandlungsanregungen für das Training ableiten, sondern sich auch als Trainer entwickeln und Feedback, das Sie erhalten haben, konstruktiv für sich selbst nutzen.

Es ist nicht immer schön, zu hören, wo die eigenen Schwächen liegen, aber nur, wenn wir diese kennen, können wir auch unsere Potenziale entdecken und uns selber fördern. Wie Sie die Evaluation durchführen, welche Faktoren hier zu beachten sind und wie Sie ein möglichst valides Ergebnis dabei erzielen, können Sie im sechsten Kapitel dieses Buches nachlesen.

Eine weitere Möglichkeit, immer wieder neue Anregungen zu bekommen und sich über Ihre Erlebnisse, Probleme und Sorgen als Trainer auszutauschen, bietet der Kontakt zu anderen Trainern. Auch dieser Austausch ist Teil der sozialen Kompetenz. Wer gerne systematischer vorgeht, dem seien außerdem die oben bereits genannten psychologischen Persönlichkeitstests ans Herz gelegt. Hier werden deutlich Stärken und Schwächen aber ebenso auch Konfliktfelder mit anderen Persönlichkeiten aufgezeigt.

7.2.7 Fach- und Feldkompetenzen – Mit der Trainer-Rolle in Balance bringen

Die oben bereits angeschnittene Feldkompetenz wird oft unter das Dach der Fachkompetenz gestellt. Wir möchten diese beiden Kompetenzbereiche hier aber klar voneinander unterscheiden. Die Fachkompetenz von Trainern bezieht sich stark auf Kenntnisse, Fähigkeiten und Fertigkeiten, die sie sich in ihrer Trainerausbildung angeeignet haben. Die Feldkompetenz hingegen ist kaum in einer Trainerausbildung zu vermitteln. Die beste Feldkompetenz bringen natürlich Trainer mit, die selbst vor ihrer Tätigkeit als Trainer im jeweiligen Unternehmen oder in der Branche beschäftigt waren.

Allerdings sind Trainer, wenn sie für das Unternehmen tätig sind, in dem sie zuvor selbst Mitarbeiter waren, oft mit eingeschränkter Akzeptanz konfrontiert. Jeder Mitarbeiter ist immer auch Teil eines Macht- und Gruppengefüges. Tritt dieser nun aus seiner gewohnten Rolle und erscheint im neuen Rahmen als Trainer, haben die Teilnehmer oft Vorurteile, beziehungsweise lassen sich ungern von einem vormals „ihresgleichen" leiten. Aber auch auf Trainerseite kann eine zu große Verbindung zum Unternehmen oder gar den Teilnehmern die Neutralität einschränken.

Eine für das Trainingsfeld geeignete Feldkompetenz zu entwickeln bedarf also entsprechender Erfahrungen, dann aber auch der Fähigkeit, sich von diesen zu entkoppeln und sie in einer neuen Rolle zu nutzen!

7.2.8 Technische Kompetenzen – Zum Beispiel im Wachstumsfeld E-Learning

Ein weiteres immer stärker wachsendes Trainingsfeld, dessen zukünftige Ausmaße sich kaum einschätzen lassen, ist das des E-Learnings. Neue Technologien beschleunigen und verändern unsere Kommunikation und bestimmen immer mehr unseren Alltag. Sie sind ein notwendiges Hilfsmittel, uns in der globalen Welt von heute zurechtzufinden und auszutauschen.

Was aber ist E-Learning überhaupt? Der Begriff umfasst ein weites Feld verschiedener Trainingsmethoden, bei denen ein elektronisches Hilfsmittel zum Einsatz kommt. Neben den schon sehr verbreiteten Videopräsentationen und Computerübungen werden vor allem auch online Lernprogramme verbreitet. Einer der klaren Vorteile dieser Methode ist die Zeitersparnis. Teilnehmer können teilweise unabhängig von Trainingszeiten entscheiden, wann und wo sie an der nächsten Sequenz ihres Trainings teilnehmen.

Wird ein E-Learning-Tool im Zusammenhang mit gängigen anderen Trainingsmethoden eingesetzt, spricht man von **Blended Learning.** Finden also zusätzlich zu einem herkömmlichen Seminar beispielsweise Praxisübungen am Computer statt, verwenden wir genau diese Lernmethode.

Online-Events als persönliches Lernfeld

In diesem Trainingsformat, das wir in Kapitel 5.2.8 in Zusammenhang mit den Produkten „GoToMeeting", „GoToWebinar" und „GoToTraining" beschrieben haben, fallen wieder einmal mehrere Bereiche der Trainerkompetenz zusammen. Die Moderation elektronischer Trainingssequenzen erfordert neben Computergrundkenntnissen ebenso starke Nerven und – wenn Sie dies alleine bestreiten wollen – sicherlich auch „Multi-Tasking-Fähigkeiten", weil der interaktive Ablauf hohe Aufmerksamkeit verlangt. Die ausgeklügelten Möglichkeiten, verschiedene Gruppen über unterschiedliche Kanäle kommunizieren zu lassen, dabei Präsentationen zu nutzen und selbst zu sprechen, können sehr anstrengend sein und Sie als Trainer gerade in einer Erstsituation überfordern.

Überlegen Sie also genau, ob Sie diesen Anforderungen gewachsen sind und die entsprechenden Kompetenzen mitbringen. Wenn Sie sich gegen ein komplettes Trainingsprogramm auf elektronischer Basis entscheiden, sollten Sie dennoch darüber nachdenken, einige Teile wie Follow-up-Module elektronisch zu gestalten. Damit sparen Sie nicht nur Zeit, dies macht Sie auch – unter anderem – zu einem modernen Trainer für eine neue Zeit!

Wer hier also eine Weiterbildungschance sieht, setzt bestimmt nicht aufs falsche Pferd. Nach Zahlen des „Newsletters E-Learning" haben 2011 bis zu 100.000 Teilnehmer an Onlinekursen teilgenommen. Diese Zahlen lassen keinen Zweifel an der Perspektive der Onlineweiterbildung. Sei es eine Onlineplattform für Diskussionen oder Kursmaterial, sei es ein Webinar oder ein Onlinetool, in dem, wie von uns vorgeschlagen, „klassisch" vermittelte Inhalte und Konzepte im Sinne eines soliden Follow-up-Support erneut aufgefrischt und weitergedacht werden, oder gar ein vollständiges Onlinetraining, die Welt des E-Learnings setzt hier keine Grenzen!

Nutzen Sie hier Ihre Chancen und zeigen Sie, dass Sie ein kompetenter Trainer sind, der sich auf alle Gegebenheiten einlassen kann, auch wenn Ihnen dies einiges an technischen und organisatorischen Fähigkeiten abverlangt, über die Sie derzeit vielleicht noch nicht verfügen. Von Mitarbeitern wird meist verlangt, dass sie sich den neuen Herausforderungen der neuen Online- und Medienwelt, zum Beispiel im Bereich Social Media, stellen.

Webinare einfach einmal „als Teilnehmer" testen!

Falls Ihnen hier tatsächlich „der Zugang" fehlt, so empfehlen wir, einfach einmal „Weiterbildung in eigener Sache" zu betreiben. Egal ob als Zusatz zum regulären Training oder als eigenes Seminar, die Onlinekomponenten unterstützen und verbreitern die intendierten Lerneffekte. Schnuppern Sie doch am besten selbst einmal in ein Onlineseminar, um die neuen Möglichkeiten zu erkunden und Fragen und Wünsche der Teilnehmer nachzuempfinden. Die Welt der „Webinare" jedenfalls ist bunt – und häufig kostenfrei!

7.2.9 Diplomatische Kompetenz – Sensible Themen angemessen angehen

Speziell wenn Sie mit Dingen umzugehen haben, welche auf Kundenseite oder auch auf Teilnehmerseite unbefriedigend sind, hilft manchmal auch eine „diplomatische Kompetenz“, also die Fähigkeit, Dinge so zu formulieren, dass sie angenommen werden können, auch wenn es sich um „sensible“ oder auch „politische“ Bereiche handelt.

7.2.10 Aggressions-Kompetenz – Einfach einmal unangenehm werden

Und wenn das alles „nichts bringt“, empfehlen wir Ihnen, durchaus auch einmal von Ihrer „Aggressions-Kompetenz“ Gebrauch zu machen. Gerade wenn man Sie als verständnisvoll, vorausschauend, stets höflich und zuvorkommend kennt, können Sie auch einmal Ihrem Missmut Luft machen. Wenn es sich im Rahmen hält, so sollten Sie deshalb kein schlechtes Gewissen haben.

7.2.11 Unternehmerische Kompetenzen – Geld verdienen und Weichen stellen

Über die bisher genannten Kernkompetenzen hinaus sind je nach Trainingsfeld, Spezialisierung und Beschäftigungsform des Trainers weitere Kompetenzen hilfreich oder sogar notwendig. Beispielsweise bedürfen selbstständige Trainer, die ja immer auch Unternehmer sind, einer Kompetenz, die es ihnen ermöglicht, **mit den richtigen Strategien die Nachfrage zu beeinflussen.**

Hier genügt es nicht, sich einen Namen durch erfolgreiche und wirkungsvolle Trainings zu machen. Daneben sind betriebswirtschaftliche Kenntnisse von Vorteil, sowohl im Bereich der Finanzen und rechtlicher Richtlinien, als auch unter dem Aspekt der eigenen Vermarktung und Kundenakquise. „*Wir können noch so ein guter Trainer sein, ohne Teilnehmer bleiben wir in der Luft hängen.*“ Oder wie es Erich Sixt einmal auf den Punkt brachte: „*Der Auftrag des Unternehmers heißt, Geld zu verdienen. Und sonst nichts.*“ Und die richtigen Weichen für die Zukunft stellen, möchten wir hinzufügen. Sonst nichts!

Ihr Kompetenzspektrum – Welche Trainingsformate „beackern“ Sie?

Das Format des Trainings ist ebenso ein Kriterium dafür, welche Kompetenzen der Trainer mitbringen sollte. An einen Trainer, der offene Trainings ganz ungebunden von Firmen durchführt, sind ganz andere Anforderungen gestellt als an Trainer, die ihr Training speziell für eine Teilnehmergruppe implementieren. Hier ist beispielsweise zu überlegen, in welchem Zusammenhang das Training zum Arbeitsalltag stehen soll. Findet das Training ganz außerhalb der Arbeitsstätte, also tatsächlich „Off-the-Job“ statt oder soll das Training im Sinne eines „On-the-Job-Trainings“ in die Arbeitsabläufe integriert werden?

Wir hatten bereits ein von futureformat DGME® entwickeltes „Teamleiter-Training" angesprochen (vgl. Kap. 4.3.3). Dieses Beispiel möchten wir hier noch einmal aufgreifen, um Ihnen einmal zu verdeutlichen, wie verschiedene Kompetenzen in der Praxis ineinander übergreifen. Das besondere an unserem Konzept ist, dass wir hier verschiedene Trainingsformate integriert haben.

In einem ersten Workshop ging es dabei natürlich einerseits um ein Kennenlernen, andererseits aber auch um die Ziele und erste Inhalte.

Da wir bei einem zweiten Modul die Teilnehmer während ihrer Arbeit begleiteten, konnten wir einen Einblick in deren tatsächliche Arbeitsweise und die dahinter stehenden Stärken, Schwächen und Potenziale gewinnen. Dort mussten wir als Trainer nicht nur fähig sein, objektiv zu beobachten, sondern ebenso, uns angemessen in der Firma zu verhalten. Bedeutend ist es hier vor allem, objektiv und präzise Feedback zu geben, damit den Teilnehmern genau bewusst wird, woran sie für sich arbeiten können.

Coaching- und Outdoor-Kompetenzen für Trainer? – Aber sicher!

Der persönliche und individuelle Charakter dieser Beobachtungs-Sequenz erforderte teilweise auch Coaching-Kompetenzen.

Das Konzept für die folgenden Module des Trainings wurde bereits im Vorhinein ausgearbeitet, jedoch anhand unserer Aufzeichnungen während der Beobachtungsphase flexibel an die Trainingsbedürfnisse der Teilnehmer angepasst. Es ist also wichtig, nicht mit einem starren Konzept in das Training zu gehen, sondern dieses immer wieder ganz offen an die Teilnehmer anpassen zu können.

Das abschließende Modul des Programms war ein Outdoor-Training. Wer einen anhaltenden Lerntransfer sichern möchte, sollte die Kompetenz haben, auch im letzten Modul den Elan zu behalten, die Teilnehmer zu beobachten und mit ihnen Zukunftspläne auszuarbeiten. Ein Outdoor-Training eignet sich hierfür besonders gut, da in diesem Format besonders viele aktive Sequenzen enthalten sind, in denen sich Gruppendynamiken abzeichnen.

Ein kompetenter Trainer ist in diesen Momenten in der Lage, die Situation zu erfassen, mit den zu Beginn aufgestellten Zielen abzugleichen, Fortschritte, aber auch Hürden zu entdecken und diese später explizit mit den Teilnehmern durchzusprechen.

An diesem Beispiel können Sie erkennen, dass sich jeder Trainer bewusst sein sollte, ob er für seine Trainingsthemen auch die richtigen Kompetenzen mitbringt!

Spezialisierungen und Fortbildung in eigener Sache – Gerne, aber passend!

Ganz unabhängig davon, in welchen Themenfeldern Sie als Trainer arbeiten möchten, Fortbildungen und Kurse helfen Ihnen, Ihre Einzigartigkeit zu sichern! Je spezieller Sie ausgebildet sind, desto weniger austauschbar sind Sie am Ende. Natürlich darf dabei nicht vergessen werden, dass die Fachkompetenz auch auf eigenen Feldkompetenzen, sprich realen Erfahrungen in einem Tätigkeitsfeld oder einer Branche, aufbauen sollte. Dennoch: Jede gut ausgesuchte Weiterbildung verfeinert Ihr Leistungsspektrum und Sie können Ihrer Zielgruppe umfangreiches und auch sehr fundiertes Wissen in einem spezifischen Themenfeld anbieten, das Sie selbst „durchdacht", „durchgearbeitet" und vieleicht ja als Seminarteilnehmer auch „durchlebt" haben!

Vielleicht gibt es ja auch das eine oder andere zertifizierte Persönlichkeitsverfahren, das Sie interessant finden und das sich zur Vertiefung Ihrer Trainings und Seminare eignet? Nur zu, auf dem Weg vom Laien zum Experten können Sie in einem Zertifizierungsseminar erste wichtige Schritte gehen! Wenn Sie dann mit der Zeit eigene Erfahrungen mit einem bestimmten Instrument machen, werden Sie schnell zu einem gefragten Experten!

Sprachkompetenzen in jedem Fall bilingual ausbauen!

Gute Kenntnisse einer Fremdsprache sind ebenfalls in ihrer Bedeutung nicht zu unterschätzen. Gerade in einer Zeit, in der immer mehr Unternehmensstrukturen über Ländergrenzen hinausgehen, helfen Sprachkenntnisse, das eigene Angebot an die neuen globalen Herausforderungen anzupassen.

Englisch hat sich als Weltsprache etabliert, und auch bei Unternehmen, die auf dem Weltmarkt tätig sind, kann es schon einmal vorkommen, dass Sie in einem Meeting von Deutsch auf Englisch „switchen" müssen, wenn z.B. morgens doch der Geschäftsführer aus dem fernen Japan angereist ist und ebenfalls Ihren Ausführungen zum Thema „Human Development" lauschen möchte.

Auch in als „deutschsprachig" gekennzeichneten Seminaren entsteht immer wieder die Situation, dass Rollenspiele oder Übungen von Teilnehmern gerne auch in English durchgeführt werden, weil diese zwar Deutsch verstehen, hier aber nicht so flexibel in ihrer Ausdrucksweise sind. Kein Problem – oder? Darüber hinaus stellt es für viele anspruchsvolle Trainer eine Herausforderung dar, Seminare auch im europäischen Ausland oder weltweit in englischer Sprache zu halten.

Wer sich täglich ein oder zwei Stunden zum Beispiel mit englischsprachigen Podcasts beschäftigt und auch sonst keine Gelegenheit auslässt, seine Sprachkenntnisse zu verbessern und zu verfeinern, der kann auch als bilingualer Trainer die ein oder andere Marktlücke finden und daran viel Freude haben – but that's another story!

Unsere Darstellung der Trainerkompetenzen zeigt, wie vielseitig das Profil eines guten Trainers sein sollte. Eine Hierarchie der verschiedenen Kompetenzbereiche lässt sich dabei schwer ermitteln. Ein Kompetenzfeld nährt sich aus dem anderen oder ist gar bedeutungslos ohne das andere. Welchen Erfolg hat der beste Rhetoriker, wenn er kein Gefühl für seinen Kunden hat?

Lassen Sie sich jedoch nicht davon verunsichern, wie vielseitig die hier dargestellten Trainerkompetenzen sind. Die Zauberformel heißt: Übung und Wille.

Wenn Sie gerne mit Menschen arbeiten, verstanden haben, dass jeder Mensch Entwicklungspotenziale hat und Sie Freude an der aktiven Gestaltung von Prozessen haben, sind Sie auf dem richtigen Weg, ein erfolgreicher und kompetenter Trainer zu werden!

7.3 Trainerkompetenzen – 360-Grad-Kurz-Check

„Chancen multiplizieren sich, wenn man Sie ergreift."
Sunzi, 500 v. Chr.

Dieses Kapitel hat Ihnen hoffentlich weitergeholfen, zu sortieren, welche Kompetenzen unabdingbar sind, welche immer ausbaufähig sind und welche ganz speziell für Sie persönlich noch weiter gefüttert werden können. Unser „Kompetenz-Kuchen" fasst die einzelnen Informationen noch einmal anschaulich zusammen.

Was können Sie für sich ableiten? Wodurch qualifizieren Sie sich zum Trainer? Welche Kompetenz benötigen Sie, um ein Training vorzubereiten? Welche Kompetenzen sind ausschlaggebend, um das Handwerk „Training" auszuführen? Und welches Spezialwissen möchten Sie ansammeln?

Lassen Sie sich die Fragen zu diesen Tortenstücken einmal auf der Zunge zergehen und schaffen Sie Klarheit für Ihre eigene Entwicklung als Trainer, indem Sie sich mit den folgenden Fragen beschäftigen.

360-Grad-Kurz-Check zur Trainerkompetenz

Qualifikation:

- Was qualifiziert mich, Trainer zu sein?
- Ist meine Qualifikation ausreichend für meinen speziellen Trainingsbereich?
- Wo kann ich meine Qualifikation noch ausbauen?
- Welche Schritte sind nötig, um die passende Qualifikation zu erhalten?

Vorbereitung:

- Welche Kompetenzen sind wichtig im Umgang mit dem Auftraggeber?
- Wie kann ich diese Kompetenzen noch ausbauen?
- Welche Kompetenzen sind bei der Strukturierung und Planung gefragt?
- Wo sind meine Kompetenzen in diesem Bereich noch ausbaufähig?

Handwerk:

- Welche Qualifikationen sind im Training von Bedeutung?
- Wo habe ich noch Lücken?
- Welche Kompetenzen habe ich bislang noch wenig genutzt?
- Welche Kompetenzen benötige ich, um neue Tools anzuwenden?

Spezialwissen:

- Kann ich mich von anderen Trainern durch meine Kompetenz abgrenzen?
- Wie kann ich mein Spezialwissen noch besser für die Akquise nutzen?
- Welche Bereiche wären noch interessant, um mein Spezialwissen zu erweitern?
- Welche E-Learning-Methoden sind für mich relevant und sind es wert, meine Kompetenz in diesem Bereich auszubauen?

8 Abschlusskapitel – Auf was es wirklich ankommt!

Die futureformat®-Planungsuhr

In den vorangegangenen Kapiteln haben wir für Sie die wichtigen Aspekte der Seminar- und Trainingsplanung zusammengestellt. Nun ist es an der Zeit, einmal wortwörtlich auf die Uhr zu schauen, nämlich auf die futureformat®-Planungsuhr. Denn nicht nur im Training selbst ist es wichtig, immer die Zeit im Blick zu haben, sondern ebenso in der Trainingsplanung. Die Uhr zeigt uns, wann es Zeit für welchen Schritt ist. So wie mit der echten Zeit verhält es sich auch hier. Kein Schritt kann ausgelassen werden. Andernfalls würde der nächste Planungsschritt darunter leiden. In unserer Uhr sind im Viertelstundentakt die Kapitel Bedarf, Konzeption, Formate und Auswertung dargestellt. Wir stellen so für Sie noch einmal für jede der fünfzehnminütigen Einheiten die drei wichtigsten Aspekte des jeweiligen Kapitels heraus.

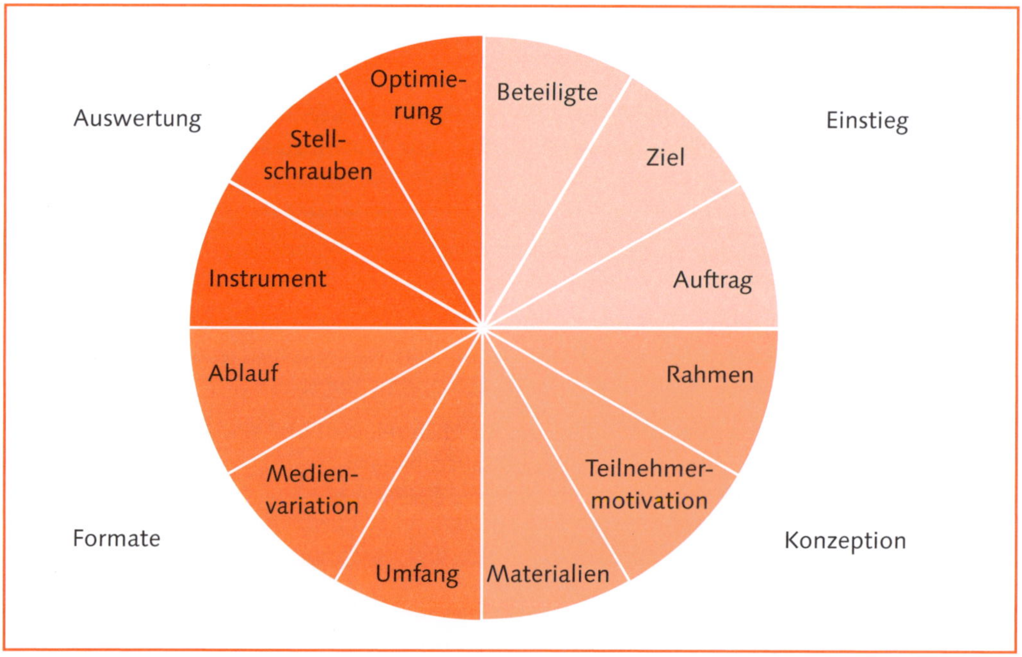

Die futureformat®-Planungsuhr

Bei der **Bedarfsermittlung** fängt die Zeit an zu laufen. In der ersten 5-Minuten-„Aufwärmphase“ steht eine eingehende **Analyse der Beteiligten,** also des Unternehmens und der Mitarbeiter hinsichtlich ihres Trainingsbedarfes auf dem Plan. Ist dieser erst einmal erschlossen, sollten in den nächsten 5 Minuten auf der Planungsuhr **Trainingsziele** formuliert werden, bevor am Ende der ersten Viertelstunde der **Auftrag geklärt** wird.

In der zweiten Viertelstunde ist es Zeit für die **Trainingskonzeption.** Dabei geht es erst einmal um die **Planung des Raumes und der Zeiteinteilung.** In den darauffolgenden fünf Minuten zeigt der Zeiger auf die **Teilnehmermotivation.** In diesem Zeitfenster ermitteln wir, welche Motivation die Teilnehmer haben, und planen, wie wir diese beeinflussen können, bevor die erste halbe Stunde mit der Auswahl der **passenden Materialien** endet.

Die zweite Hälfte unserer Planungsstunde ist den möglichen **Formaten** des Trainings gewidmet. Wir wählen also in einem ersten Schritt den **Umfang der Maßnahme.** In den nächsten 5 Minuten auf unserer Uhr gestalten wir anhand der Lerntypen unserer Teilnehmer eine **Medienvariation.** Bevor die ersten 45 Minuten auf unserer futureformat®-Planungsuhr abgelaufen sind, ist es Zeit für die Frage: „Wie genau wird der Ablauf aussehen?" Wenn Sie sich die Frage einmal selbst oder wir als Trainingsunternehmen an unsere Trainer stellen, wird meist sehr schnell klar, ob der Ablauf schon steht oder noch Lücken aufweist. Wenn dies der Fall sein sollte, ist jetzt die Zeit gekommen, diese Lücken zu füllen.

Die letzten 15 Minuten gelten der **Auswertung.** Zu Beginn dieser Zeiteneinheit werden die **Auswertungsinstrumente** gewählt. Wir entscheiden also, wie wir die Ergebnisse des Trainings erfragen, bzw. erfassen wollen. Danach setzen wir uns noch einmal mit den **Stellschrauben** auseinander, an denen wir als Trainer oder Sie als Unternehmen **zur Transfersicherung** drehen können. Und wenn es nun fünf vor zwölf schlägt, ist es an der Zeit, die **Evaluation** auszuwerten und das Training an den richtigen Stellen zu optimieren.

Richten wir uns also in der Trainingsplanung nach der futureformat®-Planungsuhr, räumen wir schon einmal viele Steine aus dem Weg, über die wir im weiteren Verlauf einer Weiterbildungsmaßnahme stolpern könnten.

Und nun ist es an Ihnen, Ihre Erkenntnisse zu sortieren. Blättern Sie ruhig noch einmal die einzelnen Kapitel dieses Buches durch und lassen Sie sich unser Lern-Performance-Modell, das futureformat®-Planungsmodell mit den vier Schritten: (1) Bedarf, (2) Konzeption, (3) Formate und (4) Auswertung sowie die Aussagen zu den notwendigen Kompetenzen eines modernen Trainerns noch einmal durch den Kopf gehen. Was ist für Sie entscheidend?

Halten Sie schriftlich fest, welche drei maßgebenden Erkenntnisse Sie hier bei der Planung von Trainings und Seminaren wirklich weiterbringen!

Wunderbar! Selbstreflexion ist für Trainer eine sehr wichtige Eigenschaft und die haben Sie, wenn Sie diese Punkte für sich ermittelt haben, auch unter Beweis gestellt.

Was sind unsere zehn goldenen Regeln, welche wir Ihnen für die Seminarplanung mit auf den Weg geben möchten?

Die zehn goldenen Regeln der Seminarplanung

1. Beginnen Sie mit Augenmaß: Ein halbtägiger Workshop mit Produktionsmitarbeitern bedarf einer anderen Vorbereitung als ein dreitägiges Führungstraining.
2. Lernen Sie zuzuhören! Jedes Unternehmen hat seine eigenen Spielregeln. Und die wollen auch in der Seminarplanung berücksichtigt werden.
3. Eine gute Seminarplanung garantiert noch kein gelungenes Seminar, aber der Seminarerfolg wird für alle Beteiligten sehr viel wahrscheinlicher!
4. Auch wenn Sie unter Zeitdruck stehen, lassen Sie sich die Zeit für eine grundlegende Seminarplanung nicht nehmen. Sicherlich helfen Ihnen hier auch unsere 360-Grad-Checks am Ende jedes Hauptkapitels.
5. Der gelungene Lernprozess bei jedem einzelnen Teilnehmer ist die Grundlage für eine Performanceverbesserung.
6. Nutzen Sie eine gut überlegte Auswahl von Maßnahmen, um das Lernen und die hiervon abgeleiteten Generalisierungen zu verbessern. Wenn Sie genau hinschauen, lassen sich hierfür zahlreiche Stellschrauben identifizieren.
7. Souverän bleiben – auch wenn es hart wird: Nicht immer lassen sich zum Beispiel Ziele für eine Maßnahme so klar definieren, wie Sie es sich wünschen würden. Bleiben Sie souverän und treffen Sie stattdessen Annahmen, mit denen Sie weiterarbeiten können.
8. Erinnerungs- und Merkhilfen werden häufig unterschätzt, manchmal sogar belächelt, faktisch aber ist die Erinnerung an Gelerntes die Voraussetzung für Verhaltensänderungen in der Zukunft.
9. Jedes vernünftige Seminar wird evaluiert. Überlegen Sie bereits während der Seminarplanung, welche zusätzlichen Möglichkeiten es gibt, die Wirkung des Trainings sichtbar zu machen und auch längerfristige Entwicklungen anzustoßen.
10. Don't work harder than the client: Bei allem, was Sie planen, lassen Sie Ihren Teilnehmern immer noch genügend Arbeit, denn nur so können sich diese weiterentwickeln!

Der amerikanische Automobilmanager Lee Iacocca sagte einmal: „*Man kann die raffiniertesten Computer der Welt benutzen und alle Diagramme und Zahlen parat haben, aber am Ende muss man alle Informationen auf einen Nenner bringen, muss einen Zeitplan machen und muss handeln.*“

Und das gilt nicht nur für Automobile, sondern auch für Seminare und Trainings.

Viel Spaß dabei!

Die Autoren

Valentin Nowotny
MBA, Dipl.-Psychologe, Dipl.-Medienberater

Valentin Nowotny ist geschäftsführender Gesellschafter der futureformat® Group. Als zertifizierter Management Trainer und Business Coach arbeitet er als profilierter deutsch- und englischsprachiger Führungs- und Verhandlungstrainer für namhafte deutsche als auch internationale Unternehmen.

Er ist Lehrbeauftragter der Universität Hamburg sowie der Fachhochschule Lübeck und Dozent für Führung an der Hamburg School of Business (HSBA), zudem führt er für die Deutsche Universität für Weiterbildung (DUW) regelmäßig Seminare zu dem Themen Change- und Konfliktmanagement durch.

Als ausgebildeter Business- und Leadership-Coach (Robert Dilts) und als Ausbilder in unterschiedlichen Akademie-Programmen bei futureformat DGME® Deutsche Gesellschaft für Managementwicklung verfügt er über ein umfangreiches Praxiswissen und eine hohe und vielfältige Methodenkompetenz.

Als Account Manager und als Projekt- und Senior Projektmanager bei nationalen und internationalen Beratungsunternehmen hat Valentin Nowotny in unterschiedlichen Feldern der Wirtschaft Berufs- und Führungserfahrungen erworben. Er hat die beiden universitären Studiengänge Psychologie und Medienberatung an der Technischen Universität Berlin mit Erfolg abgeschlossen und an der Anglia Ruskin University in Cambridge (UK) den internationalen Abschluss „Master of Business Administration (MBA)" erworben.

Mehr als fünf Jahre lang war Valentin Nowotny Vorstandsvorsitzender des größten deutschen Coach- bzw. Trainerverbandes, dem dvct – Deutscher Verband für Coaching und Training e.V. Er hat das Zertifizierungsmodell des Verbandes für Coachs und für Trainer mitentwickelt und maßgeblich zu dessen Etablierung beigetragen.

Valentin Nowotny ist spezialisiert auf das Coaching von Führungskräften und Management-Teams sowie auf Trainings in den Bereichen Leadership, Verhandlungstechniken, Konfliktmanagement und Change Management. Er ist Autor der Bücher „Praxiswissen Coaching" (2005), „Die neue Schlagfertigkeit" (2009) sowie „Erfolgreich Trainings und Seminare gestalten" (2012) und ist ein bundesweit gefragter Vortragsredner.

Christiane Tantau

Soziologin M.A.

Christiane Tantau ist geschäftsführende Gesellschafterin der futureformat® Group. Als zertifizierte Team- und Businesstrainerin arbeitet die studierte Soziologin als charismatische Kommunikations-, Führungs- und Change-Management-Trainerin für namhafte deutsche und internationale Unternehmen sowie für anspruchsvolle Non-Profit-Organisationen.

Sie trainiert und coacht Fach- und Führungskräfte und unterstützt Kunden bei der Präzisierung von internen und kundenbezogenen Prozessen sowie der Visualisierung organisationaler und persönlicher Ziele und Visionen.

Christiane Tantau verantwortete den Bereich Personalentwicklung in einem international tätigen Beratungsunternehmen und etablierte dort einen hauseigenen Weiterbildungsbereich. Sie entwickelte zuvor die noch unbekannte Research-Richtung „Investment-Research" und beschäftigte sich mit den Themen „Mensch und Marke" und der Dynamik in Kleingruppen. Als Dozentin der Hamburg School of Business Administration (HSBA) vermittelt sie praxisnah Grundlagen der Kommunikation und des Selbstmanagements. Als Ausbildungsleiterin unterschiedlicher Akademie-Programme von futureformat DGME® Deutsche Gesellschaft für Managementwicklung ermöglicht Sie den Teilnehmern immer wieder inspirierende Einblicke in ihren umfangreichen und praxisnahen Methodenkoffer.

Mehrere Jahre lang war Christiane Tantau Mitglied der Zertifizierungskommission des größten deutschen Coach- und Trainerverbandes, dem dvct – Deutscher Verband für Coaching und Training e.V. Sie hat das Zertifizierungsmodell des Verbandes für Coachs und für Trainer weiterentwickelt und damit maßgeblich zur Akzeptanz des Modells im Markt beigetragen.

Christiane Tantau ist spezialisiert auf Trainings im Bereich Kommunikation, Präsentation, Organisation und Teamentwicklung. Zudem ist sie eine der profiliertesten Expertinnen für das Thema Visual Corporate Communications und eine auf Messen und Großveranstaltungen gefragte Expertin für Graphic-Recording. Sie ist Autorin des Buches „Erfolgreich Trainings und Seminare gestalten" (2012) und Verfasserin zahlreicher Fachartikel, z.B. zu den Themen demografische Entwicklung oder zur Einführung von Zielvereinbarungsgesprächen in Unternehmen.

Kontakt zu den Autoren

futureformat® Group / futureformat DGME®
Mail: info@futureformat.de
Internet: www.futureformat.de bzw. www.seminare-mit-system.de

Literatur

- Argyris, Chris; Schön, Donald A. (2008): Die Lernende Organisation: Grundlagen, Methoden, Praxis. Stuttgart, Schäffer-Poeschel
- Baldwin, T.T.; Ford, J.K. und Blume, B.D. (2009). Transfer of Training. 1988 – 2008. An updated agenda for further research. In G.P. Hodgkinson und J.K. Ford (Eds.), International review of industrial and organizational psychology (Vol. 24, pp 41 – 70). Chichester, UK: Wiley..
- Beicht, Ursula; Krekel, Elisabeth M.; Walden, Günter u.a. (2006): Berufliche Weiterbildung. Bielefeld, W. Bertelsmann
- Bloom, S. (Hrsg.); Engelhart, M.D.; Frust, E.J.; Hill, W.H.; Krathwohl, D.R. (1972):Taxonomie von Lernzielen im kognitiven Bereich. Weinheim, Beltz
- Buzan, Tony; Barry (2002): Das Mind Map Buch. München, MVG
- Cohn, Ruth C. (2009): Von der Psychoanalyse zur themenzentrierten Interaktion. Von der Behandlung einzelner zu einer Pädagogik für alle. Stuttgart, 15. Auflage, Klett-Cotta
- Dollinger, Manuela (2003): Wissen wirksam weitergeben. Die wichtigsten Instrumente für Referenten, Trainer und Moderatoren. Zürich, Orell Füssli
- Kirkpatrick, Donald (1976): Evaluating Training Programs: The Four Levels. San Francisco, 2. Auflage, Berrett-Koehler Publishers Inc.
- Gehlich, Petra (1999): Bildungs-Controlling ist keine Kunst, sondern solides Handwerkszeug. In: Genossenschaftsblatt Nr. 8, S. 14 ff.
- Haubrock, Alexander; Öhlschlegel-Haubrock, Sonja (2009): Personalmanagement. Stuttgart, 2. Aufl., W. Kohlhammer
- Heyse, Volker; Erpenbeck, John; Max, Horst (Hrsg.) (2004): Kompetenzen erkennen, bilanzieren und entwickeln. Münster, Waxmann
- Kauffeld, Simone (2010): Nachhaltige Weiterbildung. Betriebliche Seminare und Trainings entwickeln, Erfolge messen, Transfer sichern. München, Springer
- Kellner, Herbert J. (2007): Was Trainer können sollten. Das neue Kompetenzprofil des modernen Trainers. Offenbach, Gabal
- Kirkpatrick, D. L. (1976): Evaluation of Training. In: R.L. Craig (Ed.). Training and Development Handbook: A Guide Resource Development (pp. 301 – 319). New York, McGraw-Hill
- Kolb, David (1985): The learning Style Inventory. Boston, Massachusetts, McBer & Company
- König, Stefan; König, Andrea (2005): Outdoor-Teamtrainings. Von der Gruppe zum Hochleistungsteam. Augsburg, Ziel
- Lenske; Werner (2009): Umfang, Kosten und Trends der betrieblichen Weiterbildung. In IW Trends 36, Heft 1/2009.
- Meier, Rolf (2003): Seminare erfolgreich planen. Offenbach, Gabal
- Müller, Horst (2005): Mind Mapping. Stuttgart, Haufe

- Münch, Joachim; Arnold, Rolf (Hrsg.) (1996): Ökonomie betrieblicher Bildungsarbeit: Qualität – Kosten – Evaluierung. Berlin, Erich Schmidt
- Negri, C. (Hrsg.) (2010): Angewandte Psychologie für die Personalentwicklung. Konzepte und Methoden für Bildungsmanagement, betriebliche Aus- und Weiterbildung. Heidelberg, Springer
- Nitschke, Petra (2011): Trainings planen und gestalten. Professionelle Konzepte entwickeln, Inhalte kreativ visualisieren, Lernziele wirksam umsetzen. Bonn, ManagerSeminare
- Noe, R. A.; Schmitt, N. (1986): The influence of trainee attitudes in training effectivness: Test of a model. In: Personnel Psychology (pp. 497-523).
- Nowotny, V. (2009): Die neue Schlagfertigkeit. Göttingen, BusinessVillage
- Nowotny, V. (2012): Praxiswissen Coaching. Saarbrücken, 2. Aufl., Akademikerverlag
- Nowotny, V., Tantau, C. (2012): Erfolgreich Trainings und Seminare gestalten. Berlin, Cornelsen
- Oerter, Rolf; Montada, Leo (2002): Entwicklungspsychologie. Weinheim, Beltz
- Phillips, J. Kack; Schirmer, Frank C. (2008): Return on Investment in der Personalentwicklung, Der 5-Stufen-Evaluationsprozess. Berlin, 2. Aufl., Springer
- Perels, Franziska; van de Loo, Kirsten; Schmitz, Bernhard (2008): Trainer Trainieren. Seminare effektiv gestalten. Stuttgart, W. Kohlhammer
- Pickl, Cornelia (2004): Selbstregulation und Transfer. Weinheim, Beltz
- Reischmann, J. (2003): Weiterbildungs-Evaluation. Erfolge messbar machen. Neuwied, Luchterhand.
- Rimser, Markus (Hrsg.) (2009): Training. Lehrbuch für Train-the-Trainer Ausbildungen. Norderstedt, Books on Demand
- Scherer, J. (2007): Kreativitätstechniken. In 10 Schritten Ideen finden, bewerten, umsetzen. Offenbach, 3. Aufl., Gabal
- Schulz von Thun, Friedemann (2001): Miteinander Reden 2. Reinbek, Rowohlt
- Spielmann, Jochen; Zitterbarth, Walter; Schneider-Landolf, Mina (2010): Handbuch Themenzentrierte Interaktion (TZI). Göttingen, Vandenhoeck & Ruprecht
- Stockhausen, Anke (2011): Trainerleitfaden. Bemerkenswert vermitteln. Berlin, Cornelsen
- Süßmair, A.; Rowold, J. (2007): Kosten-Nutzen-Analysen und Human Resources. Weinheim, Beltz
- Töpper, Alfred (Hg.) (2012): Qualität von Weiterbildungsmaßnahmen. Einflussfaktoren und Qualitätsmanagement im Spiegel empirischer Befunde. Bielefeld, W. Bertelsmann
- Tschumi, Martin (2006): Praxisratgeber zur Personalentwicklung. Zürich, Praxium
- Wilbers, Karl (2012): Wirtschaftsunterricht gestalten. Lehrbuch. Berlin, epubli.
- Wilbers, Karl (2012): Wirtschaftsunterricht gestalten. Toolbox. Berlin, epubli.
- Zech, Rainer (2008): Handbuch. Qualität in der Weiterbildung. Weinheim, Beltz

Stichwortverzeichnis